数控加工工艺

（第2版）

杨天云 ◎ 编著

清华大学出版社
北京

内 容 简 介

本书在编写上以"够用、适用"为原则,以"1+X证融通"为手段,以"理实一体化"为目标,体现以人为本;以知识应用、技能训练为重点,体现职业教育特点。本书主要内容包括数控加工的工艺基础、数控车削加工工艺、数控铣削加工工艺、加工中心的加工工艺及数控线切割加工工艺,并增加了大量实用的经验公式、图表和附录。

数控加工工艺的宗旨是科学、最优地设计加工工艺,充分发挥数控机床的特点,实现在数控中的优质、高产、低耗。通过本课程的学习,学生能够掌握数控加工工艺的基本知识和基本理论;学会选择机床、刀具、夹具及零件表面的加工方法;掌握数控加工工艺设计方法及工艺规程的制订,各种加工方法的正确选定;通过有关教学环节的配合,学生能够初步制订中等复杂程度零件的数控加工工艺和分析解决生产中一般工艺问题,成为适应我国高职高专教育发展及"实用型"的高职高专技术人才。

本教材适合作为高职高专数控技术专业、模具设计与制造专业、与机械加工有关专业的教材,也可作为相关从业人员或自学者、爱好者的参考用书。

本书封面贴有清华大学出版社防伪标签,无标签者不得销售。
版权所有,侵权必究。举报:010-62782989,beiqinquan@tup.tsinghua.edu.cn。

图书在版编目(CIP)数据

数控加工工艺 / 杨天云编著. —2版. —北京:清华大学出版社,2021.1(2025.1重印)
ISBN 978-7-302-56861-2

Ⅰ. ①数… Ⅱ. ①杨… Ⅲ. ①数控机床—加工工艺—高等职业教育—教材 Ⅳ. ①TG659

中国版本图书馆CIP数据核字(2020)第226264号

责任编辑:邓 艳
封面设计:刘 超
版式设计:文森时代
责任校对:马军令
责任印制:沈 露

出版发行:清华大学出版社
网　　址:https://www.tup.com.cn,https://www.wqxuetang.com
地　　址:北京清华大学学研大厦A座　　邮　编:100084
社 总 机:010-83470000　　邮　购:010-62786544
投稿与读者服务:010-62776969,c-service@tup.tsinghua.edu.cn
质量反馈:010-62772015,zhiliang@tup.tsinghua.edu.cn
印 装 者:涿州市般润文化传播有限公司
经　　销:全国新华书店
开　　本:185mm×260mm　　印　张:20.25　　字　数:476千字
版　　次:2012年12月第1版　　2021年1月第2版　　印　次:2025年1月第3次印刷
定　　价:69.00元

产品编号:088877-01

前　言

我国制造业进入了一个空前蓬勃发展的新时代，数控机床的应用已日趋普及，企业对既熟悉数控加工工艺，又能熟练编写加工程序的技术人才，特别是对具备综合基础知识、能解决数控技术工程实际问题的人才产生了巨大需求。为满足我国高职高专教育发展及技能型人才培养的需要，编写了这本理论教材。

本书根据"基于能力培养，面向岗位群"的高职教育理念，本着"课程教学目标服从专业培养目标；课程教学内容符合课程教学目标；课程教学方法适合课程教学内容需要；课程教学手段服务课程教学方法"的课程设计思路编写而成。本书坚持以培养职业综合能力为中心，以岗位群所必备的知识、能力和职业素质为依据进行编写和设计。本书以"就业导向"为宗旨，着力突出"科学性"和"实用性"，将必要的专业理论知识贯穿于技能操作的全过程中，实现理—实一体化的教学模式，从多个方面打破了传统风格。

本书以学生就业为导向，与企业无缝对接，以企业岗位操作要领为依据，建立从生产过程及实用出发的务实精神，提炼了大量典型的生产案例；注重培养学生务实严谨的专业品质和职业能力，强调工作过程导向，体现理—实一体化教学，突出了职业教育的特色。编写时采用了模块、项目和任务形式，在每个模块前都有"案例引入"，每个项目前都设有"能力目标"和"核心能力"，并在每个项目后设有"任务小结"和"每日一练"。本书中选用了大量实用的经验公式、图表并增加了附录，直观、形象，便于学生自学，可满足不同读者的要求，具有广泛的实用性。

本书不仅可作为高职院校机械类、数控技术类、机械制造类、模具制造与设计、计算机辅助制造、机电一体化技术、汽车制造与装配技术等专业的教材，而且还适合作为中职、技校数控专业实习、实训的教材。

本书在编写过程中参考了国内外同行的教材、手册、资料与文献，在此向其作者表示衷心的感谢。

尽管为本书的编写做了很大的努力，但因水平有限，书中难免存在不足与疏漏之处，恳请读者批评指正。

特此致谢。

编者

目　　录

绪论 1
　0.1　数控加工在机械制造业中的地位和作用 1
　0.2　数控加工的发展 1
　0.3　数控加工中的几个概念 3
　0.4　数控加工过程 4
　0.5　数控加工工艺研究的内容及任务 6
　0.6　数控机床加工工艺的特点及学习方法 6

模块一　数控加工的工艺基础 7
　项目一　基本概念 8
　　任务一　生产过程和工艺过程 8
　　任务二　机械加工工艺过程的组成 8
　　任务三　生产纲领和生产类型 11
　项目二　定位基准的选择 13
　　任务一　基准的概念及其分类 13
　　任务二　定位基准的选择 15
　项目三　机械加工工艺规程的制订 21
　　任务一　机械加工工艺规程概述 21
　　任务二　工艺规程制订的步骤及方法 26
　项目四　加工余量的确定 52
　　任务一　加工余量的概念 53
　　任务二　影响加工余量的因素 54
　　任务三　确定加工余量的原则及方法 55
　项目五　工序尺寸及其公差的确定 56
　　任务一　工艺尺寸链 56
　　任务二　工序尺寸及其公差的确定 59
　项目六　数控加工工艺设计基本内容 66
　项目七　机械加工精度及表面质量 69
　　任务一　工件获得尺寸精度的方法 70
　　任务二　影响加工精度的因素及提高精度的主要措施 71
　　任务三　机械加工表面质量 77
　项目八　轴类零件的加工 81

            任务一　轴类零件概述 81
            任务二　案例的决策与执行 83
        项目九　箱体类零件的加工 90
            任务一　箱体类零件的结构特点和技术要求 90
            任务二　箱体零件的加工工艺分析 92
            任务三　箱体平面和孔系的加工方法 94
            任务四　箱体加工的主要工序分析 96
        项目十　连杆加工 98
            任务一　连杆加工概述 98
            任务二　连杆的加工工艺过程 100

模块二　数控车削加工工艺 **104**
    项目一　数控车削简介 104
        任务一　数控车床的组成及布局 105
        任务二　数控车削的主要加工对象 106
    项目二　数控车削加工工艺的制订 108
        任务一　零件图的工艺性分析 109
        任务二　数控车削加工工序划分与设计 110
        任务三　进给路线的确定 112
        任务四　装夹方法的选择 119
        任务五　刀具的选择 122
        任务六　车刀的预调 128
        任务七　切削用量的选择 129
    项目三　数控车削加工中的要点及数控车削加工工艺技巧 135
        任务一　数控车削加工中的要点 135
        任务二　数控车削加工工艺技巧 137
    项目四　典型零件的数控车削加工工艺分析 139
        任务一　轴类零件数控车削加工工艺 140
        任务二　轴套类零件数控车削加工工艺 143
        任务三　盘类零件数控车削工艺分析 152
        任务四　配合件的数控车削加工工艺分析 154

模块三　数控铣削加工工艺 **159**
    项目一　数控铣削的主要加工对象 159
        任务一　数控铣削简介 160
        任务二　数控铣削的主要加工对象 161
        任务三　数控铣削加工内容的选择和确定 163
    项目二　数控铣削加工工艺的制订 163
        任务一　零件图的工艺性分析 164

         任务二　零件毛坯的工艺性分析 ……………………………………………… 166
         任务三　加工方法的选择 …………………………………………………… 167
         任务四　装夹方案的确定 …………………………………………………… 171
         任务五　进给路线的确定 …………………………………………………… 174
         任务六　工件原点、对刀点、换刀点的选择 ……………………………… 186
         任务七　数控铣削刀具的选择 ……………………………………………… 187
         任务八　切削用量的选择 …………………………………………………… 194
     项目三　典型零件的数控铣削加工工艺分析 …………………………………… 198
         任务一　带型腔的凸台零件的数控铣削加工工艺分析 …………………… 198
         任务二　平面槽形凸轮零件的数控铣削加工工艺 ………………………… 201
         任务三　曲面零件的数控铣削加工工艺 …………………………………… 202
         *任务四　支架零件的数控铣削加工工艺 …………………………………… 205

模块四　加工中心的加工工艺 …………………………………………………… 212
   项目一　加工中心简介 ……………………………………………………………… 212
       任务一　加工中心概述 ……………………………………………………… 213
       任务二　加工中心的工艺特点 ……………………………………………… 214
       任务三　加工中心的主要加工对象 ………………………………………… 215
   项目二　加工中心加工工艺方案的制订 ………………………………………… 218
       任务一　零件的工艺性分析 ………………………………………………… 218
       任务二　装夹方案的确定和夹具的选择 …………………………………… 220
       任务三　加工中心的选用 …………………………………………………… 224
       任务四　零件的工艺设计 …………………………………………………… 232
   项目三　典型零件的加工中心加工工艺分析 …………………………………… 251
       任务一　盖板零件加工中心加工工艺 ……………………………………… 251
       任务二　支承套零件加工中心的加工工艺 ………………………………… 255
       *任务三　异形支架的加工工艺 ……………………………………………… 259
       *任务四　铣床变速箱体零件加工中心的加工工艺 ………………………… 262

模块五　数控线切割加工工艺 …………………………………………………… 270
   项目一　数控线切割加工原理、特点及应用 …………………………………… 270
   项目二　影响数控线切割加工工艺指标的主要因素 …………………………… 274
   项目三　数控线切割加工工艺的制订 …………………………………………… 276
       任务一　零件的工艺分析 …………………………………………………… 277
       任务二　工艺准备 …………………………………………………………… 278
       任务三　工件的装夹和位置校正 …………………………………………… 283
       任务四　加工参数的选择 …………………………………………………… 287
       任务五　数控线切割加工的工艺技巧 ……………………………………… 290
   项目四　典型零件的数控线切割加工工艺分析 ………………………………… 294

任务一 轴座零件的数控线切割加工工艺 294
任务二 支架零件的数控线切割加工工艺 296
任务三 叶轮零件的数控线切割加工工艺 298

参考文献 303

附录 A 304

附录 B 308

绪 论

能力目标

1. 了解机械制造业在国民经济中的地位、作用和发展概况。
2. 了解数控机床工作原理、数控机床的应用及相关概念。
3. 了解数控加工过程、数控加工的特点、数控加工工艺研究的内容及任务、数控加工工艺的特点及学习方法。

核心能力

了解数控加工的特点、数控加工工艺研究的内容及任务、特点及学习方法。

0.1 数控加工在机械制造业中的地位和作用

数控机床综合应用了电子计算机、自动控制、精密检测与新型机械结构等方面的技术成果,具有高柔性、高精度与高自动化的特点。

应用数控加工技术是机械制造业的一次技术革命,使机械制造业的发展进入了一个新的阶段,提高了机械制造业的制造水平,为社会提供了高质量、多品种及高可靠性的机械产品。

目前,应用数控加工技术的领域已从当初的航空工业部门逐步扩大到汽车、造船、机床、建筑等民用机械制造业,并已取得了巨大的经济效益。当今数控机床已成为现代制造技术的基础,人们对传统的机床传动及结构的概念发生了根本的转变,因此数控机床水平的高低和拥有量已成为衡量一个国家工业现代化水平的重要标志。

0.2 数控加工的发展

1. 数控机床的发展

第一台数控机床是为了适应航空工业制造复杂工件的需要而产生的。1952 年,美国麻省理工学院和柏森公司合作研制成功了世界上第一台具有信息存储及信息处理功能的新型机床——三坐标数控铣床,用它来加工直升飞机叶片轮廓检查用样板,这是一台采用专用计算机进行直线插补运算与轮廓控制的数控铣床。专用计算机使用电子管元件，经过3年的改进与自动编程研究，1955年进入实用阶段，在复杂曲面的加工中发挥了重要作用。但由于技术上和价格上的原因，只局限在航空工业中应用。随着电子技术和计算机技术的发展，数控机床也在不断更新换代。

数控机床的发展经历了六代，1952—1959年为第一代数控机床，其数控系统采用电子管元件；1959年开始为第二代数控机床，其数控系统采用晶体管元件；1965年开始为第三代数控机床，其数控系统采用小规模集成电路；1970年开始为第四代数控机床，其数控系统采用大规模集成电路及小型通用计算机（CNC）；1974年开始为第五代数控机床，其数控系统采用微处理机或微型计算机（MNC）。目前数控机床上使用的数控系统大多是第五代数控系统，与通用计算机不兼容，系统内结构、工作原理和运行过程复杂，难以进行升级和进一步开发，是一种专用封闭式系统。20世纪90年代后，基于PC机的软硬件资源，人们设计出新一代的开放式数控系统，使数控系统的发展进入第六代（PC—CNC）。由于现代数控系统的控制功能大部分由软件技术来实现，因而使硬件进一步得到了简化，系统可靠性提高，功能更加灵活和完善。目前第六代数控系统代表着数控系统未来的发展方向，在数控机床上的使用将会越来越多。

我国从1958年开始研制数控机床，由清华大学研制出了最早的样机。1966年诞生了第一台用于直线—圆弧插补的晶体管数控系统。1970年北京第一机床厂的XK5040型数控升降台铣床作为商品，小批量生产并推向市场。但由于相关工业基础差，尤其是数控系统的支撑工业——电子工业薄弱，致使在1970—1976年开发出的加工中心、数控镗床、数控磨床及数控钻床因系统不过关，多数机床没有在生产中发挥作用，1975年又研制出第一台加工中心。改革开放以来，20世纪80年代前期，在引入了日本FANUC、德国的SIEMENS数控技术后，我国的数控机床才真正进入小批量生产的商品化时代。由于引进国外的数控系统和伺服系统，我国的数控机床在品种和质量方面都得到迅速的发展。我国的数控机床产品已覆盖了车床、铣床、镗铣床、钻床、磨床、加工中心及齿轮机床等，品种已超过500种，形成了具有生产能力的生产基地。1986年，我国数控机床开始进入国际市场。目前我国已有若干家数控机床厂能够生产高质量的数控机床和加工中心。由于经济型数控机床的研究、生产和推广取得了很大的发展，对数控机床制造技术起到了积极的推动作用。近年来，随着国民经济的飞速发展，数控技术也得到了快速提高，每年都有100多项技术难题得到解决，国产数控机床的市场占有率由几年前不到15%已上升至现在的30%。

2. 自动编程系统的发展

20世纪50年代后期，美国首先研制成功了自动编程工具（Automatically Programmed Tools，APT）系统。到了20世纪60～70年代又先后发展了APTIII和APTIV系统。在西欧和日本，也在引进美国技术的基础上发展了各自的自动编程系统，如德国的EXAPT系统、法国的IFAPT系统、英国的2CL系统以及日本的FAPT和HAPT系统等。

20世纪80年代，美国和法国等国家先后开发了具有计算机辅助设计、绘图和自动编程一体化功能的 CAD/CAM 系统，如 Master CAM、Surf CAD、Pro/Engineer、UG 等。

我国的自动编程系统发展较晚，但进步很快，目前主要有用于航空零件加工的 SKC 系统以及 ZCK、ZBC 和用于线切割加工的 SKG 等系统。

3．自动化生产系统的发展

20 世纪 60 年代末期，世界上出现了由一台计算机直接管理和控制的计算机群控系统，即直接数控系统（Direct NC，DNC），1976 年出现了由多台数控机床连接成可调加工系统，这是最初的柔性制造系统（Flexible Manufacturing System，FMS）。20 世纪 80 年代初又出现以 1～3 台加工中心或车削中心为主体，再配上工件自动装卸的可交换工作台及监控检验装置的柔性制造单元 FMC（Flexible Manufacturing Cell）。目前，已经出现了包括生产决策、产品设计及制造和管理等全过程均由计算机集成管理和控制的计算机集成制造系统（Computer Integrated Manufacturing System，CIMS），以实现工厂自动化。自动化生产系统的发展，使加工技术跨入了一个新的里程，建立了一种全新的生产模式。我国已开始在这方面进行探索与研制，并取得了可喜的成果，且有一些 FMS 和 CIMS 成功地用于生产。

0.3　数控加工中的几个概念

1．数控轴数

数控轴数是指数控系统按加工要求可控制机床运动的坐标轴数量（例如，某数控机床本身具有 X、Y、Z 3 个方向运动坐标轴，则该机床的控制轴数为三轴）。

2．联动轴数

联动轴数是指数控系统按加工要求可同时控制机床运动的坐标轴数量（例如，某数控机床本身具有 X、Y、Z 3 个方向运动坐标轴，但数控系统仅可同时控制两个坐标轴 XY、YZ 或 XZ 的运动，则该机床的联动轴数为两轴）。

3．自适应控制机床

如果控制系统能对实际加工中的各种加工状态的参数及时地测量并反馈给机床进行修正，则可使切削过程随时都处在最佳状态。由于 CNC 系统自身带有计算机，只要加上相应的检测元件、控制线路和有关软件就可以制造出这种自适应控制机床（Adaptive Control，AC）。

4．柔性制造系统

所谓柔性，是指一个制造系统适应各种生产条件变化的能力。

柔性制造系统（Flexible Manufacturing System，FMS）是在柔性制造单元基础上研制和发展起来的。柔性制造单元是一种使人的参与度降到最小时，能连续地对同一组零件内不同的工件进行自动化加工（包括工件在单元内部的运输和交换）的最小单元。它既可以作为独立使用的加工设备，又可以作为更大更复杂的柔性制造系统或柔性自动线的基本组成模块。

5. 计算机集成制造系统

为实现整个生产过程自动化，人们正着手研制包括规划、设计、工艺、加工、装配、检验、销售等全过程都由计算机控制的集成生产系统。它具有计算机控制的自动化信息流和物质流，对产品的构思和设计直到最终装配、检验这一全过程进行控制，以实现工厂自动化。

6. 数控加工的概念

数控加工就是根据被加工零件的图样和工艺要求，编制零件数控加工程序，输入数控系统，控制数控机床中刀具与工件的相对运动，使之加工出合格零件的方法。

7. 数控加工工艺概念

数控加工工艺，是采用数控机床加工零件时所运用的各种方法和技术手段的总和。它应用于整个数控加工工艺过程。数控加工工艺设计要比普通加工方式的工艺具体得多。

8. 数控加工工艺系统

数控机床加工过程中，机床、刀具、夹具和工件等组成的系统称为数控加工工艺系统。

重要知识 0.1　数控机床工作原理

数控机床工作前，首先对零件图进行工艺处理，即根据零件加工工艺过程、工艺参数的要求，并按一定的规则编写数控系统能理解的零件相应数控加工程序，储存在软盘、磁带等介质中或用网络与机床联机；然后用适当的方式将此加工程序输入数控机床的数控装置，此时可启动机床运行数控加工程序。在运行数控加工程序的过程中，数控装置会根据数控加工程序的内容，发出各种控制指令，控制伺服驱动系统和其他驱动系统；由伺服驱动系统和其他驱动系统控制机床的主轴、工作台、刀库等来完成零件的加工。当改变加工零件时，只要在数控机床中改变加工程序，就可继续加工新零件。

0.4　数控加工过程

首先对零件图进行工艺处理，然后将零件图样上的几何信息和工艺信息数字化（即将刀具与工件的相对运动轨迹、加工过程中主轴速度和进给速度的变换、切削液的开关、工件和刀具的交换等控制和操作，编成加工程序）并制作控制介质，接着将该程序送入数控系统。数控系统则按照程序的要求，先进行相应的运算、处理，然后发出控制命令，使各坐标轴、主轴以及辅助动作相互协调，实现刀具与工件的相对运动，自动完成零件的加工，如图 0-1 所示。

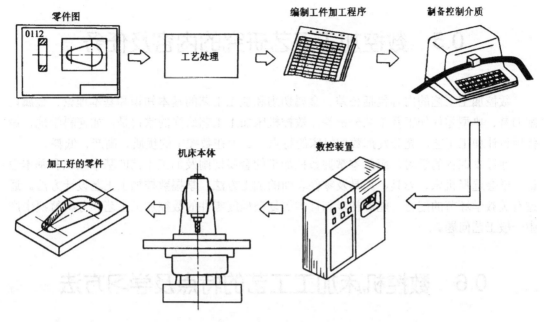

图 0-1 数控加工过程

重要知识 0.2　数控加工的特点

与常规加工相比，数控加工具有以下特点。

（1）自动化程度高。在数控机床上加工零件除手工装卸工件外，数控加工的整个过程是由机床自动完成。

（2）加工精度高，加工质量稳定。一般数控机床的加工尺寸精度为 0.005~0.01mm，不受零件复杂程度的影响，加工中消除了操作者的人为误差，提高了同批零件尺寸的一致性，使产品质量保持稳定，目前最高的尺寸精度可达 0.0015mm。

（3）具有高的柔性。数控机床加工是由加工程序控制的，加工对象改变时，只要重新编制程序，就可以完成工件的加工。因此，数控机床既适用于零件频繁更换的场合，也适用于单件小批生产及产品的开发，可缩短生产准备周期，有利于机械产品的更新换代。

（4）生产效率高。数控机床的刚度较好，可以采用较高的切削参数，充分发挥刀具的切削性能，减少切削时间；同时，数控加工时，一般可以自动换刀、工序相对集中，减少了辅助时间。

（5）易于建立计算机通信网络，有利于生产管理的现代化。数控机床使用数字信息与标准代码处理、传递信息，特别是在数控机床上使用计算机控制，为使用计算机辅助设计、制造以及管理一体化奠定了基础。

当然，数控加工在某些方面也有不足之处，数控机床价格昂贵、成本高、技术复杂，对工艺和编程要求较高，加工中难以调整、维修困难。为了提高数控机床的利用率，取得良好的经济效益，需要确实解决好加工工艺与编程、刀具的供应、编程与操作人员的培训问题。

0.5　数控加工工艺研究的内容及任务

数控加工工艺的内容包括公差、金属切削和加工工艺的基本知识和基本理论、金属切削刀具、典型零件加工及工艺分析等。数控机床加工工艺研究的宗旨是，如何科学地、最优地设计加工工艺，充分发挥数控机床的特点，实现在数控中的优质、高产、低耗。

通过本课程的学习，应基本掌握数控加工的金属切削及加工工艺的基本知识和基本理论；学会选择机床、刀具、夹具及零件表面的加工方法；掌握数控加工工艺设计方法。通过有关教学环节的配合，能够初步制订中等复杂程度零件的数控加工工艺和分析解决生产中一般工艺问题。

0.6　数控机床加工工艺的特点及学习方法

数控机床加工工艺是一门综合性、实践性、灵活性强的专业技术课程。学习本课程应注意下列几点。
- 本课程包含面广、内容丰富、综合性强。在学习时要善于将《数控加工基础》和《数控机床》等书的知识同本书的知识结合起来，合理地综合运用。
- 数控机床加工工艺与生产实际密切相关，其理论源于生产实际，是长期生产实践的总结。
- 数控机床加工工艺的应用有很大的灵活性。对具体问题要具体分析，优选方案。

任务小结

了解数控加工过程、数控加工的特点、数控机床的应用、数控机床工作原理及相关概念、数控加工工艺研究的内容及任务、数控机床加工工艺的特点及学习方法，为本课程的学习做准备。

每日一练

1. 名词解释：数字控制、数控技术、数控系统、计算机数控系统、数控机床、数控轴数和联动轴数。
2. 简述数控机床工作原理及数控加工的特点。
3. 简述数控机床的应用。

模块一 数控加工的工艺基础

案例引入

图 1-1 所示为需要加工的 CA6140 型车床主轴零件简图，试拟订该零件成批生产的机械加工工艺规程。

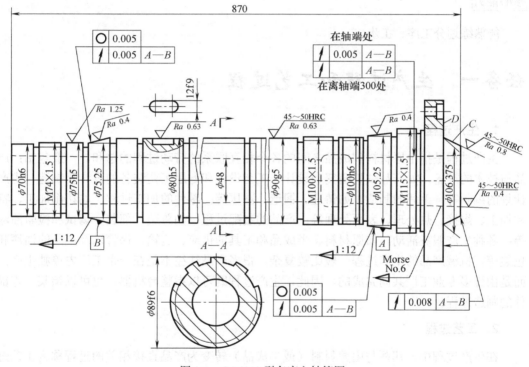

图 1-1 CA6140 型车床主轴简图

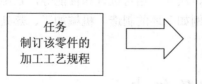

本模块（或技能）要点
1. 机械加工工艺过程相关概念。
2. 机械加工工艺规程的主要内容。
3. 制订机械加工工艺规程。
4. 尺寸链的计算。
5. 机械加工质量。

项目一 基本概念

能力目标

1. 掌握工序与安装、工位、工步、走刀的概念。
2. 掌握如何划分工序。
3. 掌握工步的两个特例。

核心能力

能熟练划分工序、工步。

任务一 生产过程和工艺过程

1. 生产过程

生产过程是指由原材料到成品之间的各个相互联系的劳动过程的总和。一般包括：产品与技术的准备，如产品试验研究和设计、工艺设计和专用工艺装备的设计和制造、生产计划的编制等；毛坯的制造，如铸造、锻造、冲压等；零件的加工过程，如切削加工、特种加工、焊接、热处理、表面处理等；产品的装配过程，如总装、部装、调试和检验油漆等；各种生产服务活动，如原材料、半成品和工具的供应、运输、保管以及产品的油漆和包装等。机械产品的生产过程一般比较复杂，很多产品往往不是在一个工厂内单独生产，而是由许多专业工厂共同完成的。因此，生产过程既可以指整台机器，也可以指某一零部件的制造过程。

2. 工艺过程

在生产过程中，那些与由原材料（或半成品）转变为产品直接相关的过程称为工艺过程。它包括毛坯制造、零件加工、热处理、质量检验和机器装配等。而为保证工艺过程正常进行所需要的刀具、夹具制造，机床调整、维修等则属于辅助过程。在工艺过程中，以机械加工方法按一定顺序逐步地改变毛坯形状、尺寸、相对位置和性能等，直至成为合格零件的那部分过程，称为机械加工工艺过程。例如毛坯的制造，机械加工、热处理、装配等均为工艺过程。

任务二 机械加工工艺过程的组成

机械加工工艺过程是由一个或若干个顺序排列的工序组成的，工序是工艺过程中的基本单元。而工序又由若干个安装、工位、工步和走刀组成。

重要知识 1.1　工序

工序是指一个（或一组）工人，在一个工作地点或一台机床上，对一个（或同时对几个）工件所连续完成的那一部分工艺过程。划分工序的主要依据是工作地点（或设备）是否变动和完成的那部分工艺内容是否连续。如图 1-2 所示的阶梯轴，当加工数量较少时，工序 1 每个工件都是先车一个工件的大端外圆及倒角，然后调头车小端外圆及倒角，则车大端、小端外圆及倒角就构成一个工序 1。

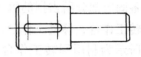

图 1-2　阶梯轴

工序 1 中是在同一地点，且工艺内容是连续的，因此算作一道工序，如表 1-1 所示，共有两道工序。当加工数量较多时，如果整批工件都是先进行车大端外圆及倒角，然后整批工件再进行车小端外圆及倒角，这样大端、小端外圆及倒角就分成两道工序——工序 2 和工序 3。虽然这两道工序工作地点相同，但工艺内容不连续（工序 3 是在该批工序 2 的内容都完成后才进行的），如表 1-2 所示，因此两道工序算作五道工序。

表 1-1　单件小批生产的工艺过程

工 序 号	工 序 内 容	设　　备
1	加工外圆、倒角及端面	车床
2	铣键槽，去毛刺	铣床

表 1-2　大批大量生产的工艺过程

工 序 号	工 序 内 容	设　　备
1	两边同时铣端面，钻中心孔	组合机床
2	车大端外圆及倒角	车床
3	车小端外圆及倒角	车床
4	铣键槽	铣床
5	去毛刺	钳工台

上述工序的定义和划分是常规加工工艺中采用的方法。在数控加工中，根据数控加工的特点，工序的划分比较灵活。

在零件的加工工艺过程中，有一些工作并不改变零件形状、尺寸和表面质量，但却直接影响工艺过程的完成，如检验、打标记等，这些工作的工序称为辅助工序。通常把仅列出主要工序名称的简略工艺过程称为工艺路线。

重要知识 1.2　安装与工位

（1）安装

安装是指工件（或装配单元）经过一次装夹后所完成的那一部分工序内容。在一道工序中可以有一次或多次安装。表 1-1 中的工序 1 有两次安装，工序 2 只有一次安装。工件加工中应尽量减少装夹次数，因为多一次装夹就多一次装夹误差，而且增加了辅助时间。因此，生产中常用各种回转工作台、回转夹具或移动夹具等，以便在工件一次装夹后，可使其处于不同的位置加工。

（2）工位

为完成一定的工序内容，一次装夹工件后，工件（或装配单元）与夹具或设备的可动部分一起相对刀具或设备固定部分所占据的每一个位置称为工位。常用各种回转工作台、移动工作台、回转夹具或移动夹具。图 1-3 所示为利用回转工作台在一次装夹后顺序完成装卸工件、钻孔，扩孔和铰孔 4 个工位加工的实例。操作者在上下料工位 I 处装上工件，当该工件依次通过钻孔工位 II、扩孔工位 III、铰孔 IV 后，即可在一次装夹后把工件加工完毕。

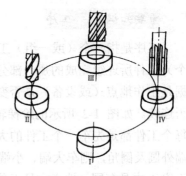

图 1-3 多工位加工

重要知识 1.3　工步与进给

在一个工序内，往往需要采用不同的工具对不同的表面进行加工。为了便于分析和描述工序的内容，工序还可以进一步划分为工步。

（1）工步

工步是指加工表面不变、切削刀具和切削用量中的转速与进给量均保持不变时所连续完成的那一部分工序内容。一个工序可以包括一个工步或几个工步。划分工步的依据是加工表面和工具是否变化。例如，表 1-2 中的工序 2 和工序 3 要加工外圆、倒角等两个表面，所以各有两个工步；而表 1-2 中的工序 4 只加工键槽，所以只有一个工步。

为了简化工艺文件，对在一次装夹中连续进行的若干相同的工步应视为一个工步。如图 1-4 所示钻削零件上 6 个 $\phi20$mm 的孔，可写成一个工步钻 $6\times\phi20$mm 孔。为了提高生产率，如图 1-5 所示，有时用几把不同刀具或复合刀具同时加工一个零件上的几个表面，此时应视为一个工步，这种工步称为复合工步。又如，组合钻床加工多孔箱体孔。

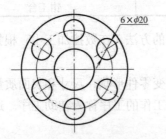
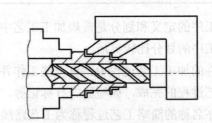

图 1-4　加工 6 个表面相同的工步　　　　图 1-5　复合工步

在数控加工中，常将一次安装下用一把刀具连续切削零件的多个表面划分为一个工步。

（2）进给（走刀）

在一个工步内，若被加工表面需切除的余量较大，可分几次切削，每次切削称为一次进给。如图 1-6 所示阶梯轴的车削加工，第一工步只需一次进给，第二工步分两次进给。

行程，又称为进给次数，有工作行程和空行程。

工作行程，是指刀具以加工进给速度相对工件所完成一次进给运动的工步部分。

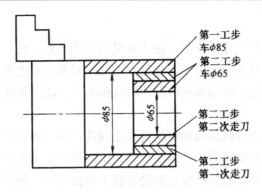

图 1-6 阶梯轴的车削进给

空行程，是指刀具以非加工进给速度相对工件所完成一次进给运动的工步部分。

任务三 生产纲领和生产类型

1. 生产纲领

企业在计划内应生产的产品量（年产量）和进度计划称为该产品的生产纲领。企业的年生产纲领，可按下式计算

$$N = Qn(1+\alpha\%+\beta\%) \tag{1-1}$$

式中：N——零件的年产量，单位为件/年；

Q——产品年产量，单位为台/年；

n——每台产品中该零件数量，单位为件/台；

$\alpha\%$——备品的百分率；

$\beta\%$——废品的百分率。

2. 生产类型和工艺特点

生产类型是指企业（或车间、工段、班组、工作地）生产专业化程度的分类。一般把机械制造生产分为单件生产、成批生产及大量生产3种生产类型，生产类型的划分除了与生产纲领有关外，还应考虑产品的大小及复杂程度，如表1-3所示。

表1-3 生产类型与生产纲领的关系

生产类型		零件年生产纲领/（件/年）			工作地每月负担的工序数（工序数/月）
		重型机械或重型零件（>100kg）	中型机械或中型零件（10~100kg）	小型机械或轻型零件（<10kg）	
单件生产		≤5	≤10	≤100	不做规定
成批生产	小批生产	>5~100	>10~200	>100~500	>20~40
	中批生产	>100~300	>200~500	>500~5000	>10~20
	大批生产	>300~1000	>500~5000	>5000~50000	>1~10
大量生产		>1000	>5000	>50000	1

1)单件生产

单个生产不同结构和尺寸的产品,很少重复甚至不重复,这种生产称为单件生产。生产的产品种类繁多,产量很少,各个工作地点的加工对象经常改变,而且很少重复生产。例如,重型机械产品制造、维修车间的配件制造和新产品试制等都属于单件生产。

2)成批生产

成批生产是指一年中分批轮流地制造几种不同的产品,每种产品均有一定的数量,工作地点的加工对象周期性地重复。产品的种类较少,有一定的生产数量,加工对象、加工过程周期性地重复。例如,机床、电机制造等属于成批生产。每次投入或生产的同一产品(或零件)的数量称为生产批量。按批量大小分为小批、中批、大批量生产3种类型。小批生产接近单件生产,常称为单件小批生产;大批生产和大量生产相似,常合称为大批大量生产;中批量生产介于小批生产和大批生产之间。

3)大量生产

大量生产是指产品数量很大,大多数工作地点长期按一定的生产节拍进行某一个零件的某一道工序的加工。同一产品的产量大、品种少,产品品种单一而固定,大多数工作地长期只进行某一工序的生产,工作地点较少改变,加工过程重复。例如,汽车、摩托车、柴油机、拖拉机、轴承等的制造都属于大量生产。

生产类型不同,产品制造的工艺方法、所用的设备和工艺装备以及生产的组织形式等均不同。大批大量生产应尽可能采用高效率的设备和工艺方法,以提高生产率;单件小批生产应采用通用设备和工艺装备,也可采用先进的数控机床,以降低生产成本。不同生产类型的制造工艺有不同特征,各种生产类型的工艺特征如表1-4所示。

表1-4 各种生产类型的工艺特征

工 艺 特 征	单件小批生产	中批生产	大批大量生产
加工对象	不固定、经常改变	周期性地变换	固定不变
零件互换性	无互换性,广泛采用钳工修配	大部分有互换性,少数由钳工修配	全部互换,某些高精度配合件采用配磨、配研、分组选择装
毛坯制造方法与加工余量	木模手工造型或自由锻造,毛坯精度低,加工余量大	部分用金属模造型或模锻,毛坯精度及加工余量中等	采用金属模机器造型,模锻或其他高效方法,毛坯精度高,加工余量小
机床设备及其布置	采用通用设备、数控机床,按机群式布置	采用通用机床、数控机床及部分高效专用机床,按加工零件类别分工段排列	广泛采用高效专用机床及自动机床,按流水线或自动线排列
工艺装备	广泛采用通用夹具、量具及通用刀具	广泛采用专用夹具,多用通用刀具,万能量具,部分采用专用刀具、专用量具	广泛采用高效专用夹具,专用量具或自动检测装置、专用高效复合刀具
获得规定加工尺寸的方法	广泛采用试切法	多采用调整法,有时试切法	广泛采用调整法

续表

工 艺 特 征	单件小批生产	中 批 生 产	大批大量生产
装夹方法	找正或用通用夹具装夹	多用专用夹具装夹,部分找正装夹	用高效专用夹具装夹
工艺文件	有工艺过程卡,关键工序要工序卡。数控加工工序要详细工序和程序单等文件	有工艺过程卡,关键零件要工序卡。数控加工工序要详细工序卡和程序单等文件	有工艺过程卡和工序卡,关键零件工序要调整卡和检验卡
对工人技术的要求	需技术熟练的工人,要求高	需技术比较熟练的工人,要求中	对操作工人要求低,对调整工人要求高
生产率	低	中	高
成本	高	中	低

任务小结

掌握工序与安装、工位、工步、走刀的概念,如何划分工序,工序的两个特例。

每日一练

1. 生产过程、工艺过程、工序和工步是什么?构成工序和工步的要素各有哪些?
2. 什么叫生产纲领?生产类型有哪几种?各有何特点?

项目二　定位基准的选择

能力目标

1. 掌握基准及其分类。
2. 粗精基准与精基准的概念。
3. 粗精基准与精基准的选择。

核心能力

能运用粗精基准与精基准的选择原则。

任务一　基准的概念及其分类

基准是零件图上用以确定其他点、线、面位置所依据的那些点、线、面。根据基准的功用不同,它可以分为设计基准和工艺基准两大类。

设计基准是在零件设计图上所采用的基准,它是标注设计尺寸的起点,如图 1-7 所示

中的 A 面是 B 面和 C 面长度尺寸的设计基准；D 面是 E 面和 F 面长度尺寸的设计基准，又是两孔水平方向的设计基准。

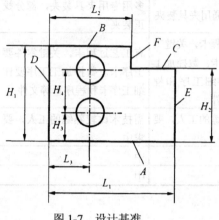

图 1-7 设计基准

重要知识 1.4　工艺基准

在工艺过程中所采用的基准，称为工艺基准。工艺过程是一个复杂的过程，按用途不同工艺基准又可分为工序基准、定位基准、测量基准和装配基准。

（1）装配基准

装配时用以确定零件或部件在部件或产品中的相对位置所采用的基准称为装配基准。装配基准通常是零件的主要设计基准。如图 1-8 所示的钻套装在钻模板上是以其外圆 $\phi 45h6$ 及端面 B 面来确定钻套位置的，所以其外圆 $\phi 45h6$ 的轴线及端面 B 面是装配基准。

（2）测量基准

测量已加工表面尺寸及位置时所采用的基准，称为测量基准。如图 1-8 所示的钻套零件，钻套装在检验心轴上用百分表去检验 $\phi 45h6$ 外圆径向跳动及端面 B 的端面圆跳动时，钻套内孔的轴线就是测量基准。

如图 1-9 所示，用游标深度尺测量槽深时，平面 A 为测量基准。

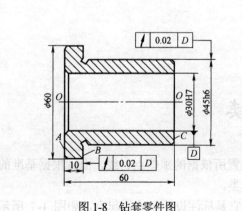

图 1-8　钻套零件图

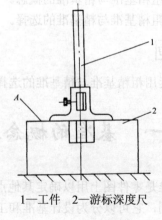

1—工件　2—游标深度尺

图 1-9　测量基准

重要知识 1.5　工序基准

在工序图上，用来标定本工序被加工面尺寸和位置所采用的基准，称为工序基准。所标定的被加工表面位置的尺寸，称为工序尺寸。如图 1-10 所示，通孔为加工表面，要求其中心线与 A 面垂直，并与 B 面及 C 面保持距离 L_1、L_2，因此表面 A、表面 B 和表面 C 均为本工序的工序基准。工序图是一种工艺附图，加工表面用粗实线绘制。

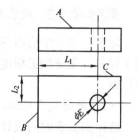

图 1-10　工件的工序基准

重要知识 1.6　定位基准

在加工中定位时据以确定工件在夹具中位置的点、线、面称为定位基准。这些作为定位基准的点、线、面既可以是工件与定位元件实际接触的点、线、面，也可以是一些实际并不存在的理论回转中心线（如孔和轴的轴心线，两平面之间的对称中心面等）。在定位时是由一些相应的实际表面来体现的，这些表面称为定位表面。工件以回转表面（如孔、外圆）定位时，回转表面的轴心线是定位基准，而回转表面就是定位基面，如图 1-8 所示，零件的内孔套在心轴上加工 $\phi 45h6$ 外圆时，内孔轴线即为定位基准。

如图 1-11 所示为各种基准之间相互关系的实例。

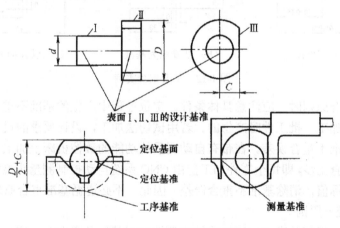

图 1-11　各种基准的实例

任务二　定位基准的选择

定位基准又分粗基准和精基准两种。若选择未经机加工过的毛坯表面作为定位基准的称为粗基准；若选择已机加工过的表面作为定位基准的称为精基准。粗基准考虑的重点是如何保证各加工表面有足够的余量，而精基准考虑的重点是如何减少误差。在选择定位基准时，通常是从保证加工精度要求出发的，因而分析定位基准选择的顺序应从精基准到粗基准，在数控加工中，加工工序往往较集中。

重要知识 1.7　精基准的选择

除第一道工序用粗基准外，其余工序都应使用精基准。选择精基准主要考虑如何减少加工误差，保证加工精度、使工件装夹方便，并使零件的制造较为经济、容易。应遵循下列原则。

（1）基准重合原则

选择加工表面的设计基准作为定位基准，称为基准重合原则。采用基准重合原则可以避免由定位基准与设计基准不重合而引起的定位误差。

如图 1-12（a）所示的零件，A 面、B 面均已加工完毕，钻孔时若选择 B 平面作为精基准，则定位基准与设计基准重合，尺寸 30±0.15mm 可直接保证，加工误差易于控制，如图 1-12（b）所示；若选 A 面作为精基准，则尺寸 30±0.15mm 是间接保证的，产生基准不重合误差，如图 1-12（c）所示。

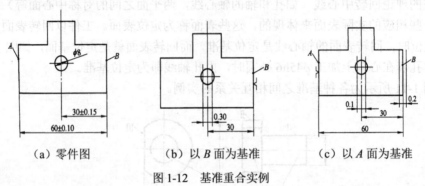

（a）零件图　　　　（b）以 B 面为基准　　　　（c）以 A 面为基准

图 1-12　基准重合实例

应用基准重合原则时，应注意具体条件。定位过程中产生的基准不重合误差是在用夹具装夹、调整法加工一批工件时产生的。若用试切法加工，设计要求的尺寸一般可直接测量，则不存在基准不重合误差。在带有自动测量的功能的数控机床上加工，可在工艺中安排坐标系测量检查工步，即每个零件加工前由 CNC 系统自动控制测量头检测工序基准并自动计算、修正坐标值，消除基准不重合误差。因此，不必遵循基准重合原理。

（2）基准统一原则

当工件以某一组精基准定位可以比较方便地加工其他各表面时，应尽可能在多数工序中采用此同一组精基准定位，这就是基准统一原则。采用基准统一原则可以简化工艺规程的制订，减少夹具数量，节约了夹具设计和制造的时间和费用，同时简化夹具的设计和制造工作量，缩短了生产准备周期；由于减少了基准的转换，可以避免基准变换所产生的误差，更有利于保证各表面间的相互位置精度，例如，加工轴类零件时，采用两端中心孔做统一基准加工各外圆表面，这样可以保证各阶梯外圆表面之间较高的同轴度；箱体零件采用一面两孔定位、齿轮的齿坯和齿形加工多采用齿轮的内孔及一端面为定位基准，均属于基准统一原则。又如图 1-13 所示的汽车发动机机体，在加工其主轴承座孔、凸轮轴座孔、气缸孔及座孔端面时，采用底面及底面上的两个工艺孔作为统一的精基准度就能较好地保证这些加工表面之间的相互位置关系。

（3）自为基准原则

某些加工表面要求加工余量小而均匀时的精加工工序，可选择加工表面本身作为定位基准，称为自为基准原则。如图1-14所示，在导轨磨床上磨削床身导轨面时，就是以导轨面本身为基准，在磨床上用百分表找正导轨面相对机床运动方向的正确位置，然后磨去薄而均匀的一层磨削余量，以满足对导轨面的质量要求。采用自为基准原则加工时，只能提高加工表面本身的尺寸精度、形状精度，而不能提高加工表面的位置精度，加工表面的位置精度应由前道工序保证。此外，研磨、铰孔都是自为基准的例子。

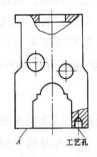

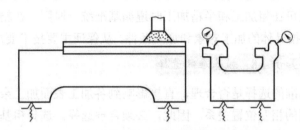

图1-13　发动机机体　　　　　　　图1-14　自为基准实例

（4）互为基准原则

对工件上两个相互位置精度要求比较高的表面进行加工时，可以利用两个表面互相作为基准，反复进行加工，以保证位置精度要求，可采用两个表面互为基准反复加工，称为互为基准原则。如加工精密齿轮，可确定齿面和内孔互为基准反复加工，如图1-15和图1-16所示都是互为基准的典型实例。

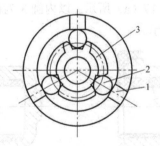

1—卡盘　2—滚柱　3—齿轮

图1-15　以齿面定位加工孔

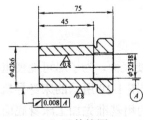
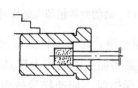
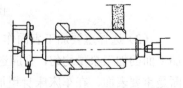

（a）工件简图　　　（b）用三爪自定心卡盘磨内孔　　（c）在心轴上磨外圆

图1-16　互为基准实例

（5）便于装夹原则

选择精基准时，所选精基准应保证工件安装可靠、装夹方便，能使工件定位准确、稳定，还应考虑使夹具设计结构简单、操作方便。

（6）大、精、稳原则

应选择面积较大、精度较高、安装稳定可靠的表面作为定位精基准。

在实际生产中，精基准的选择要完全符合上述原则有时很难做到。例如，统一的定位基准与设计基准不重合时，就不可能同时遵循基准统一原则和基准重合原则。在这种情况下，若采用统一定位基准，尺寸精度能够保证，则应遵循基准统一原则。若不能保证尺寸精度，则可在粗加工和半精加工时遵循基准统一原则，在精加工时遵循基准重合原则。所以，应根据具体的加工对象和加工条件，从保证主要技术要求出发灵活选用有利的精基准。

重要知识 1.8　粗基准的选择

粗基准的选择是否合理，直接影响到各加工表面加工余量的分配，以及加工表面和不加工表面的相互位置关系。因此，必须合理选择。选择粗基准时，主要考虑两个问题：一是保证加工面与不加工面之间的相互位置精度要求；二是合理分配各加工面的加工余量。其原则如下。

（1）为了保证加工表面与不加工表面间的位置要求，选择不加工表面为粗基准。如果工件上有多个不加工表面，则应选其中与加工表面位置要求较高的不加工表面为粗基准，以便保证精度要求，使外形对称等。

图 1-17 所示的工件，毛坯孔与外圆之间偏心较大，以外圆 1 为粗基准，孔的余量不均匀，但加工后壁厚均匀，如图 1-17（a）所示；以内圆 3 为粗基准，孔的余量均匀，但加工后壁厚不均，如图 1-17（b）所示。

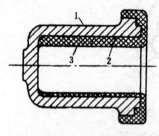
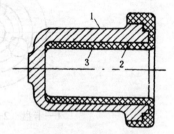

（a）以外圆 1 为粗基准　　（b）以内圆 3 为粗基准

1—外圆面　2—加工面

图 1-17　套的两种粗基准选择对比

（2）选择重要加工表面作为粗基准。对于工件上的某些重要表面，为了尽可能使重要加工面的加工余量均匀，则应选择重要加工表面作为粗基准。如图 1-18 所示的床身导轨表面是重要表面，在车床床身粗加工导轨时，应选择导轨表面作为粗基准先加工床身底面，然后再以床底面为精基准加工导轨面。

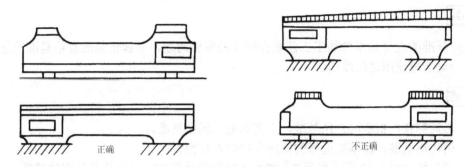

图 1-18　车床床身的粗基准选择

（3）选择加工余量最小的表面为粗基准。为保证各加工表面都有足够的加工余量，应选择加工余量最小的表面为粗基准。如图 1-19 所示的阶梯轴，应选择 φ55mm 外圆表面作为粗基准。如果选择 φ108mm 的外圆表面为粗基准加工 φ55mm 外圆表面，当两个外圆表面偏心为 3mm 时，则加工后的 φ55mm 外圆表面，因一侧加工余量不足而出现毛面，使工件报废。

（4）粗基准应避免重复使用。在同一尺寸方向上，粗基准通常只能使用一次，否则将产生较大误差。如图 1-20 所示的小轴，如果重复使用毛坯面 B 定位加工面 A 和 C，则会使加工面 A 和 C 产生较大的同轴度误差。

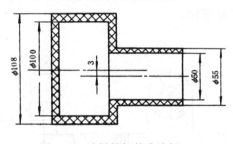
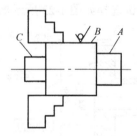

图 1-19　阶梯轴粗基准选择　　　　图 1-20　重复使用粗基准示例

（5）选择较为平整光洁、加工面积较大的表面为粗基，以便定位可靠，夹紧方便。

无论是粗基准还是精基准的选择，上述原则都不可能同时满足，有时甚至互相矛盾，因此选择基准时，必须具体情况具体分析，权衡利弊，保证零件的主要设计要求。

有些零件的加工，为了装夹方便或易于实现基准统一，会人为地制成一种定位基准，称为辅助基准。例如，轴类零件加工所用的两个中心孔、图 1-13 所示零件的工艺孔等。作为辅助基准的表面不是零件的工作表面，在零件的工作中不起任何作用，只是由于工艺上的需要才做出的，如图 1-21 所示工艺凸台。所以，有些可在加工完毕后从零件上切除。

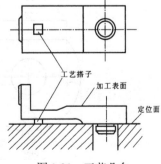

图 1-21　工艺凸台

任务小结

定位基准的选择是零件加工工艺规程制订的重要问题,掌握粗基准及精基准的选择原则,并会灵活地使用这些原则。

每日一练

1. 名词解释:粗基准、精基准、工艺基准、辅助基准。
2. 简述粗基准、精基准选择的原则有哪些?举例说明。
3. 试分析如图 1-22 所示平面 2、镗孔 4 时的设计基准、定位基准及测量基准。

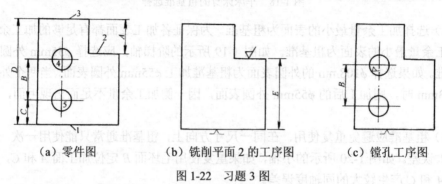

图 1-22 习题 3 图

4. 试选择如图 1-23 所示加工时的粗、精基面。

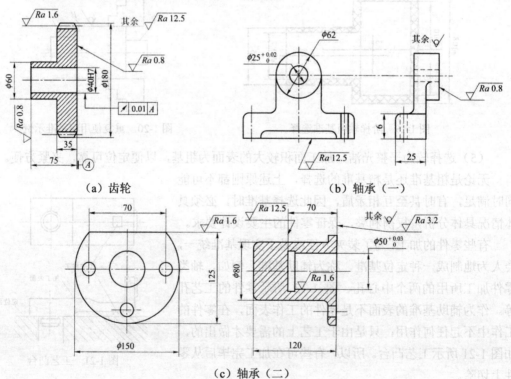

图 1-23 习题 4 图

项目三　机械加工工艺规程的制订

能力目标

1. 掌握工艺规程制订时所需的原始资料。
2. 掌握毛坯选择的方法与意义。
3. 掌握工件加工方案的制订方法。
4. 掌握划分加工阶段的方法及意义。
5. 掌握加工工序安排的原则。

核心能力

掌握工件加工工艺分析内容及方法，能熟练地对零件图进行数控加工工艺分析。

任务一　机械加工工艺规程概述

工艺规程的制订方法及步骤如图 1-24 所示。

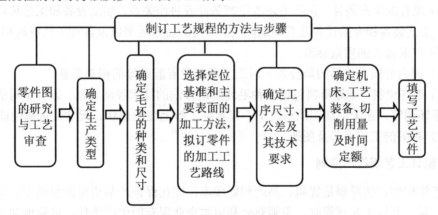

图 1-24　零件数控加工工艺规程制订的一般方法和步骤

重要知识 1.9　机械加工工艺规程的概念

机械加工工艺规程是将产品或零部件的制造工艺过程和操作方法按一定格式固定下来的技术文件。它是在具体生产条件下，本着最合理、最经济的原则编制而成的，经审批后用来指导生产的法规性文件。机械加工工艺规程一般包括零件加工的工艺路线、各工序的具体加工内容；各工序所用的机床及工艺装备；切削用量及工时定额等。

1. 工艺规程的作用

1）工艺规程是指导生产的主要技术文件

工艺规程是依据工艺理论和实践经验的基础上制订的，按照工艺规程进行生产可以保证产品质量，并有较高的生产率和良好的经济效益，一切生产人员都严格执行既定的工艺规程，但是，工艺规程也不是固定不变的，必须要有严格的审批手续。

2）工艺规程是生产组织和管理工作的基本依据

在生产管理中，生产计划的制订、产品投产前原材料和毛坯的供应、质量的检查、工艺装备的设计、工时定额的制订以及成本的核算等，都是以工艺规程作为基本依据的。

3）工艺规程是新建或扩建工厂或车间的基本资料

在新建和扩建工厂（车间）时，只有根据工艺规程和生产纲领才能正确地确定生产所需要的设备的种类、数量和规格，车间的面积、生产工人的工种及数量等都以工艺规程为基础。

4）便于积累、交流和推广行之有效的生产经验

已有的工艺规程可供以后制订类似零件的工艺规程时作为参考，以减少制订工艺规程的时间和工作量，也有利于提高工艺技术水平，典型工艺规程可指导同类产品的生产。

2. 制订工艺规程所需的原始资料

（1）产品的装配图和零件的工作图。

（2）产品的生产纲领（年产量）。

（3）现有的生产条件，包括毛坯的生产条件或协作关系、加工设备和工艺装备的规格及性能、工艺装备和专用设备及其制造能力、工人的技术水平以及各种工艺资料和标准等。

（4）产品验收的质量标准。

（5）国内外同类产品的新技术、新工艺及其发展前景等的相关信息。

（6）毛坯资料。毛坯资料包括各种毛坯制造方法的技术经济特征，各种型材的品种和规格及毛坯图等。在无毛坯图的情况下，需实际了解毛坯的形状、尺寸及机械性能等。

（7）有关的工艺手册及图册。

3. 制订工艺规程的原则

工艺规程制订的原则是优质、高产和低成本，即在保证产品质量的前提下，争取最好的经济效益。制订工艺规程时，必须充分利用本企业现有的生产条件；可靠地加工出符合图纸要求的零件；保证良好的劳动条件及避免环境污染，提高劳动生产率；在保证产品质量的前提下，尽可能降低消耗、降低成本；应尽可能采用国内外先进工艺技术。

4. 常见工艺文件的格式

工艺规程的种类有以下几种。

1）机械加工工艺过程卡片

机械加工工艺过程卡片主要列出了整个零件加工所经过的工艺路线，它是编制其他工艺文件的基础，也是生产技术准备、编制作业计划和组织生产的依据。其格式如表1-5所示。

表 1-5　机械加工工艺过程卡片

工厂		机械加工工艺过程卡			产品型号		零(部)件图号			共　页	
					产品名称		零(部)件名称			第　页	
材料牌号		毛坯种类		毛坯外形尺寸		每毛坯件数		每台件数		备注	
工序号	工序名称	工序内容			车间	工段	设备	工艺装备		工时	
										准终	单件
					编制（日期）		审核（日期）	会签（日期）			
标记	处记	更改文件号	签字	日期	标记	处记	更改文件号	签字	日期		

2）机械加工工艺卡片

机械加工工艺卡片是用于普通机床加工以工序为单位，详细说明整个工艺过程的工艺文件，它用来指导工人生产和帮助车间管理人员和技术人员掌握整个零件加工过程的一种主要技术文件，广泛用于成批生产的零件和小批生产中的重要零件。其格式如表1-6所示。

表 1-6　机械加工工艺卡片

工厂			机械加工工艺卡			产品型号		零(部)件图号			共　页	
						产品名称		零(部)件名称			第　页	
材料牌号			毛坯种类		毛坯外形尺寸		每毛坯件数		每台件数		备注	
工序	装夹	工步	工序内容	同时加工零件数	切削用量				设备名称及编号	工艺装备名称及编号	技术等级	工时定额
					背吃刀量/mm	切削速度/(m·min^{-1})	每分钟转数或往复次数	进给量/mm（或mm·双行柱$^{-1}$）		夹具　刀具　量具		单件　准终
							编制（日期）		审核（日期）	会签（日期）		
标记	处记	更改文件号	签字	日期	标记	处记	更改文件号	签字	日期			

3）机械加工工序卡片

机械加工工序卡片更详细地说明整个零件各个工序的加工要求，用来具体指导工人操作的一种最详细的工艺文件。卡片上，要画出工序简图，工序简图就是按一定比例用较小的投影绘出工序图，可略去图中的次要结构和线条，主视图方向尽量与零件在机床上的安装方向相一致，本工序的加工表面用粗实线或红色粗实线表示，用于大批量生产的零件。其格式如表1-7所示。

表1-7 机械加工工序卡片

机械加工工序卡			产品名称	零件名称	材料	零件图号
					45钢	
工序号	程序编号	夹具名称	夹具编号	使用设备		
2		三爪卡盘				

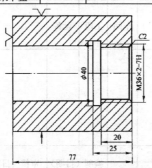

(工序简图)

工步号	工步内容	刀具号	主轴转速/(r/min)	进给速度/(mm/r)	背吃刀量/mm	备注
	装夹：夹住棒料一头，留出长度大约30mm，车端面（手动操作）保证总长77mm，对刀，调用程序					
1	镗孔$\phi32\times21$mm	T0202	600	0.15		
2	车内沟槽	T0303	250	0.06	1	
3	车内螺纹	T0404	600		4	
编制		审核		批准		年 月 日	共 页	第 页

4）数控加工工序卡片

数控加工工序卡片是编制加工程序的主要依据和操作人员配合数控程序进行数控加工的主要指导性工艺文件。它与普通加工工序卡片有许多相似之处，只是该卡片应注明编程原点和对刀点，并要进行简要编程说明（如所用机床型号、程序编号、刀具半径补偿等）及刀具参数（如主轴速度、进给速度、最大背吃刀量或刀宽等）的选择，其格式如表1-8所示。

表1-8 数控加工工序卡片

×××厂	数控加工工序卡		产品名称代号	零件名称		零件图号
				座架		WD-9901
工艺序号	程序编号	夹具名称	夹具编号	使用设备		车间
		台钳		ZJK7532-1		数控
工步号	工步作业内容	加工面	刀具号	刀具规格	主轴转速	进给速度	切削深度	备注
1	$\phi50$面铣刀铣上表面到尺寸	上表面	T01	$\phi50$面铣刀	1000	200	+15	
2	$\phi20$立铣刀铣四周侧面到尺寸	四侧面	T02	$\phi20$立铣刀	1000	200	-11	
3	$\phi20$立铣刀铣A、B台阶面	A、B面	T02	$\phi20$立铣刀	1000	200	0	
4	$\phi6$钻头钻6个孔	小孔6	T03	$\phi6$钻头	800	100	-22	
5	$\phi14$钻头钻2个大孔	大孔2	T04	$\phi14$钻头	500	80	-22	
编制		审核		批准		年 月 日	共 页	第 页

5）数控加工刀具卡片

数控加工刀具卡片是组装刀具和调整刀具的依据。它是操作人员进行数控加工的主要指导性工艺资料。工序卡应按已确定的工步顺序填写。其格式如表1-9所示。

表1-9 数控刀具卡片

零件图号	J30102-4		数控刀具卡片			使用设备	
刀具名称	镗刀					TC-30	
刀具编号	T13006	换刀方式	自动	程序编号			
刀具组成	序号	编号	刀具名称	规格	数量	备注	
	1	T013960	拉钉		1		
	2	390、140-50 50 027	刀柄		1		
	3	391、01-50 50 100	接杆	$\phi50\times100$	1		
	4	391、68-03650 085	镗刀杆		1		
	5	R416.3-122053 25	镗刀组件	$\phi41$-$\phi53$	1		
	6	TCMM110208-52	刀片		1		
	7				2	GC435	

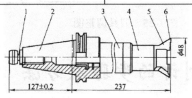

(零件图)

备注						
编制		审批		批准		共 页	第 页

6）数控加工进给路线图

进给路线图主要反映加工过程中刀具的运动轨迹，该图应准确描述刀具从起刀点开始，直到加工结束后返回终点的轨迹，一方面是方便编程人员编程；另一方面是帮助操作人员了解刀具的进给轨迹（如从哪里下刀、在哪里抬刀、哪里是斜下刀等），以便确定夹紧位置和控制夹紧元件的高度，以避免碰撞事故的发生，如表1-10所示。

表1-10 数控加工进给路线图

数控加工走刀路线图		零件图号	NC01	工序号		工步号		程序号	O100
机床型号	XK5032	程序段号	N10～N180	加工内容		铣轮廓周边		共1页	第 页
(进给路线图)							程序说明：		
							编程	—	
							校对		
							审批		
符号	⊙	⊗	●	○→	→	→←	○---	○⌒○	▭→
含义	抬刀	下刀	编程原点	起刀点	走刀方向	走刀线相交	爬斜坡	铰孔	行切

7）刀具调整图

数控车削的刀具调整图主要反映刀具的种类、刀位点、工件编程原点等，如图1-25所示。

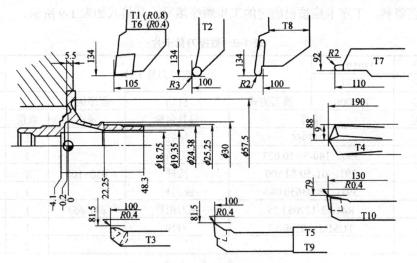

图 1-25　刀具调整图

任务二　工艺规程制订的步骤及方法

工艺规程制订之前，首先需要计算年生产纲领，确定生产类型，前文已有详细介绍，此处不再赘述，现主要讲述生产纲领和生产类型确定之后，工艺规程制订的步骤和方法。

1. 零件的工艺分析

首先认真地分析与研究零件图和装配图，明确零件各项技术要求对装配质量和使用性能的影响，找出其主要和关键的技术要求，然后对零件图进行结构和技术要求的分析。

1）零件结构分析

零件的结构分析主要包括以下三方面。

（1）零件表面的组成和基本类型

在零件结构分析时，首先分析该零件由哪些表面所组成，因表面形状是选择加工方法的基本因素之一。例如，外圆表面通常采用车削或磨削加工；内孔表面则采用钻、扩、铰、镗和磨削等方法进行加工。除了表面形状外，表面尺寸的大小对工艺也有重要影响。例如，对直径很小的孔宜采用铰削加工；深孔采用深孔钻进行加工。它们在工艺上都有各自的特点。

机械零件不同表面的组合形成零件结构上的特点，按零件结构和工艺过程的相似性，将各类零件大致分为轴类、套类、箱体类、齿轮类和叉架类零件等。正是这些不同组合形成了零件结构工艺上的特点，如圆柱套筒上的孔，可以采用钻、扩、铰、镗、内圆磨削和拉削等方法进行加工。箱体类零件上的孔则不宜采用内圆磨削和拉削加工。

（2）主要表面与次要表面区分

根据零件各加工表面要求的不同，可以将零件的加工表面划分为主要加工表面和次要加工表面，在拟订工艺路线时，做到主次分开以保证主要表面的加工精度。

2）零件图的技术要求分析

（1）检查零件图的完整性和正确性

主要检查零件视图是否表达直观、清晰、准确、充分并符合国家标准，尺寸、公差以及技术要求的标注是否合理、齐全等，如有错误或遗漏，应提出修改意见。

（2）分析零件材料选择是否恰当

分析零件材料切削加工性，为选择刀具材料和切削用量提供依据，避免采用贵重金属。

图 1-26 所示为方头销的零件图，ϕ2H7 孔要求装配时进行配作，工件材料为 T8A。如图 1-26 所示的方头销，材料的选择不合理。改进办法：选用 20Cr 钢。为了保证硬度要求，进行局部渗碳处理，在渗碳时，由于工件较小，对 ϕ2H7 处用镀铜（或其他方法）保护，配钻 ϕ2H7 孔时就没有任何困难了。

（3）分析零件的技术要求

零件的技术要求包括尺寸、形状精度、主要加工表面之间的相互位置精度；加工表面的粗糙度以及表面质量方面的其他要求；热处理要求和其他要求等。要注意分析这些要求在保证使用性能的前提下是否经济合理，在本企业现有生产条件下能否实现。

图 1-27 所示为汽车弹簧板与吊耳的装配简图，两个零件的对应侧面并不接触，粗糙度要求过高。所以可将吊耳槽的表面粗糙度要求降低些，由 Ra3.2μm 改为 Ra12.5μm，从而可增大铣削加工时的进给量，提高生产效率。

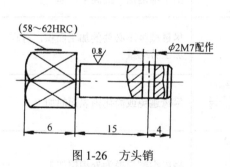

图 1-26　方头销

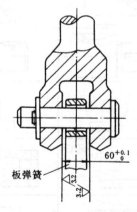

图 1-27　汽车弹簧板与吊耳的装配简图

（4）尺寸标注方法分析

零件图上的尺寸标注方法有局部分散标注法、集中标注法和坐标标注法等。在数控机床上加工的零件，零件图的尺寸在加工精度能够保证使用性能的前提下，可不必使用局部分散标注法，应使用集中标注法或以同一基准法标注（标注坐标尺寸），既有利于编制程序，又有利于设计基准、工艺基准与编制的程序原点统一，如图 1-28 所示。

3）零件的结构工艺性

所谓零件的结构工艺性是指所设计的零件在满足使用要求的前提下，在不同类型的具体生产条件下，零件毛坯的制造、零件的加工和产品的装配所具备的可行性和经济性。结构工艺性好，是指在现有工艺条件下，既能方便制造又有较低的制造成本。

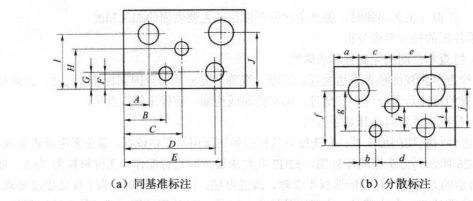

(a) 同基准标注　　　　　　　　(b) 分散标注

图 1-28 零件尺寸标注分析

零件的结构工艺性对机械加工工艺过程的影响很大,不同结构的两个零件尽管都能满足使用要求,但它们的加工方法和制造成本却可能有很大的差别。

表 1-11 列出了多种零件的结构并对零件结构的工艺性进行了对比。

表 1-11 部分零件的零件结构的工艺性比较

序号	结构的工艺性不好	结构的工艺性好	说　明
1			为减少零件的安装次数,零件加工表面应尽量分布在相互平行或相互垂直的表面上
2			键槽的尺寸、方位相同,可一次装夹加工出全部键槽,提高生产率
3			尽量减少不必要的加工面积,有利于减少加工劳动量
4			尽量避免或简化内表面的加工
5			将内沟槽转换为外沟槽加工
6			退刀槽的尺寸应力求一致,可减少刀具种类,减少换刀时间
7			凸台表面高度相等,可在一次进给中加工完成

续表

序号	结构的工艺性不好	结构的工艺性好	说　　明
8	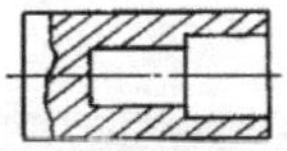	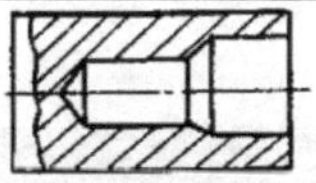	便于采用刀具加工
9	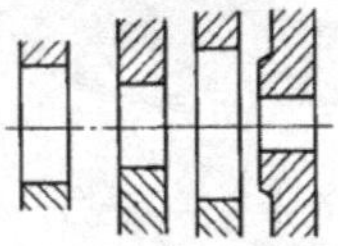	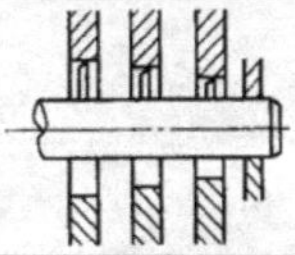	加工箱体时，同一轴线上的孔应沿孔的轴线递减，以便使镗杆从一端穿入
10	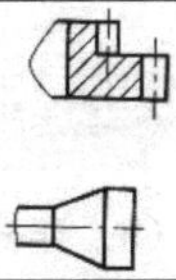	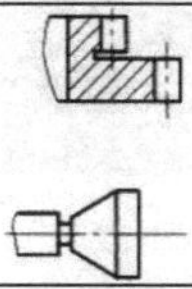	零件的结构应便于加工，应留有退刀槽和让刀孔
11	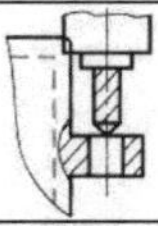	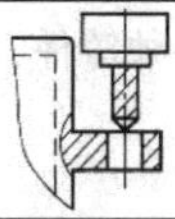	刀具能顺利地接近待加工表面
12	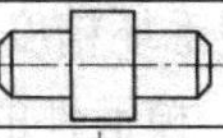	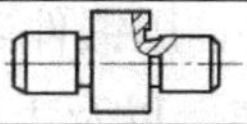	应留有越程槽
13	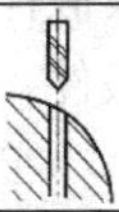		避免在斜面上钻孔和钻头单刃切削，钻孔表面应与孔的轴线垂直
14	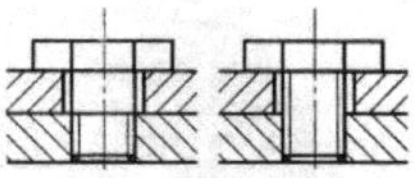	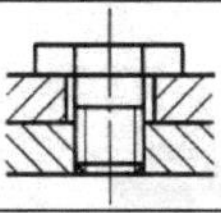	配合面的数目要尽量少，减少零件的加工表面面积
15	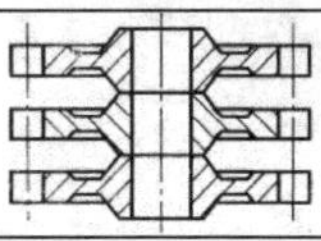	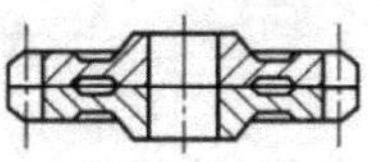	零件结构应有足够的刚度，提高齿轮的安装刚度
16	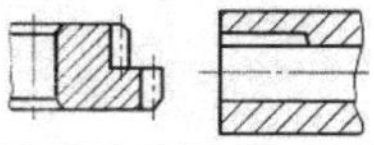	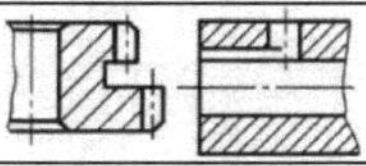	齿轮、螺纹、键槽加工都必须有退刀槽，否则会引起刀具损坏
17	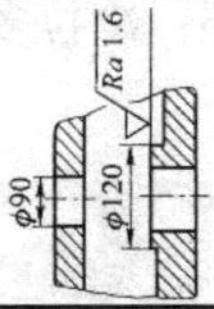	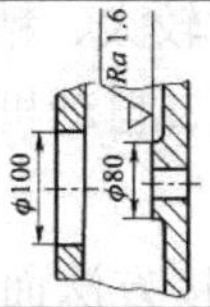	箱体内壁凸台不应过大，以便于刮削

2．毛坯的确定

在制订机械加工工艺规程时，正确选择合适的毛坯，不仅影响毛坯制造的经济性，而且影响机械加工的经济性。毛坯的尺寸和形状越接近成品零件，机械加工的劳动量就越少，但毛坯的制造成本就越高，应根据生产纲领，综合考虑毛坯制造和机械加工的费用来确定毛坯。

1）机械加工中常用毛坯的种类

（1）铸件

形状复杂的零件毛坯，采用铸造方法制造。目前，铸件大多用砂型铸造，木模手工造型铸件精度低，适用于单件小批生产或大型零件的铸造。金属模机器造型生产率高，精度高，适用于毛坯精度要求高、大批量生产的中小铸件，少数质量要求较高的小型铸件可采用特种铸造（如压力铸造、离心制造等）。其材料有铸铁、铸钢及铜、铝等有色金属，如图1-29所示。

  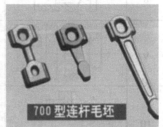

（a）凸轮铸件毛坯　　　　　　　　　　（b）连杆毛坯

图1-29　各种铸件

（2）锻件

机械强度要求高、形状比较简单的钢制件，用锻件毛坯。自由锻毛坯精度、生产率低，余量较大，结构简单；适用于单件和小批生产，以及大型零件毛坯。模锻件的精度、生产率高，形状复杂，加工余量少，成本也高，适用于批量较大的中小型锻件。常见的各种汽车锻件如图1-30所示。

图1-30　各种汽车锻件

（3）型材

型材有热轧和冷拉两类。热轧适用于尺寸较大、精度较低的毛坯；冷拉多用于批量较大的生产，适用于尺寸较小、精度较高的毛坯、自动机床加工。

（4）焊接件

焊接件是根据需要将型材或钢板等用焊接方法而获得的毛坯，其制造简单、生产周期短、节省材料，但抗振性差，变形大，需经时效处理后才能进行机械加工。对于大件来说，焊接件简单、方便，特别是单件小批生产可大大缩短生产周期，如图1-31所示。

图1-31　焊接件

（5）冷冲压件

冷冲压件毛坯可以非常接近成品要求，在小型机械、仪表、轻工电子产品方面应用广泛。适用于形状复杂的板料零件，多用于中、小尺寸件的大批大量生产，如图1-32所示。

图 1-32　各种冷冲压件

2）确定毛坯时应考虑的因素

（1）零件的材料及机械性能要求

当零件的材料选定以后，毛坯的类型就大体确定了。例如，材料为铸铁和青铜的零件，自然应选择铸件毛坯；钢质零件形状不复杂，力学性能要求不太高时可选型材；而对于重要的钢质零件，力学性能要求高时，可选锻件毛坯。

（2）零件的结构形状与外形尺寸

大型且结构较简单的零件毛坯多用砂型铸造或自由锻；结构、形状复杂的毛坯，多用铸造。薄壁零件不宜用砂型铸造；大型零件可用砂型铸造；中小型零件可考虑用模锻件或压力；板状钢质零件多用锻件毛坯。一般用途的阶梯轴，如各阶梯直径相差不大，可用棒料；如各阶梯直径相差较大，则宜选择锻件毛坯。一些小型零件可做成整体毛坯。

（3）生产类型

大量生产的零件采用精度和生产率都比较高的毛坯制造方法，铸件采用金属模机器造型或精密铸造；锻件采用模锻或精密锻造；型材采用冷轧或冷拉型材；零件产量较小时应选择精度和生产率较低的毛坯制造方法，单件小批生产中用木模手工造型或自由锻来制造毛坯。

（4）现有生产条件

确定毛坯的种类及制造方法，必须考虑本企业具体的生产条件。

（5）充分考虑利用新工艺、新技术和新材料

在可能的条件下，尽量采用新工艺、新技术和新材料，如采用精铸、精锻、冷挤压、粉末冶金和工程塑料等方法大大减少了机械加工量，甚至可以不再进行机械加工。

毛坯的制造方法及其工艺特点见附录 A 表 A-1。

3）毛坯形状和尺寸的确定

现代机械制造的发展趋势之一，便是通过毛坯精化，使毛坯的形状和尺寸尽量和零件一致，力求做到少、无切屑加工。毛坯加工余量和公差的大小，与毛坯的制造方法有关，生产中可参考有关工艺手册或有关企业、行业标准来确定。为了保证机械加工能达到质量要求，毛坯的某些表面仍需留有加工余量。

在确定了毛坯加工余量以后，毛坯的形状和尺寸，除了将毛坯加工余量附加在零件相应的加工表面上外，还要考虑毛坯制造、机械加工和热处理等多方面工艺因素的影响。加工毛坯时，由于一些零件形状特殊，安装和加工不大方便，必须采取一定的工艺措施才能进行机械加工。下面仅从机械加工工艺的角度，分析确定毛坯的形状和尺寸时应考虑的问题。

（1）工艺搭子的设置

为了装夹方便迅速，有些铸件毛坯需在毛坯上制出凸台，即所谓的工艺搭子，如图 1-33 所示。工艺搭子只在装夹工件时用，零件加工完成后，一般都要切掉，但如果不影响零件的使用性能和外观质量时，也可保留在零件上。

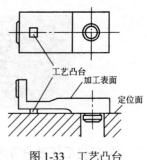

图 1-33　工艺凸台

在数控加工中，加工工序往往较集中，以同一基准定位十分重要。因此往往需要设置一些辅助基准，或在毛坯上增加一些工艺凸台，如图 1-34（a）所示的零件，为增加定位的稳定性，可在底面增加一个工艺凸台，如图 1-34（b）所示。在完成定位加工后再除去。

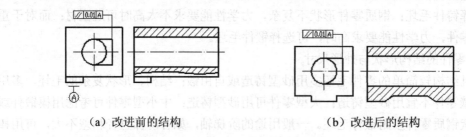

（a）改进前的结构　　　　　　　（b）改进后的结构

图 1-34　工艺凸台的应用

（2）组合毛坯的采用

装配后需要形成同一工作表面的两个相关零件，为了保证这类零件的加工质量和加工方便，常做成整体毛坯，把两件合为一个整体毛坯，加工到一定阶段再切割分离。图 1-35 所示为车床走刀系统中开合螺母外壳，其毛坯是两件合制的。

如图 1-36 所示发动机的连杆整体毛坯、磨床主轴部件中的三瓦轴承等零件。为了保证这类零件的加工质量和加工时方便，常做成整体毛坯，加工到一定阶段后再切开。

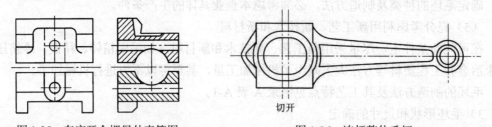

图 1-35　车床开合螺母外壳简图　　　　图 1-36　连杆整体毛坯

（3）合件毛坯的采用

为了便于安装和提高机械加工的生产率，对于一些形状比较规则的小形零件，如 T 形键、扁螺母、小隔套等，常将多件合成一个毛坯，待加工到一定阶段后或者大多数表面加工完毕后，再分离成单件。图 1-37（a）为 T815 汽车上的一个扁螺母。毛坯取一段长六方钢，如图 1-37（b）表示在车床上先车槽、倒角；图 1-37（c）用 $\phi24.5\text{mm}$ 的钻头钻孔，钻孔的同时也就切成若干个单件。

如图 1-38 所示的滑键，毛坯的各平面加工好后再切离成单件，然后对单件进行加工。

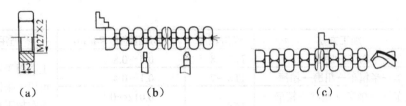

图 1-37 扁螺母整体毛坯及加工

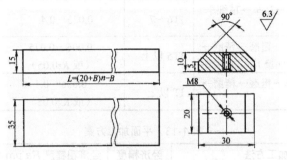

图 1-38 滑键的零件图与毛坯图

在确定了毛坯种类、形状和尺寸后，还应绘制一张毛坯图，作为毛坯生产单位的产品图样。绘制毛坯图，是在零件图的基础上，在相应的加工表面上加上毛坯余量并用双点画线，在毛坯图中表示出零件的表面，以区别加工表面和非加工表面。

3. 拟订工艺路线

零件机械加工的工艺路线是指零件生产过程中，由毛坯到成品所经过工序的先后顺序。在具体拟订时，特别要注意根据生产实际灵活应用。

1) 加工方法的选择

表面加工方法的选择，就是为零件上每一个有质量要求的表面选择一套合理的加工方法。在选择时，一般先根据表面的精度和粗糙度要求选定最终加工方法，然后再确定精加工前准备工序的加工方法，即确定加工方案。使加工表面达到同等质量的加工方法是多种多样的，在正常的加工条件下（采用符合质量的标准设备、工艺装备和具有标准技术等级的工人，不延长加工时间）所能保证的加工精度。这一定范围的精度称为经济精度。相应的粗糙度称为经济表面粗糙度。

各种加工方法所能达到的加工经济精度和表面粗糙度，以及各种典型表面的加工方案在机械加工手册中都能查到。表1-12～表1-14分别摘录了外圆、平面和内孔的加工方法、加工方案以及加工经济精度和表面粗糙度。

表 1-12 外圆表面加工方案

序号	加工方法	经济精度	经济粗糙度 Ra/μm	适用范围
1	粗车	IT11～13	12.5～50	
2	粗车→半精车	IT8～10	3.2～6.3	适用于淬火钢以外的各种金属
3	粗车→半精车→精车	IT7～8	0.8～1.6	
4	粗车→半精车→精车→滚压（或抛光）	IT7～8	0.025～0.2	

续表

序号	加工方法	经济精度	经济粗糙度 Ra/μm	适用范围
5	粗车→半精车→磨圆	IT7~8	0.4~0.8	主要用于淬火钢,也可用于未淬火钢,但不宜加工有色金属
6	粗车→半精车→粗磨→精磨	IT6~7	0.1~0.4	
7	粗车→半精车→粗磨→精磨→超精加工(或轮式超精磨)	IT5	0.012~0.1(或 $Rz0.1$)	
8	粗车→半精车→精车→精细车(金刚车)	IT6~7	0.025~0.4	主要用于要求较高的有色金属加工
9	粗车→半精车→粗磨→精磨→超精磨(或镜面磨)	IT5 以上	0.006~0.025(或 $Rz0.05$)	极高精度的外圆加工
10	粗车→半精车→粗磨→精磨→研磨	IT 以上	0.006~0.1(或 $Rz0.05$)	

表1-13 平面加工方案

序号	加工方法	经济精度	经济粗糙度 Ra/μm	适用范围
1	粗车	IT11~13	12.5~50	端面
2	粗车→半精车	IT8~10	3.2~6.3	
3	粗车→半精车→精车	IT7~8	0.8~1.6	
4	粗车→半精车→磨削	IT6~8	0.2~0.8	
5	粗刨(或粗铣)	IT11~13	6.3~25	一般不淬硬平面(端铣表面粗糙度 Ra 值较小)
6	粗刨(或粗铣)→精刨(或精铣)	IT8~10	1.6~6.3	
7	粗刨(或粗铣)→精刨(或精铣)→刮研	IT6~7	0.1~0.8	精度要求较高的不淬硬平面,批量较大时宜采用宽刃精刨方案
8	以宽刃精刨代替上述刮研	IT7	0.2~0.8	
9	粗刨(或粗铣)→精刨(或精铣)→磨削	IT7	0.2~0.8	精度要求高的淬硬平面或不淬硬平面
10	粗刨(或粗铣)→精刨(或精铣)→粗磨→精磨	IT6~7	0.025~0.4	
11	粗铣→拉	IT7~9	0.2~0.8	大量生产,较小的平面(精度视拉刀精度而定)
12	粗铣→精铣→磨削→研磨	IT5 以上	0.006~0.1(或 $Rz0.05$)	高精度平面

表1-14 孔加工方案

序号	加工方法	经济精度	经济粗糙度 Ra/μm	适用范围
1	钻	IT11~13	12.5	加工未淬火钢及铸铁的实心毛坯,也可用于加工有色金属。孔径小于15~20mm
2	钻→铰	IT8~10	1.6~6.3	
3	钻→粗铰→精铰	IT7~8	0.8~1.6	
4	钻→扩	IT10~11	6.3~12.5	加工未淬火钢及铸铁的实心毛坯,也可用于加工有色金属。孔径大于15~20mm
5	钻→扩→铰	IT8~9	1.6~3.2	
6	钻→扩→粗铰→精铰	IT7	0.8~1.6	
7	钻→扩→机铰→手铰	IT6~7	0.2~0.4	

续表

序号	加工方法	经济精度	经济粗糙度 Ra/μm	适用范围
8	钻→扩→拉	IT7～9	0.1～1.6	大批大量生产（精度由拉刀的精度而定）
9	粗镗（或扩孔）	IT11～13	6.3～12.5	出淬火钢外各种材料毛坯有铸出孔或锻出孔
10	粗镗（粗扩）→半精镗（精扩）	IT9～10	1.6～3.2	
11	粗镗（粗扩）→半精镗（精扩）→精镗（铰）	IT7～8	0.8～1.6	
12	粗镗（粗扩）→半精镗（精扩）→精镗→浮动镗刀精镗	IT6～7	0.4～0.8	
13	粗镗（扩）→半精镗→磨孔	IT7～8	0.2～0.8	主要用于淬火钢，也可用于未淬火钢，但不宜用于有色金属
14	粗镗（扩）→半精镗→粗磨→精磨	IT6～7	0.1～0.2	
15	粗镗→半精镗→精镗→精细镗（金刚镗）	IT6～7	0.05～0.4	主要用于精度要求高的有色金属
16	钻→（扩）→粗铰→精铰→珩磨；钻→（扩）→拉→珩磨	IT6～7	0.025～0.2	精度要求很高的孔
17	以研磨代替上述方法中的珩磨	IT5～6	0.006～0.1	

2）选择表面加工方案时考虑的因素

选择表面加工方案，一般是根据经验或查表来确定，再结合实际情况或工艺试验进行修改。表面加工方案的选择，应同时满足加工质量、生产率和经济性等方面的要求，具体选择时应考虑以下几方面的因素。

（1）选择能获得相应经济精度的加工方法。例如，加工精度为 IT7，表面粗糙度为 Ra0.4μm 的外圆柱面，通过精细车削是可以达到要求的，但不如磨削经济。

（2）零件材料的可加工性能。例如，淬火钢的精加工要用磨削的方法，有色金属零件的精加工为避免磨削时堵塞砂轮，则要用高速精细车或精细镗等加工方法，而不宜采用磨削。

（3）工件的结构形状和尺寸大小。例如，对于加工精度要求为 IT7 的孔，采用镗削、铰削、拉削和磨削均可达到要求。但箱体上的孔，一般不宜选用拉孔或磨孔，而宜选镗孔（大孔时）或铰孔（小孔时）。

（4）平面轮廓和曲面轮廓加工方法的选择。详见模块三项目二任务三。

（5）生产类型，选择加工方法要与生产类型相适应。大批量生产时，应选用生产率高和质量稳定的加工方法；单件小批生产则采用刨削、铣削平面和钻、扩、铰孔。

（6）现有生产条件。充分利用现有设备和工艺手段，不断引进新技术，发挥工人的创造性，对老设备进行技术改造，挖掘企业潜力，提高工艺水平，创造经济效益。

3）加工阶段的划分

（1）划分加工阶段的方法

零件的加工质量要求较高时，都应划分加工阶段。各加工阶段的主要任务如下。

① 荒加工阶段。及时发现毛坯的缺陷，使不合格的毛坯不进入机械加工车间。

② 粗加工阶段。切除各加工表面的大部分加工余量，尽可能提高生产率。同时要为半精加工阶段提供精基准，并留有充分均匀的加工余量。

③ 半精加工阶段。为主要表面的精加工做准备。同时完成一些次要表面的加工（如紧固孔的钻削，攻螺纹，铣键槽等）。

④ 精加工阶段。保证零件各主要表面达到或基本达到（精密件）图纸规定的技术要求。

⑤ 光整加工阶段。减小表面粗糙度或进一步提高尺寸精度和形状精度，一般不用以纠正形状精度和位置精度。对精度要求很高（IT6以上），表面粗糙度小于$Ra0.2\mu m$的零件，需安排光整加工阶段。常用的加工方法有金刚车（镗）、研磨、珩磨、超精加工、镜面磨、抛光及无屑加工等。

（2）划分加工阶段的原因

① 保证加工质量。粗加工时，由于加工余量大，所受的切削力、切削热和夹紧力较大，零件会产生较大的变形。如果不划分加工阶段而连续进行粗、精加工，就无法避免和修正上述原因所引起的加工误差。加工阶段划分后，粗加工造成的误差和变形，通过半精加工和精加工可以得到修正，并逐步提高零件的加工精度和表面质量，保证了零件的加工要求。

② 合理使用机床设备。粗加工要采用功率大，刚性好，生产率高而精度不高的机床设备。精加工需采用精度高的机床，划分加工阶段后就可以充分发挥设备各自性能的特点，避免以精干粗，做到合理使用设备。

③ 及时发现毛坯缺陷，免于浪费。划分加工阶段，便于在粗加工后及早发现毛坯的缺陷，及时修补或决定报废，以免继续加工造成的浪费，精加工安排在最后，有利于防止或减少表面的损伤。

④ 便于安排热处理，使冷热加工工序配合得更好。粗加工后，一般要安排去应力的时效处理，以消除内应力。精加工前要安排淬火等最终热处理，变形可以通过精加工予以消除。

加工阶段的划分不是绝对的，必须根据工件的加工精度要求和工件的刚度来决定。一般来说，工件精度要求越高、刚度越差，划分阶段应越细；当工件批量小、精度和表面质量要求较低、加工余量小、工件刚度较好时也可以不分或少分加工阶段；重型零件由于输送费时及装夹困难，一般在一次装夹下完成粗精加工，为了弥补不分阶段带来的弊端，常常在粗加工后松开工件，然后以较小的夹紧力重新夹紧，再继续进行精加工。

需要指出的是，将工艺过程划分成几个加工阶段是对整个加工过程而言的，不能单纯从某一表面的加工或某一工序的性质来判断。如工件的定位基准，在半精加工阶段甚至在粗加工阶段就需要加工得很准确，而在精加工阶段中安排某些钻孔之类的粗加工工序也是常有的。

4）工序的划分

拟订工艺路线时，选定了各表面的加工方案和划分加工阶段之后，就可以将同一阶段中的各加工表面组合成若干工序。确定工序数目或工序内容的多少有两种不同的原则，它和设备类型的选择密切相关。

（1）工序集中。工序集中就是将零件的加工集中在少数几道工序中完成，每道工序加工内容多，工艺路线短。其主要特点是有利于采用高生产率的专用设备和工艺装备，从而大大提高生产率；减少了工序数目，缩短了工艺路线，从而简化了生产计划和生产组织工作；减少了设备数量、操作工人人数和生产面积，节省人力、物力；减少了工件安装次数，有利于提高生产率，易于保证表面间的相对位置精度；采用工装设备数量多而复杂，调整维修较困难,生产准备工作和投资都比较大,转换新产品比较困难。

(2)工序分散。工序分散就是将零件的加工分散到很多道工序内完成,每道工序加工的内容少,工艺路线很长。其主要特点是设备和工艺装备比较简单,便于调整,生产准备工作量小,容易适应产品的变换;对工人的技术要求较低或只需经过较短时间的训练;有利于选择合理的切削用量,平衡工序时间,组织流水生产;所需设备和工艺装备的数目多,操作工人多,占地面积大。

重要知识 1.10　工序划分方法

工序集中与工序分散各有利弊,在拟订工艺路线时应考虑生产类型、现有生产条件、工件结构特点和技术要求等因素,使制订的工艺路线适当地集中,合理地分散。一般情况下,单件小批生产时多将工序集中;大批大量生产即可采用多刀、多轴等高效率机床将工序集中,也可将工序分散后组织流水线生产;成批生产多采用效率较高的机床,使工序适当集中。随着数控技术的普及,多品种中小批量生产中,越来越多地使用数控机床,从发展趋势来看,倾向于采用工序集中的方法来组织生产。

采用数控机床,拟订其工艺路线时,要尽量采用工序集中原则,针对数控加工的特点,对零件的加工工序的划分还应考虑下述因素。

(1)按使用刀具不同划分。以同一把刀具完成的那一部分工艺过程为一道工序。加工中心常用这种方法划分。

(2)按安装次数划分。以一次安装完成的那一部分工艺过程为一道工序。适合于加工内容不多的工件,加工完后就能达到待检状态。如图 1-39 所示的片状凸轮,按定位方式可分为两道工序,第一道工序可在数控机床上也可在普通机床上进行。以外圆表面的 B 平面定位加工端面 A 和直径 ϕ22H7 的内孔,然后再加工端面 B 和 ϕ4H7 的工艺孔;第二道工序以已加工过的两个孔和一个端面定位,在另一台数控铣床或加工中心上铣削凸轮外表面轮廓。

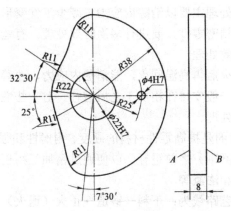

图 1-39　片状凸轮

(3)按粗、精加工的原则划分。对于易发生加工变形的零件,由于粗加工后可能发生较大的变形而需要进行校形,所以一般进行粗、精加工的都要将工序分开。

(4)按加工部位划分。完成相同型面的那一部分工艺过程为一道工序。对于加工内容很多的零件,可按其结构特点将加工部位分成几个部分,如内形、外形、曲面或平面等。

重要知识 1.11　加工顺序的安排

确定了数控加工工序内容后，应合理安排一个工序中的工步顺序。

（1）机械加工工序的安排

① 基准先行。用作精基准的表面，要首先加工出来，第一道工序一般是进行定位面的粗加工和半精加工（有时包括精加工），然后再以精基面定位加工其他表面。如轴类零件先加工两端中心孔，然后再以中心孔作为精基准，粗、精加工所有外圆表面。

② 先粗后精。先安排粗加工再半精加工各主要表面，最后再进行精加工和光整加工。

③ 先主后次。先安排零件的装配和工作表面等主要表面的加工，再把次要表面（键槽、螺孔、销孔等）的加工工序插入其中。由于次要表面与主要表面有位置精度，一般放在主要表面半精加工之后、精加工之前进行，一次加工结束。应注意不要碰伤已加工好的主要表面。

④ 先面后孔。对于箱体、支架、连杆、底座等零件，先加工用作定位的平面和孔的端面，然后加工孔。

（2）热处理工序的安排

其目的是提高材料的力学性能，改善金属材料的切削加工性能和消除内应力，在制订工艺路线时，应根据零件材料的性质和技术要求，合理地安排热处理工序。按照目的可分为以下方面。

① 预备热处理。预备热处理安排在机械加工之前，其目的是改善加工性能、消除内应力和为最终热处理准备良好的金相组织。其热处理工艺有退火、正火、时效、调质等。

- 退火和正火。一般安排在毛坯制造之后、粗加工之前进行，有时也安排在粗加工之后。含碳量高于 0.5% 的碳钢和合金钢，采用退火处理；含碳量低于 0.5% 的碳钢和合金钢，采用正火处理。
- 时效处理。时效处理主要以消除内应力、减少工件变形为目的。一般安排在粗加工之前后，对于精密零件，要进行多次时效处理。有些轴类零件加工，在校直工序后也要安排时效处理。
- 调质。对零件淬火后再高温回火，能消除内应力，改善加工性能并能获得较好的综合力学性能。一般安排在粗加工之后进行。对一些性能要求不高的零件，调质也常作为最终热处理。

② 最终热处理。其目的是提高零件材料的硬度、耐磨性和强度等力学性能。常安排在半精加工以后和精加工（磨削）之前进行，以便通过精加工纠正热处理引起的变形。处理工艺包括淬火、渗碳淬火和渗氮等。

- 淬火。其一般工艺路线为：下料→锻造→正火（退火）→粗加工→调质→半精加工→表面淬火→精加工。
- 渗碳淬火。其工艺路线一般为：下料→锻造→正火→粗、半精加工→渗碳淬火→精加工。
- 渗氮处理。常安排在精加工之后进行。在切削后一般需进行消除应力的高温回火。

预备热处理常用热处理方法及作用如表 1-15 所示。

表 1-15 预备热处理常用热处理方法及作用小结

处 理 方 法	作 用
退火：将钢加热到一定的温度，保温一段时间，随后由炉中缓慢冷却的一种热处理工序	其作用：消除内应力，提高强度和韧性，降低硬度，改善切削加工性。 应用：高碳钢采用退火，以降低硬度；放在粗加工前，毛坯制造出来以后
正火：将钢加热到一定温度，保温一段时间后从炉中取出，在空气中冷却的一种热处理工序。 注：加热到的一定的温度，其与钢的含 C 量有关，一般低于固相线 200℃ 左右	其作用：提高钢的强度和硬度，使工件具有合适的硬度，改善切削加工性。 应用：低碳钢采用正火，以提高硬度。放在粗加工前，毛坯制造出来以后
回火：将淬火后的钢加热到一定的温度，保温一段时间，然后置于空气或水中冷却的一种热处理的方法	其作用：稳定组织、消除内应力、降低脆性

（3）辅助工序安排

辅助工序主要包括检验、去毛刺、倒棱、清洗、防锈等。正确地安排辅助工序是十分重要的。在铣键槽、齿面倒角等工序后应安排去毛刺工序（零件在装配前应安排清洗工序）。

- 检验工序。检验工序是主要的辅助工序，除每道工序由操作者自行检验外，在粗加工之后、精加工之前，零件送往外车间前后以及重要工序和工时长的工序前后、全部加工完毕、入库之前，一般都要安排检验工序。
- 表面强化工序。表面强化工序如滚压、喷丸处理等，一般安排在工艺过程的最后。
- 表面处理工序。表面处理工序如发蓝、电镀等一般安排在工艺过程的最后。
- 探伤工序。探伤工序如 X 射线检查、超声波探伤等多用于零件内部质量的检查，一般安排在工艺过程的开始。磁力探伤、荧光检验等通常安排在该表面加工结束以后。
- 平衡工序。平衡工序包括动、静平衡，一般安排在精加工以后。

最终热处理常用热处理方法及作用如表 1-16 所示。

表 1-16 最终热处理常用热处理方法及作用小结

处 理 方 法	作 用
调质处理（淬火后再高温回火）	其作用：获得细致均匀的组织，提高零件的综合机械性能。 应用：安排在粗加工后，半精加工前。常用于中碳钢和合金钢
时效处理	其作用：消除毛坯制造和机械加工中产生的内应力 应用：一般安排在毛坯制造出来和粗加工后。常用于大而复杂的铸件
淬火：将钢加热到一定的温度，保温一段时间，然后在冷却介质中迅速冷却，以获得高硬度组织的一种热处理工艺	其作用：提高零件的硬度。 应用：一般安排在磨削前
渗碳处理	其作用：提高工件表面的硬度和耐磨性。 应用：可安排在半精加工之前或之后进行
为提高工件表面耐磨性、耐蚀性安排的热处理工序以及以装饰为目的而安排的热处理工序，例如镀铬、镀锌、发兰等，一般都安排在工艺过程最后阶段进行	

（4）工序顺序的安排

加工顺序的安排应根据零件的结构和毛坯状况，以及定位与夹紧的需要来考虑，重点使工件的刚性不被破坏。先进行内型内腔加工工序，后进行外形加工工序。以相同定位、夹紧方式或同一把刀具加工的工序，最好连续进行，一次安装应尽可能多地连续加工各个表面。在同一次安装中进行的多道工序，应先安排对工件刚性破坏较小的工序。

（5）数控加工工序与普通工序的衔接

有些零件的加工是由普通机床和数控机床共同完成的，数控加工工序常常穿插在零件加工的整个工艺过程中，因此，应注意解决好数控工序与非数控工序的衔接问题，承前启后，使之与整个工艺过程协调吻合。如图1-40所示，如毛坯热处理的要求；是否为后道工序留有加工余量等。

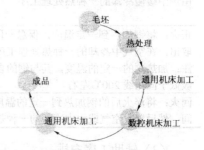

图1-40　常见的工艺流程

4. 工序设计

工艺路线确定之后，各道工序的内容已基本确定，接下来便可进行工序设计。

工序设计时，所用机床不同，工序设计的要求也不一样。对普通机床加工工序，有些细节问题可不考虑，由操作者在加工过程中处理。对数控机床加工工序，针对数控机床高度自动化、自适应性差的特点，要充分考虑到加工过程的每一个细节，工序设计必须十分严密。

工序设计的主要任务是为每一道工序选择机床、夹具、刀具及量具，确定定位夹紧方案、刀具的进给路线、加工余量、工序尺寸及其公差、切削用量及工时定额等。

1）设备的选择

确定了工序集中或工序分散的原则后，基本上也就确定了设备的类型。若采用工序集中，则宜选用高效自动加工设备；若采用工序分散，则加工设备可较简单。当工件表面的加工方法确定之后，机床的种类就基本确定了。机床的主要规格尺寸应与工件的外形尺寸和加工表面的有关尺寸相适应；机床的精度与工序要求的加工精度相适应；机床的生产率与被加工零件的生产纲领相适应。在试制新产品和小批量生产时，多选用数控机床和加工中心机床。

2）定位基准与夹紧方案明确

（1）定位基准的选择

在数控加工中，加工工序往往较集中，工件的定位基准应遵循本模块任务二中的相关内容。

（2）夹紧方案的选择

① 夹紧装置的组成。加工过程中，为保证工件定位时确定的正确位置，防止工件在切削力、离心力、惯性力、重力等作用下生产位移和振动，须将工件夹紧，这种保证加工精度和安全生产的装置，称为夹紧装置。一般由以下3个部分组成，如图1-41所示。

- 动力源装置。它是产生夹紧作用力的装置，分为手动夹紧和机动夹紧两种，如图1-41所示的气缸4。

- 夹紧元件。它是直接与工件接触完成夹紧作用的最终执行元件，如图 1-41 所示的压板 7。
- 中间传力机构。它是介于动力源和夹紧元件之间传递动力的机构，如图 1-41 所示的连杆 6。

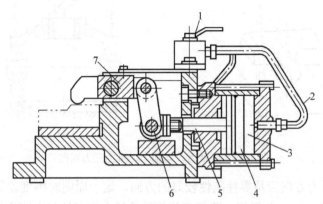

1—气源　2—气管　3—活塞　4—气缸　5—活塞杆　6—连杆　7—牙板

图 1-41　气动铣床夹具

② 夹紧装置的基本要求。夹紧装置的基本要求是"正、牢、简、快"。"正"就是夹紧过程中，不改变工件定位后所占据的正确位置。"牢"就是夹紧力的大小适当，既要把工件压紧夹牢，保证工件在加工过程中夹紧可靠，不致产生加工精度所不允许的变形，又不因夹紧力过大而使工件表面损伤或变形。"快"就是夹紧机构的操作应安全、迅速、方便、省力。"简"就是在保证生产效率的前提下，其结构应力求简单、工艺性好、容易制造、维修、操作方便、省力，使用性能好。只有在生产批量较大的工件时，才考虑增加夹具夹紧机构的复杂程度和自动化程度，夹紧装置的自动化程度及复杂程度与零件的生产纲领相适应。

③ 夹紧力方向和作用点的选择。夹紧方案应符合以下要求。
- 夹紧力的方向。
  - 夹紧力的方向应有助于定位稳定，且主要夹紧力应朝向主要定位面如图 1-42（a）所示的零件，被加工孔与左端面有垂直度要求，因此，要求夹紧力 F_J 朝向定位元件 A 面如图 1-42（d）所示。如果夹紧力改朝 B 面如图 1-42（b）和图 1-42（c）所示，由于工件左端面与底面的夹角误差，夹紧时将破坏工件的定位，影响孔与左端面的垂直度要求。

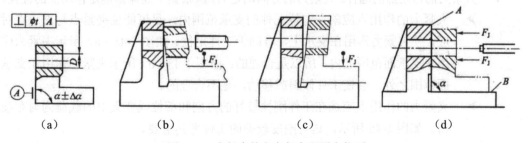

图 1-42　夹紧力的方向朝向主要定位面

➢ 夹紧力方向应有利于减小夹紧力。如图1-43所示,当夹紧力F_J与切削力、工件重力同方向时,加工过程所需的夹紧力可最小。

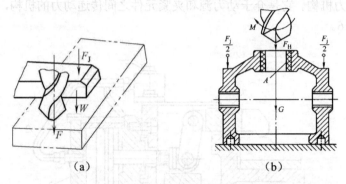

图1-43 夹紧力、切削力、重力三力同向

➢ 夹紧力方向应是零件刚性较好的方向。这一原则对刚度差的工件特别重要。如图1-44(a)所示,薄壁套筒零件的轴向刚度比径向刚度好,用卡爪径向夹紧时工件变形大,若沿轴向施加夹紧力,变形就会小得多;夹紧如图1-44(b)所示的薄壁箱体零件时,夹紧力不应作用在箱体的顶面,而应作用于刚度较好的凸边上;箱体没有凸边时,可以将单点夹紧改为三点夹紧(见图1-44(c)),从而改变了着力点的位置,降低了着力点的压强,减少了工件的变形。

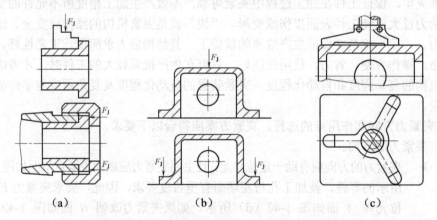

图1-44 夹紧力作用点应在工件刚度较大的地方

● 夹紧力的作用点的选择。夹紧力的方向确定后,应根据下述原则确定作用点的位置。

➢ 夹紧力的作用点应落在定位元件的支承范围内,尽可能使夹紧点与支承点对应,使夹紧力作用在支承上,有助于工件定位。如图1-45(a)所示夹紧力作用在支承面范围之内,所以是合理的;而图1-45(b)所示夹紧力作用在支承面范围之外,会使工件倾斜或移动,是不合理的。

➢ 夹紧力的作用点应选在工件刚性较好的方向和部位或变集中的载荷为匀布载荷。如图1-45所示,这对刚度较差的工件尤其重要。

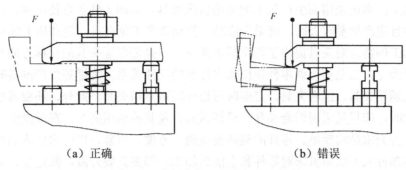

(a) 正确　　　　　　　　(b) 错误

图 1-45　夹紧力作用点应在支承面内

> 夹紧力作用点应尽量靠近工件加工表面，可以减小切削力对夹紧点的力矩，可提高夹紧的刚性，防止工件产生振动或弯曲变形，提高定位的稳定性和可靠性。如图 1-46 所示，增加辅助支承 2，同时给予夹紧力 F_{W1}。这样翻转力矩小又增加了工件的刚度，既保证了定位夹紧的可靠性，又减小了振动和变形。

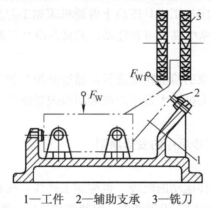

1—工件　2—辅助支承　3—铣刀

图 1-46　增设辅助支承的辅助夹紧力

- 夹紧力大小的确定。夹紧力的大小，对于保证定位稳定、夹紧可靠，确定夹紧装置的结构尺寸，都有着密切的关系。夹紧力的大小要适当。夹紧力过小则夹紧不牢靠，在加工过程中工件可能发生位移而破坏定位，其结果轻则影响加工质量，重则造成工件报废甚至发生安全事故；夹紧力过大会使工件变形，也会对加工质量不利。

另外，力求设计基准、工艺基准与编程计算的基准统一。以减少基准不重合误差和数控编程中的计算工作量。尽可能在一次定位夹后就能加工出全部或大部分待加工表面。避免采用占机人工调整式方案，以免占机时间太多，影响加工效率。

3）机床夹具的选择

机床夹具的选择主要考虑生产类型。夹具的精度应与零件的加工精度相适应。单件小批量生产时，应首先采用各种通用夹具和机床附件、组合夹具、可调夹具；多品种中、小批量生产可采用可调夹具或成组夹具；成批生产时，可考虑采用专用夹具；大批大量生产时，为提高生产率应采用高生产效率的专用机床夹具。装卸工件要方便可靠，缩短辅助时间，有条件且生产批量较大时，可采用液动、气动或多工位夹具，提高加工效率。

数控加工的特点对夹具提出了两个基本要求：一是要保证夹具的坐标方向与机床的坐标方向相对固定；二是要协调零件和机床坐标系的尺寸关系。为缩短生产准备时间，应优先考虑使用通用夹具、组合夹具，必要时可设计制造专用夹具。此外，还要考虑当零件加工批量不大时，应尽量采用组合夹具、可调试夹具及其他通用夹具。在成批生产时才考虑专用夹具，并力求结构简单。零件的装卸要快速、方便、可靠，以缩短机床的停顿时间。夹具上各零部件应不妨碍机床对零件各表面的加工，即夹具要开敞，其定位、夹紧机构元件不能影响加工中的走刀。在成批生产中还可以采用多位、多件夹具或直接采用柔性夹具。

4）刀具的选择

一般优先采用标准刀具，必要时也可采用各种高生产率的复合刀具及其他一些专用刀具。若采用工序集中，则可采用各种高效的专用刀具、复合刀具和多刃刀具等。刀具的类型、规格和精度等级应符合加工要求。

在刀具性能上，数控机床加工刀具应高于普通机床加工刀具。选择数控机床加工刀具时，还要考虑切削性能好、精度高、可靠性高、刀具寿命高、断屑及排屑性能好。

5）量具的选择

主要根据生产类型和要求的检验精度进行，精度必须与加工精度相适应。单件、小批生产应广泛采用通用量具；大批、大量生产应采用极限量块和一些高效率的专用检具与量仪等。

6）进给路线的确定和工步顺序的安排原则

（1）进给路线的确定

进给路线刀具相对于工件运动的轨迹，也称加工路线。在普通机床加工中，进给路线由操作者直接控制，工序设计时，无须考虑。但数控加工中，进给路线是由数控系统控制，因此，工序设计时，必须拟订刀具的进给路线，并绘制进给路线图。数控加工过程中进给路线指刀具刀位点相对于工件运动的轨迹，所谓"刀位点"是指刀具的定位基准点，如图1-47所示。

图1-47 刀位点

在普通机床加工中，进给路线由操作者直接控制，工序设计时无须考虑。但在数控加工中，进给路线是由数控系统控制的，因此，工序设计时，必须拟订好刀具的进给路线，并绘制进给路线图，以便编写在数控加工程序中。

(2) 工步顺序的安排

工步顺序是指同一道工序中，各个表面加工的先后次序。它对零件的加工质量、加工效率和数控加工中的进给路线有直接影响，应根据零件的结构特点及工序的加工要求等合理安排进给路线的确定和工步顺序的安排原则：进给路线应使加工后的工件变形最小；寻求最短加工路线；最终轮廓一次进给完成；使数值计算容易，以减少数控编程中的计算工作量。

5．工序加工余量、工序尺寸及其偏差的确定

确定工序加工余量时应注意：采用最小加工余量原则但余量要充分；余量中应包含热处理引起的变形；大零件应取大余量。

工序加工余量、工序尺寸及其偏差的确定方法分别见本模块项目四和项目五。

6．切削用量的选择

选择切削用量时，就是在保证加工质量和刀具耐用度的前提下，充分发挥机床性能和刀具切削性能，使切削效率最高，加工成本最低。

重要知识 1.12　切削用量选择原则

(1) 粗加工时切削用量的选择原则

首先选取尽可能大的背吃刀量；其次要根据机床动力和刚性的限制条件等，选取尽可能大的进给量；最后根据刀具耐用度确定最佳的切削速度。

(2) 精加工时切削用量的选择原则

首先根据粗加工的余量确定背吃刀量；其次根据已加工表面粗糙度要求，选取较小的进给量；最后在保证刀具耐用度的前提下尽可能选用较高的切削速度。

重要知识 1.13　切削用量的选择方法

(1) 背吃刀量的选择

根据加工余量确定。粗加工（Ra 为 10~80μm）时，一次进给应尽可能切除全部余量。在工艺系统刚性不足或毛坯余量很大或不均匀时，粗加工要分几次进给，第一次走刀的背吃刀量，一般为总加工余量的 2/3~3/4。在中等功率机床上，背吃刀量可达 8~10mm。半精加工 Ra 为 1.25~10μm 时，背吃刀量取为 0.5~2mm，精加工 Ra 为 0.32~1.25μm 时，背吃刀量取为 0.1~0.4mm。在加工铸、锻件时，应尽量使背吃刀量大于硬皮层的厚度。半精、精加工的切削余量较小，其背吃刀量通常都是一次走刀切除全部余量。

(2) 进给量的选择

粗加工时，可选用较大的进给量值。在半精加工和精加工时，一般进给量取得都较小。当切削速度提高，刀尖圆弧半径增大或刀具磨有修光刃时，可以选择较大的进给量，加工精度要求较高时，进给速度应选小一些，常在 20~50mm/min。切断、加工深孔或用高速钢刀具加工时，宜选择较低的进给速度。表 1-17 所示为粗车时进给量的参考值。

表 1-17 硬质合金及高速钢车刀粗车外圆和端面时的进给量

工件材料	车刀刀杆尺寸 B×H/mm×mm	工件直径/mm	背吃刀量/mm ≤3	>3~5	>5~8	>8~12	>12
			进给量/（m/r）				
碳素结构钢合金结构钢	16×25	20	0.3~0.4				
		40	0.4~0.5	0.3~0.4			
		60	0.5~0.7	0.4~0.6	0.3~0.5		
		100	0.6~0.9	0.5~0.7	0.5~0.6	0.4~0.5	
		400	0.8~1.2	0.7~1.0	0.6~0.8	0.5~0.6	
	20×30 25×25	20	0.3~0.4				
		40	0.4~0.5	0.3~0.4			
		60	0.6~0.7	0.5~0.7	0.4~0.6		
		100	0.8~1.0	0.7~0.9	0.5~0.7	0.4~0.7	
		600	1.2~1.4	1.0~1.2	0.8~1.0	0.6~0.9	0.4~0.6
	25×40	60	0.6~0.9	0.5~0.8	0.4~0.7		
		100	0.8~1.2	0.7~1.1	0.6~0.9	0.5~0.8	
		1000	1.2~1.5	1.1~1.5	0.9~1.2	0.8~1.0	0.7~0.8
铸铁及铜合金	16×25	40	0.4~0.5				
		60	0.6~0.8	0.5~0.8	0.4~0.6		
		100	0.8~1.2	0.7~1.0	0.6~0.8	0.5~0.7	
		400	1.0~1.4	1.0~1.2	0.8~1.0	0.6~0.8	
	25×30 25×25	40	0.4~0.5				
		60	0.6~0.9	0.5~0.8	0.4~0.7		
		100	0.9~1.3	0.8~1.2	0.7~1.0	0.5~0.8	
		600	1.2~1.8	1.2~1.6	1.0~1.3	0.9~1.1	0.7~0.9

注：1. 加工断续表面及有冲击的加工时，表内的进给量应乘系数 $K=0.75\sim0.85$。

2. 加工耐热钢及其合金时，不采用大于 1.0mm/r 的进给量。

3. 加工淬硬钢时，表内进给量应乘系数 $K=0.8$（当材料硬度为 44~56HRC）或 $K=0.5$（当硬度为 57~62HRC 时）。

（3）切削速度的选择

重要知识 1.14　切削速度（v_c）

切削速度 v_c 是刀具切削刃上选定点相对于工件的主运动的瞬时速度。大多数切削加工的主运动是回转运动，其切削速度 v_c（单位为 m/min）的计算公式为

$$v_c = \frac{\pi dn}{1000} \tag{1-2}$$

式中：v_c——切削速度（m/min 或 m/s）；

n——主运动（工件或刀具）每分钟转数（r/min）；

d——工件待加工表面或刀具的最大直径（mm）。

重要知识 1.15　进给量（f）

进给量 f 是工件或刀具的主运动每转或每一行程时，刀具与工件在进给方向上的相对

位移量。进给量的大小也反映了进给速度的大小，可用刀具或工件每转（主运动为旋转运动时）或每行程（主运动为直线运动时）的位移量来表达或度量。两者关系为

$$v_f = fn \tag{1-3}$$

对于铰刀、铣刀等多齿刀具，常规定出每齿进给量（f_z）（单位为 mm/z），其定义为多齿刀具每转或每行程中每齿相对于工件在进给运动方向上的位移量，即

$$f_z = f/z \tag{1-4}$$

$$v_f = nzf_z \tag{1-5}$$

式中：z——齿数。

重要知识 1.16　背吃刀量（a_p）

背吃刀量是已加工表面和待加工表面之间的垂直距离（见图 1-48），其单位为 mm。

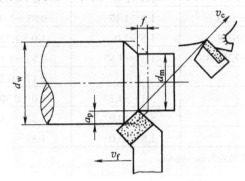

图 1-48　外圆车削切削用量三要素

$$a_p = (d_w - d_m)/2 \tag{1-6}$$

式中：a_p——背吃刀量（mm）；

d_m——已加工表面直径（mm）；

d_w——待加工表面直径（mm）。

在背吃刀量和进给量选定以后，可在保证刀具合理耐用度的条件下，确定合适的切削速度。粗加工时，背吃刀量和进给量都较大，切削速度受刀具耐用度和机床功率的限制，一般较低。精加工时，背吃刀量和进给量都取得较小，切削速度主要受加工质量和刀具耐用度的限制，一般较高。选择切削速度时，还应考虑工件材料的强度和硬度以及切削加工性等因素。可用经验公式计算，切削速度 v_c 确定后，用式（1-2）计算出机床转速 n，计算出来的 n 值要进行圆整处理，对有级变速的机床，须按机床说明书允许的切削范围内查表选取最接近 n 值的速度档位。

在选择切削速度时，应考虑尽量避开积屑瘤产生的区域；断续切削时，为减小冲击和热应力，要适当降低切削速度；在易发生振动的情况下，切削速度应避开自激振动的临界速度；加工大件、细长件和薄壁工件时，应选用较低的切削速度；加工带外皮的工件时，应适当降低切削速度。

表 1-18 为车削外圆时切削速度的参考值。

表 1-18 硬质合金外圆车刀切削速度参考值

工件材料	热处理状态	$a_p=0.3\sim2$mm $f=0.08\sim0.3$mm/r	$a_p=2\sim6$ mm $f=0.3\sim0.6$mm/r	$a_p=6\sim10$ mm $f=0.6\sim1$mm/r
		v/(m/s)		
低碳钢 易切削钢	热扎	2.33~2.0	1.67~2.0	1.17~1.5
中碳钢	热扎	2.17~2.67	1.5~1.83	1.0~1.33
	调质	1.67~2.171	1.17~1.5	0.83~1.17
合金结构钢	热扎	1.67~2.17	1.17~1.5	0.83~1.17
	调质	1.33~1.83	0.83~1.17	0.67~1.0
工具钢	退火	1.5~2.0	1.0~1.33	0.83~1.17
不锈钢		1.17~1.33	1.0~1.17	0.83~1.0
灰铸铁	<190HBS	1.5~2.0	1.0~1.33	0.83~1.17
	190~225HBS	1.33~1.85	0.83~1.17	0.67~1.0
高锰钢			0.17~0.33	
铜及铜合金		3.33~4.17	2.0~0.30	1.5~2.0
铝及铝合金		5.1~10.0	3.33~6.67	2.5~5.0
铸铝合金		1.67~3.0	1.33~2.5	1.0~1.67

注：切削钢及灰铸铁时刀具耐用度约为 60~90min。

切削功率 P_c 可用式（1-7）计算。

$$P_c = \frac{F_c v_c \times 10^{-3}}{60} \tag{1-7}$$

式中：F_c——主切削力，单位为 N；

v_c——切削速度，单位为 m/min。

机床电动机消耗的功率　　　$P_E \geq P_c / \eta$

机床电动机有效功率　　　　$P_E' = P_E \eta$

式中 η——机床传动效率（一般取 0.75~0.85）。

（1）若 $P_c < P_E'$，则选择的切削用量可在指定的机床上使用。

（2）若 $P_c \ll P_E'$，则机床功率没有得到充分的发挥，这时可以规定较低的刀具的耐用度（如采用机夹可转位刀片的合理耐用度可选为 15~30min），或采取切削性能更好的刀具材料，以提高切削速度的办法使切削功率增大，以期充分利用机床功率，达到生产的目的。

（3）若 $P_c > P_E'$，则选择的切削用量不能在指定的机床上使用，这时可调换功率较大的机床，或根据所限定的机床功率降低切削用量（主要是降低切削速度）。这时虽然机床功率得到充分的利用，但刀具的性能却未能充分发挥。

切削用量应根据加工性质、加工要求、工件材料及刀具的尺寸和材料等查阅切削手册并结合经验确定。

7. 工时定额的确定

1）时间定额的概念

时间定额是指在一定生产条件下，规定生产一件产品或完成一道工序所需消耗的时间。它是安排作业计划、核算生产成本、确定设备数量、人员编制以及规划生产面积的重要依据。

2）时间定额的组成

（1）基本时间（T_b）。直接改变生产对象的尺寸、形状、相对位置、表面状态或材料性质等工艺过程所消耗的时间。对于切削加工来说就是切除工序余量所消耗的时间（包括刀具的切入和切出时间在内），又称机动时间。可通过计算求出。以图1-49所示外圆车削为例，即

$$T_b = \frac{L+L_1+L_2}{nf}i = \frac{\pi d(L+L_1+L_2)}{1000 v_c f a_p}z \tag{1-8}$$

式中：T_b——基本时间，min；

L——工件加工表面的长度，mm；

L_1、L_2——刀具的切入和切出长度，mm；

i——进给次数；

n——工件转速，r/min；

f——进给量，mm/r；

v_c——切削速度，m/min；

a_p——背吃刀量，mm；

d——切削直径，mm；

z——单边工序余量，mm。

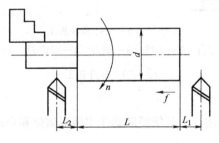

图1-49 外圆车削

（2）辅助时间（T_a）。为实现工艺过程所必须进行的各种辅助动作（如装卸工件、开停机床、选择和改变切削用量、测量工件等）所消耗的时间。它包括装卸工件、开停机床、引进或退出刀具、改变切削用量、试切和测量工件等所消耗的时间。

基本和辅助时间的总和称为作业时间（T_B），是直接用于制造产品、零部件消耗的时间。

（3）布置工作地时间（T_S）。为使加工正常进行，工人照管工作地如更换刀具、润滑机床等所消耗的时间。它不是直接消耗在每个工件上的。一般按作业时间的2%~7%估算。

（4）休息与生理需要时间（T_r）。工人在工作班内为恢复体力和满足生理上的需要所消耗的时间。

以上4个部分时间的总和称为单件时间 T_p，即

$$T_p = T_b + T_a + T_S + T_r = T_B + T_S + T_r$$

（5）准备与终结时间（T_e）。工人为了生产一批产品和零、部件，进行准备和结束工作所消耗的时间。T_e 是消耗在一批工件上的时间。对一批零件只消耗一次，因而分摊到每个工件的时间为 T_e/n，其中 n 为批量。故成批生产的单件工时定额 T_c 为

$$T_c = T_p + T_e/n = T_b + T_a + T_S + T_r + T_e/n \tag{1-9}$$

大批大量生产时，由于 n 的数值很大，$T_e/n \approx 0$，故不考虑准备终结时间，即

$$T_c = T_p = T_b + T_a + T_S + T_r \tag{1-10}$$

8. 提高机械加工生产率的途径

应在保证质量的前提下，提高生产率，降低成本。由式（1-9）所示的单件时间组成，不难得知提高劳动生产率的工艺措施可有以下几个方面。

1）缩短基本时间

缩短基本时间的主要途径有提高切削用量、增大切削速度、进给量和背吃刀量，都可缩短基本时间。还可采用多件加工的方法，如图1-50所示。多件加工的方式有顺序多件加工（见图1-50（a））、平行多件加工（即在一次走刀中同时加工 n 个平行排列的工件，如图1-50（b）所示）和平行顺序多件加工（该方法为顺序多件加工和平行多件加工的综合应用，如图1-50（c）所示，适用于工件较小，批量较大的情况。减少加工余量）。

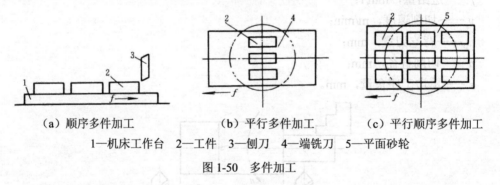

（a）顺序多件加工　　　（b）平行多件加工　　　（c）平行顺序多件加工

1—机床工作台　2—工件　3—刨刀　4—端铣刀　5—平面砂轮

图1-50 多件加工

2）缩短辅助时间

缩短辅助时间有两种方法：一是使辅助动作实现机械化和自动化，二是使辅助时间与基本时间重合。

3）缩短布置工作地时间

缩短布置工作地时间就必须减少换刀次数并缩减每次换刀所需的时间，提高刀具的耐用度可减少换刀次数。

4）缩短准备与终结时间

缩短准备与终结时间就需要扩大生产批量，减少分摊到每个零件上的准备与终结时间；直接减少准备与终结时间。

9. 填写工艺文件

在制订工艺规程的过程中，往往要对前面已初步确定的内容进行调整，以提高经济效

益。在执行工艺规程过程中,可能会出现前所未料的情况,如生产条件的变化、新技术、新工艺的引进,新材料、先进设备的应用等,都要求及时对工艺规程进行修订和完善。

10. 首件试加工与现场问题处理

制订完数控加工工艺并编好程序后要进行首件试加工。由于现场机床自身存在的误差大小、规律各不相同,用同一程序加工,实际加工尺寸可能发生很大偏差,这时可根据实测结果和现场问题处理方案对所定工艺及所编程序进行修正,直至满足零件技术要求为止。

任务小结

掌握零件的工艺分析、毛坯的确定、加工方法的选择、加工阶段和工序的划分、加工顺序和工步顺序的安排、进给路线、定位基准与夹紧方案的确定、机床、夹具、刀具、量具的选择、工序加工余量、工序尺寸及其偏差、切削用量、时间定额的确定、填写工艺文件。

每日一练

1. 在确定数控加工工艺内容时,应考虑哪些方面的问题?
2. 为何要制订工艺规程?工艺规程有哪几种?制订工艺规程的原则、方法是什么?
3. 零件的工艺分析应包括哪些内容?如何确定毛坯?
4. 为什么要划分加工阶段?如何划分加工阶段?
5. 简述"工艺集中"和"工艺分散"的特点?数控加工工序如何划分?
6. 试述机械加工工序的安排。热处理工序的目的及其安排顺序。辅助工序有哪些?
7. 对夹紧装置的基本要求有哪些?简述夹紧力方向和作用点的选择。
8. 数控加工工序与普通工序如何衔接?
9. 什么是时间定额?时间定额的组成是什么?提高机械加工生产率的途径是什么?
10. 如图 1-51 所示的零件,试分析单件小批生产时其机械加工工艺过程。
11. 如图 1-52 所示的拨杆零件,材料 HT200,单件小批生产,编制其工艺过程。

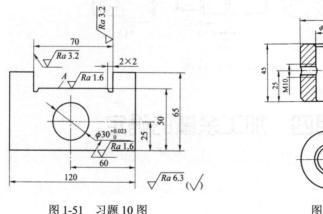

图 1-51 习题 10 图

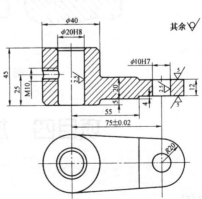

图 1-52 习题 11 图

12. 如图 1-53 所示阶梯轴零件,编制其工艺过程。
13. 如图 1-54 所示零件,单件小批生产,毛坯为长棒料,直径 $\phi 32mm$。试编制其工艺过程并确定其工艺组成填入表 1-19 中。

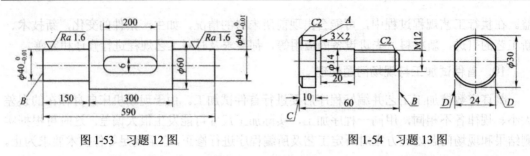

图 1-53 习题 12 图   图 1-54 习题 13 图

表 1-19 习题 13 表

工序号	安装号	工步号	进给数	工位号	加工内容

14. 试指出如图 1-55 所示的各图中结构工艺性不合理的地方并提出改进措施。

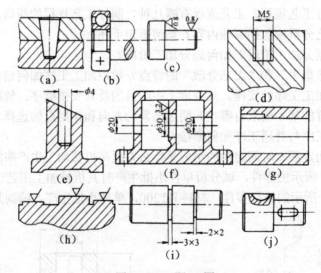

图 1-55 习题 14 图

项目四 加工余量的确定

能力目标

1. 掌握加工余量的概念。
2. 掌握影响加工余量的因素。
3. 掌握确定加工余量的方法。

模块一 数控加工的工艺基础

核心能力

能用查表法确定加工余量。

任务一 加工余量的概念

在机械加工中从加工表面切除的金属层厚度称为加工余量。加工余量包含工序余量和加工总余量两个概念。

1. 工序余量

工序余量是指为完成某一道工序必须切除的金属层厚度,即相邻两工序的工序尺寸之差。

加工余量还有双边余量和单边余量之分,平面加工余量是单边余量,它等于实际切削的金属层厚度;对于外圆和孔等回转表面,其加工余量是对称分布的,是双边余量,即以直径方向计算,实际切削的金属为加工余量数值的一半,如图1-56所示。

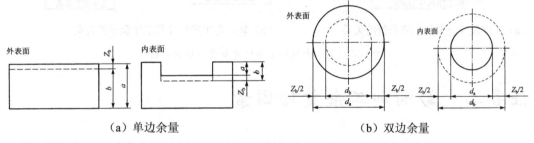

(a) 单边余量　　　　　　(b) 双边余量

图1-56 加工余量

2. 加工总余量

加工总余量是指由毛坯变为成品的过程中,在某加工表面上所切除的金属层总厚度,即毛坯尺寸与零件图设计尺寸之差,也称为毛坯余量。不论是被包容面还是包容面,其加工总余量均等于各工序余量之和。

$$Z_{总} = Z_1 + Z_2 + \cdots + Z_n$$

式中:$Z_{总}$——加工总余量;

Z_1,Z_2、$\cdots$、Z_n——各道工序余量,n为工序数。

加工过程中,工序完成后的工件尺寸称为工序尺寸。工序尺寸公差标注应遵循"入体原则",即:毛坯尺寸按双向标注上、下偏差;被包容表面(如轴、键宽等)尺寸上偏差为零,也就是基本尺寸为最大极限尺寸;对包容面(如孔、键槽宽等)尺寸下偏差为零,也就是基本尺寸为最小极限尺寸,孔距工序尺寸公差,一般按对称偏差标注。

中间工序的工序余量与工序尺寸及其公差的关系如图1-57所示。由图1-57可知无论是被包容面还是包容面,本工序余量公差为

$$T_{Zb} = Z_{max} - Z_{min} = (L_{bmax} + L_{amin}) - (L_{bmin} - L_{amax}) = T_a + T_b \tag{1-11}$$

式中：Z_{max}——最大工序余量；

Z_{min}——最小工序余量；

T_a——上工序的尺寸公差；

T_b——本工序的尺寸公差。

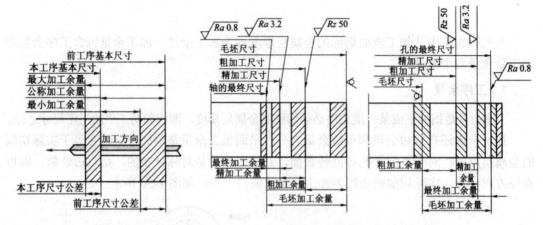

（a）工序尺寸公差与工序余量的关系　　（b）轴、孔工序尺寸与工序余量的关系

图 1-57　工序余量与工序尺寸及其公差的关系

任务二　影响加工余量的因素

为切除前工序在加工时留下的各种缺陷和误差的金属层，又考虑到本工序可能产生的安装误差而不致使工件报废，必须保证一定数值的最小工序余量，其大小对零件的加工质量和制造的经济性有较大的影响。为了合理确定加工余量，必须了解影响加工余量的因素。

1. 上工序的各种表面缺陷和误差

1）前工序的尺寸公差

由式（1-11）可知，本工序余量公差包含上工序的尺寸公差 T_a，直接影响本工序的基本余量，因此，本工序的余量应包含上工序的尺寸公差 T_a。

2）前工序的几何误差（也称空间误差）ρ_a

当几何公差与尺寸公差的关系是包容原则时，可不计 ρ_a 值，但为独立原则或最大实体原则时，加工余量要包括上工序的工件上 ρ_a 值。如图 1-58 所示其轴线有直线度误差 ω，必须在本工序中纠正，因而直径方向的加工余量应增加 2ω。

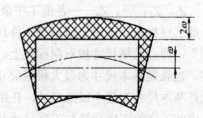

图 1-58　轴线直线度误差对加工余量的影响

3）上工序表面粗糙度 Ra（R_y）和缺陷层 D_a（f_a）

为了使工件的加工质量逐步提高，一般每道工序都应切到待加工表面以下的正常金属组织，本工序必须将上工序留下的表面粗糙度 Ra 和缺陷层 D_a 全部切去，如图 1-59 所示。

2. 本工序的安装误差

安装误差包括工件的定位误差和夹紧误差（夹紧变形）及夹具本身的误差，若用夹具装夹，还应有夹具在机床上的装夹误差。这些误差会使工件在加工时的位置发生偏移。如图 1-60 所示用三爪自动定心卡盘夹持工件外圆磨削内孔时，由于三爪自定心卡盘定心不准，使工件轴心线偏移机床主轴回转轴线 e 值，造成内孔磨削余量不均匀，甚至造成局部表面无加工余量，为保证全部待加工表面有足够的加工余量，应将孔的加工余量加大 $2e$。

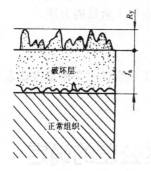
图 1-59 表面粗糙度及缺陷层

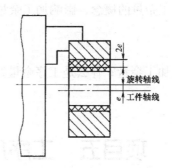
图 1-60 装夹误差对加工余量的影响

几何误差 ρ_a 和装夹误差 ε_b 都具有方向性，它们的合成应为向量和。综上所述，本工序余量必须满足：

对单边余量　　　　　　$Z_b \geq T_a + R_a + D_a + |\rho_a + \varepsilon_b|$　　　　　　（1-12）

对双边余量　　　　　　$2Z_b \geq T_a + 2(R_a + D_a) + 2|\rho_a + \varepsilon_b|$　　　　　　（1-13）

任务三　确定加工余量的原则及方法

确定加工余量的基本原则是：在保证质量的前提下，加工余量越小越好。其方法有三种。

1. 分析计算法

根据理论公式和一定的试验资料，对影响加工余量的各项因素进行分析和综合计算来确定加工余量。这种方法比较经济合理，但必须有比较全面和可靠的试验资料，且计算较烦琐。实际生产中应用尚少。只在材料十分贵重以及军工生产或某些大批生产和大量生产中采用。

2. 经验估算法

工艺人员依靠实践经验估计加工余量，采用类比法估计确定加工余量的大小。为防止因余量过小而产生废品，经验估计的数值总是偏大，这种方法常用于单件小批量生产。

3. 查表修正法

确定加工余量时,查阅有关手册,以有关工艺手册和资料所推荐的加工余量为基础,再结合本厂的实际情况进行适当修正后确定加工余量的大小,目前此法应用较为普遍。

查表时注意表中的余量为基本余量值,对称表面为双边余量,非对称表面为单边余量。用查表修正法确定工序余量时,粗加工工序的加工余量不能用查表修正法确定,而是由总加工余量减去其他单个工序余量之和而获得。

常用的工序余量见附录 B 表 B-1～表 B-9 所示。

任务小结

掌握加工余量的概念、影响加工余量的因素、确定加工余量的方法。

每日一练

什么是加工余量?什么是工序余量?简述影响加工余量的主要因素及确定加工余量的方法。

项目五 工序尺寸及其公差的确定

能力目标

1. 掌握工艺尺寸链的概念。
2. 掌握增环、减环的判别。
3. 掌握工艺尺寸链的计算。

核心能力

能熟练工艺尺寸及公差的计算。

重要知识 1.17　工序尺寸

每道工序所应保证的尺寸叫作工序尺寸,与其相应的公差即工序尺寸公差。确定工序尺寸及公差时,应从工序基准和设计基准是否重合来加以考虑。

任务一　工艺尺寸链

机械加工过程中,加工表面本身的尺寸及各表面之间的尺寸都在不断地变化,这种变化无论是在一个工序内部,还是在各个工序之间都有一定的内在联系。

重要知识 1.18　工艺尺寸链的定义

图 1-61 所示为一定位套，零件图上标注的设计尺寸为 A_1 和 A_0。当用零件的面 1 来定位加工面 3，得尺寸 A_1；在加工时，尺寸 A_0 不便直接测量，若以面 1 为测量基准，按易于测量的尺寸 A_2 进行加工，保证尺寸 A_2，以间接保证尺寸 A_0 的要求。尺寸 A_1、A_2 和 A_0 就构成一个封闭的图形，这种由相互联系的尺寸按一定顺序首尾相接排列成的尺寸封闭图形就称为尺寸链。由单个零件在工艺过程中的有关工艺尺寸所组成的尺寸链，称为工艺尺寸链。

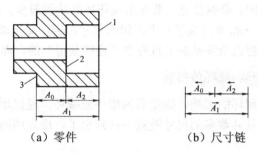

(a) 零件　　　　(b) 尺寸链

图 1-61　定位套的尺寸联系

1. 工艺尺寸链的特征

1) 关联性

任何一个直接保证的尺寸及其精度的变化，必将影响间接保证的尺寸及其精度。如图 1-61 所示，尺寸 A_1、A_2 的变化，都将引起 A_0 的变化。

2) 封闭性

尺寸链各个构成尺寸的排列呈封闭性，不封闭就不是尺寸链。

2. 工艺尺寸链的组成

1) 环

组成工艺尺寸链的各个尺寸都称为工艺尺寸链的环。图 1-61 中的尺寸 A_1、A_2 和 A_0 都是工艺尺寸链的环。环又可分为封闭环和组成环。

重要知识 1.19　封闭环

工艺尺寸链中，间接获得、最后保证的尺寸称为封闭环。图 1-61 中的尺寸 A_0。

2) 组成环

除封闭环以外的其他环都称为组成环。图 1-61 中的尺寸 A_1、A_2 都是组成环。组成环分增环和减环两种。

重要知识 1.20　增环

当其余各组成环不变，该环增大，封闭环也随之增大，该环即为增环。一般在该环尺寸的代表符号上加一个向右的箭头表示，如图 1-61 中的尺寸 A_1 为增环。

重要知识 1.21　减环

当其余各组成环不变，该环增大，封闭环反而减小，该环即为减环。一般在该尺寸的代表符号上加一个向左的箭头表示，图 1-61 中的尺寸 A_2 为减环。

重要知识 1.22　建立工艺尺寸链的步骤

（1）确定封闭环。在装配尺寸链中，装配精度是封闭环。工艺尺寸链的封闭环，是最后自然形成的尺寸。

（2）查找组成环。从封闭环一端开始，按照零件上表面尺寸之间的联系，用首尾相接的单向箭头，依次画各组成环，直到尺寸的终端回到封闭环的起端，形成一个封闭图形，这种尺寸图就是尺寸链图。必须注意：要使组成环环数达到最少。如图 1-61 所示，从尺寸 A_0 开始，沿 $A_0 \rightarrow A_2 \rightarrow A_1 \rightarrow A_0$ 就形成了一个封闭的尺寸组合，即构成了一个工艺尺寸链。必须注意查找组成环时掌握组成环是加工过程中"直接获得"的，而且对封闭环有影响。

重要知识 1.23　增环、减环的判别

按照各组成环对封闭环的影响，确定其为增环或减环，通过增环、减环的定义可判别组成环的增减性质。但是环数多的尺寸链就不易判别了，现介绍两种方法来判别增减环的性质。

（1）回路法。为了迅速判别增、减环，可用图 1-62 所示的方法：在工艺尺寸链图上，先给封闭环任意规定一个方向并画出箭头，然后沿此方向，环绕工艺尺寸链回路，依次给各组成环画出箭头，凡是与封闭环箭头方向相同的就是减环，相反的就是增环。图 1-62 中 L_0 为封闭环，L_1、L_3 为增环，L_2、L_4 为减环。

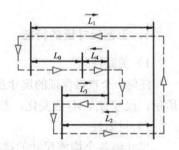

图 1-62　增环、减环的判别

（2）直观法。直观法只要记住两句话就可判别，与封闭环串联的组成环是减环，与封闭环共基线并联的组成环是增环。该方法对环数多的尺寸链特别方便。

重要知识 1.24　工艺尺寸链的计算

从尺寸链中各环的极限尺寸出发，进行尺寸链计算的方法，称为极值法（或极大极小法）。概率法解尺寸链，主要用于装配尺寸链，这里只介绍极值法解工艺尺寸链的基本计算公式。

（1）封闭环的基本尺寸。封闭环的基本尺寸 A_0 等于所有增环的基本尺寸之和减去所有减环的基本尺寸之和，即

$$A_0 = \sum_{i=1}^{m} \vec{A}_i - \sum_{i=1}^{n} \vec{A}_i \tag{1-14}$$

式中：m——增环的环数；

　　　n——组成环的环数（下同）。

（2）封闭环的极限尺寸。

封闭环的最大极限尺寸等于所有增环的最大极限尺寸之和减去所有减环的最小极限尺寸之和，即

$$A_{0\max} = \sum_{i=1}^{m} \vec{A}_{i\max} - \sum_{i=1}^{n} \vec{A}_{i\min} \tag{1-15}$$

封闭环的最小极限尺寸等于所有增环的最小极限尺寸之和减去所有减环的最大极限尺寸之和，即

$$A_{0\min} = \sum_{i=1}^{m} \vec{A}_{i\min} - \sum_{i=1}^{n} \vec{A}_{i\max} \qquad (1\text{-}16)$$

（3）封闭环的极限偏差。

封闭环上偏差等于所有增环的上偏差之和减去所有减环的下偏差之和，即

$$\mathrm{ES}(A_0) = \sum_{i=1}^{m} \mathrm{ES}(\vec{A}_i) - \sum_{i=1}^{n} \mathrm{EI}(\vec{A}_i) \qquad (1\text{-}17)$$

封闭环下偏差等于所有增环的下偏差之和减去所有减环的上偏差之和，即

$$\mathrm{EI}(A_0) = \sum_{i=1}^{m} \mathrm{EI}(\vec{A}_i) - \sum_{i=1}^{n} \mathrm{ES}(\vec{A}_i) \qquad (1\text{-}18)$$

（4）封闭环的公差 T_0。封闭环的公差等于所有组成环的公差之和，即

$$T_0 = \sum_{i=1}^{m+n} T_i \qquad (1\text{-}19)$$

（5）封闭环的平均尺寸 $A_{0\mathrm{M}}$。封闭环的平均尺寸等于所有增环的平均尺寸之和减去所有减环的平均尺寸之和，即

$$A_{0\mathrm{M}} = \sum_{i=1}^{m} \vec{A}_{i\mathrm{M}} - \sum_{i=1}^{n} \vec{A}_{i\mathrm{M}} \qquad (1\text{-}20)$$

（6）计算封闭环的竖式。封闭环还可列竖式进行计算。计算时的应用口诀：增环上下偏差照抄；减环上下偏差对调、反号，如表1-20所示。

表1-20 尺寸链换算的竖式表

环的类型	基本尺寸 A	上 偏 差	下 偏 差	公 差
增环	$\sum\limits_{i=1}^{m} \vec{A}_i$	$\sum\limits_{i=1}^{m} \mathrm{ES}\vec{A}_i$	$\sum\limits_{i=1}^{m} \mathrm{EI}\vec{A}_i$	$\sum\limits_{i=1}^{m} T\vec{A}_i$
减环	$-\sum\limits_{i=m+1}^{n-1} \vec{A}$	$-\sum\limits_{i=m+1}^{n-1} \mathrm{EI}\vec{A}$	$-\sum\limits_{i=m+1}^{n-1} \mathrm{ES}\vec{A}$	$\sum\limits_{i=m+1}^{n-1} T\vec{A}$
封闭环	A_0	$\mathrm{ES}A_0$	$\mathrm{EI}A_0$	TA_0

任务二 工序尺寸及其公差的确定

1. 基准重合时工序尺寸及其公差的计算

当工序基准、测量基准、定位基准或编程坐标系的原点和设计基准重合时即基准重合，各工序的加工尺寸及公差采用"由后往前推"的方法。计算顺序是：先确定总余量和工序余量，然后中间工序尺寸及公差由工件上的设计尺寸开始，由最后一道工序向前道工序逐次推算出各道工序的尺寸，一直推算到毛坯为止，某工序基本尺寸等于后道工序基本尺寸

加上或减去后道工序余量，最后标注工序尺寸公差，最后一道工序的公差按设计尺寸标注，其余工序尺寸公差按"入体原则"标注。其余各加工工序公差按各自所采用加工方法的加工经济精度确定工序尺寸公差。均由工艺员确定，这样便可根据该工序加工方法的经济精度要求取定。

【例1】某主轴箱体主轴孔的设计要求为 ϕ100H7，表面粗糙度为 Ra0.8μm，毛坯为铸铁件。其加工工艺路线为：毛坯—粗镗—半精镗—精镗—浮动镗。用查表修正法确定毛坯总余量和各工序尺寸及其公差。

解：从机械工艺手册查得各工序的加工余量和所能达到的精度，具体数值如表1-21所示的第2、3列，计算结果如表1-21所示的第4、5列。粗镗IT12、半精镗IT10、精镗IT8、浮动镗IT7、毛坯按Ⅱ、Ⅲ级。

表1-21 主轴孔工序尺寸及公差的计算

工序名称	工序余量	工序的经济精度	工序基本尺寸/mm	工序尺寸及公差
浮动镗	0.1	H7($^{+0.035}_{0}$)	100	$\phi 100^{+0.035}_{0}$，Ra=0.8μm
精镗	0.5	H8($^{+0.054}_{0}$)	100-0.1=99.9	$\phi 99^{+0.054}_{0}$，Ra=1.6μm
半精镗	2.4	H10($^{+0.14}_{0}$)	99.9-0.5=99.4	$\phi 99.4^{+0.14}_{0}$，Ra=6.3μm
粗镗	5	H12($^{+0.35}_{0}$)	99.4-2.4=97	$\phi 97^{+0.35}_{0}$，Ra=12.5μm
毛坯孔	8	±1.2	97-5=92	ϕ(92±1.2)mm

孔加工余量、公差及工序尺寸的分布如图1-63所示。

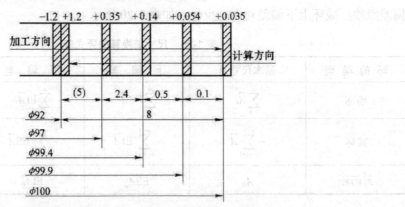

图1-63 孔加工余量、公差及工序尺寸的分布图（单位：mm）

2. 基准不重合时工序尺寸及其公差的计算

1）定位基准与设计基准不重合的工序尺寸计算

在定位基准与设计基准不重合的情况下，需要通过尺寸换算，标注有关工序尺寸及公差，并按换算后的工序尺寸及公差加工，以保证零件的原设计要求。

【例2】如图1-64所示零件，镗削零件上的孔。孔的设计基准是 C 面，设计尺寸为(100±0.15)mm。为装夹方便，以 A 面定位，按工序尺寸 L 调整机床。工序尺寸 $280^{+0.1}_{0}$ mm、$80^{0}_{-0.06}$ mm在前道工序中已经得到。

解：① 由题意可知，设计尺寸(100±0.15)mm为尺寸链的封闭环。

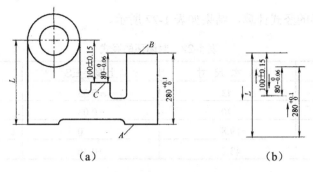

图1-64 定位基准与设计基准不重合时的工序尺寸换算

② 工艺尺寸链如1-64（b）所示，$80_{-0.06}^{0}$mm 和 L 为增环，$280_{0}^{+0.1}$mm 为减环。

③ 由尺寸链计算的基本公式得

由 $100=L+80-280$，得 $L=(100+280-80)$mm$=300$mm

由 $0.15=\text{ES}L+0+0$，得 $\text{ES}L=(0.15-0-0)$mm$=+0.15$mm

由 $-0.15=\text{EI}L-0.06-0.1$，得 $\text{EI}L=(-0.15+0.06+0.1)mm=+0.01$mm

因此，工序尺寸 L 及公差为：$L=300_{+0.01}^{+0.15}$mm。

2）中间工序的工序尺寸及其公差的求解计算

【例3】如图1-65所示为齿轮内孔的局部简图，设计要求为：孔径 $\phi 40_{0}^{+0.06}$mm，键槽深度尺寸为 $43.2_{0}^{+0.36}$mm，其加工顺序为：

① 镗内孔至 $\phi 39.6_{0}^{+0.12}$mm。

② 插键槽至尺寸 L_1。

③ 淬火处理。

④ 磨内孔，同时保证内孔直径 $\phi 40_{0}^{+0.06}$mm 和键槽深度 $43.2_{0}^{+0.36}$mm。

试确定插键槽的工序尺寸 L_1。

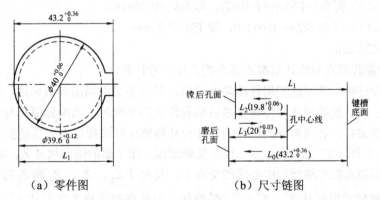

（a）零件图　　　　　（b）尺寸链图

图1-65 加工内孔键槽的工艺尺寸链

解：① 画出尺寸链图。根据题意画出尺寸链，如图1-65（b）所示。需要注意的是，当有直径尺寸时，一般应考虑用半径尺寸来画尺寸链。尺寸 $43.2_{0}^{+0.36}$mm 是在加工中间接保证的尺寸，为封闭环，即 $L_0=43.2_{0}^{+0.36}$mm；判断各组成环的增、减性，各组成环中 $L_1=L_3=20_{0}^{+0.03}$mm 为增环，$L_2=19.8_{0}^{+0.06}$mm 为减环。

② 利用封闭环的竖式计算，结果如表1-22所示。

表1-22 封闭环的竖式

环的类型	基本尺寸	上偏差 ES	下偏差 EI
增环 L_1	43	+0.33	+0.06
增环 L_3	20	+0.03	0
减环 L_2	−19.8	0	−0.06
封闭环 L_0	43.2	+0.36	0

③ 结论。L_1的尺寸为$43^{+0.33}_{+0.06}$mm。

3）保证应有渗碳或渗氮层深度时工艺尺寸及其公差的计算

【例4】一批圆轴工件如图1-66所示，其加工过程为：车外圆至$\phi 20.6^{0}_{-0.04}$mm；渗碳淬火；磨外圆至$\phi 20^{0}_{-0.02}$mm。试计算保证磨后渗碳层深度为0.7~1.0mm时，渗碳工序的渗入深度及其公差。

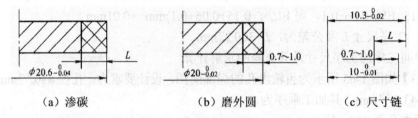

（a）渗碳　　　　（b）磨外圆　　　　（c）尺寸链

图1-66 保证渗碳层深度的尺寸换算

解： ① 由题意可知，磨后保证的渗碳层深度0.7~1.0mm是间接获得的尺寸，为封闭环。
② 工艺尺寸链如图1-66（c）所示，其中尺寸L、$10^{0}_{-0.01}$为增环，尺寸$10.30^{0}_{-0.02}$为减环。
③ 由式（1-13）得 0.7=L+10−10.3，即L=1mm；
由式（1-16）得 0.3=ESL+0−(−0.02)，即ESL=0.28mm；
由式（1-17）得 0=EIL+(−0.01)−0，即EIL=0.01mm。
因此$L=1^{+0.28}_{+0.01}$mm。

4）数控编程原点与设计基准不重合的工序尺寸计算

零件在设计时，从保证使用性能角度考虑，尺寸多采用局部分散标注，而在数控编程中，所有点、线、面的尺寸和位置都是以编程原点为基准的。当编程原点与设计基准不重合时，为方便编程，必须将分散标注的设计尺寸换算成以编程原点为基准的工序尺寸。

【例5】如图1-67（a）所示为一根阶梯轴简图。图上部的轴向尺寸Z_1，Z_2，…，Z_6为设计尺寸。编程原点在左端面与中心线的交点上，与尺寸Z_2、Z_3、Z_4和Z_5的设计基准不重合，编程时须按工序尺寸Z_1'，Z_2'，…，Z_6'编程，为此必须计算工序尺寸Z_1'，Z_2'，…，Z_6'及其偏差。

解： 工序尺寸Z_1'、Z_2'和Z_6'就是设计尺寸Z_1、Z_6，即$Z_1'=Z_1=20^{0}_{-0.28}$mm，$Z_6'=Z_6=230^{0}_{-0.1}$mm为直接获得尺寸。其余工序尺寸Z_2'、Z_3'、Z_4'和Z_5'可分别利用如图1-67（b）~图1-67（e）所示的工艺尺寸链计算。尺寸链中Z_2、Z_3、Z_4和Z_5为间接获得尺寸，是封

闭环,其余尺寸为组成环。尺寸链的计算过程如下:

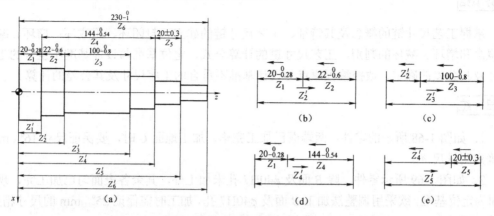

图1-67　编程原点与设计基准不重合的工序尺寸换算

(1) 计算 Z_2' 的工序尺寸及公差。

由式(1-13)得 $Z_2 = Z_2' - 20$,即 $Z_2' = 42$mm;

由式(1-16)得 $0 = ES Z_2' - (-0.28)$,即 $ES Z_2' = -0.28$mm;

由式(1-17)得 $-0.6 = EI Z_2' - 0$,即 $EI Z_2' = 0$mm;

因此,得 Z_2' 的工序尺寸及其公差: $Z_2' = 42_{-0.6}^{-0.28}$ mm。

(2) 计算 Z_3' 的工序尺寸及公差。

由式(1-13)得 $100 = Z_3' - Z_2' = Z_3' - 42$,即 $Z_3' = 142$mm;

由式(1-16)得 $0 = ES Z_3' - EI Z_2' = ES Z_3' - (-0.6)$,即 $ES Z_3' = -0.6$mm;

由式(1-17)得 $-0.8 = EI Z_3' - ES Z_2' = EI Z_3' - (-0.28)$,即 $EI Z_3' = -1.08$mm;

因此,得 Z_3' 的工序尺寸及其公差: $Z_3' = 142_{-1.08}^{-0.6}$ mm。

(3) 计算 Z_4' 的工序尺寸及公差。

由式(1-13)得 $144 = Z_4' - 20$,即 $Z_4' = 164$mm;

由式(1-16)得 $0 = ES Z_4' - (-0.28)$,即 $ES Z_4' = -0.28$mm;

由式(1-17)得 $-0.54 = EI Z_4' - 0$,即 $EI Z_4' = -0.54$mm;

因此,得 Z_4' 的工序尺寸及其公差: $Z_4' = 164_{-0.54}^{-0.28}$ mm。

(4) 计算 Z_5' 的工序尺寸及公差。

由式(1-13)得 $20 = Z_5' - Z_4' = Z_5' - 164$,即 $Z_5' = 184$mm;

由式(1-16)得 $0 = ES Z_5' - EI Z_4' = ES Z_5' - (-0.54)$,即 $ES Z_5' = -0.24$mm;

由式(1-17)得 $-0.3 = EI Z_5' - ES Z_4' = EI Z_5' - (-0.28)$,即 $EI Z_5' = -0.58$mm;

因此,得 Z_5' 的工序尺寸及其公差: $Z_5' = 184_{-0.58}^{-0.24}$ mm。

任务小结

掌握工艺尺寸链的概念及其特征、工艺尺寸链的建立、封闭环、组成环：增环、减环的概念和增环、减环的判别、工艺尺寸链的计算公式、定位基准与设计基准不重合的工序尺寸及其公差的确定、数控编程原点与设计基准不重合的工序尺寸及其公差的计算。

每日一练

1. 如图 1-68 所示的零件，两端面已加工完毕，加工地面 C 时，要保证尺寸 $16_{-0.35}^{0}$ mm，试确定测量尺 A_1。

2. 如图 1-69 所示零件，除 B 面及 ϕ40H7 孔未加工外，其余各表面匀已加工完，现以 A 面为定位基准，欲采用调整法加工 B 面及 ϕ40H7 孔，加工时需保证 $25_{-0.15}^{0}$ mm 的尺寸精度，试确定尺寸 L_3。

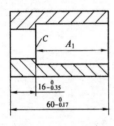
图 1-68 习题 1 图

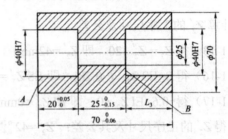
图 1-69 习题 2 图

3. 如图 1-70 所示零件，以底面 N 为定位基准镗 O 孔，确定 O 孔位置的设计基准是 M 面（设计尺寸(100±0.15)mm），用镗夹具镗孔时，镗杆相对于定位基准 N 的位置（L_1 尺寸）预先由夹具确定。这时设计尺寸 L_0 是在 L_1、L_2 尺寸确定后间接得到的。问如何确定 L_1 尺寸及公差，才能使间接获得的 L_0 尺寸在规定的公差范围之内？

4. 如图 1-71 所示轴套零件，在车床上已加工好外圆、内孔及各端面，现需在铣床铣出右端槽并保证 $5_{-0.06}^{0}$ 及 26±0.2 的尺寸，求试切调刀时的度量尺寸 H、A 尺寸及上、下偏差。

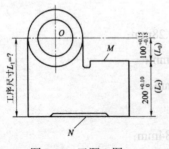
图 1-70 习题 3 图

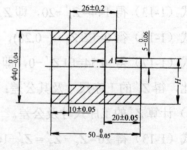
图 1-71 习题 4 图

5. 某零件设计要求如图 1-72（a）所示，设 1 面已加工好，现以 1 面定位加工 2 面、3 面，其工序图如图 1-72（b）所示。试确定工序尺寸 A_1 及 A_3。

6. 如图 1-73（a）所示为轴类零件简图，其内孔、外圆和各端面均已加工好，试分别计算图 1-73（b）所示 3 种定位方案钻孔时的工序尺寸及其偏差。

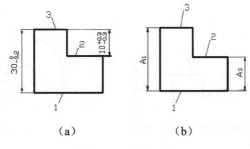

图 1-72 习题 5 图

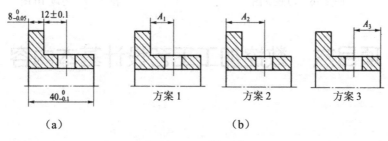

图 1-73 习题 6 图

7. 如图 1-74 所示，零件的工艺过程为：

（1）车外圆至 ϕ30.5mm。

（2）铣键槽深度为 H。

（3）热处理。

（4）磨外圆至 ϕ30mm。

设磨后外圆的同轴度公差 ϕ0.05mm，求保证键槽深度设计尺寸 4mm 的铣槽深度 H。

8. 如图 1-75 所示的零件，$A_1=70_{-0.07}^{-0.02}$mm，$A_2=60_{-0.04}^{0}$mm，$A_3=20_{0}^{+0.19}$mm。因 A_3 不便测量，试重新标出测量尺寸 A_4 及其公差。

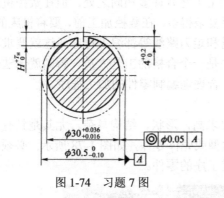

图 1-74 习题 7 图

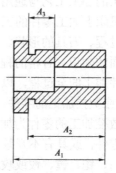

图 1-75 习题 8 图

9. 如图 1-76 所示零件，若以 A 面定位用调整法铣平面 C、D 及槽 E，已知 $L_1=(60\pm0.2)$mm，$L_2=(20\pm0.4)$mm，$L_3=(40\pm0.8)$mm，试确定工序尺寸及极限偏差。

10. 如图 1-77 所示为圆盘形工件上铣 3 个圆槽，已知：槽的半径 $R=5_{0}^{+0.3}$mm，槽的中心落在外圆 $50_{-0.1}^{0}$mm 以外的 0.3～0.8mm 处。试选取合理的检验方法并计算其工序尺寸及上、下偏差。

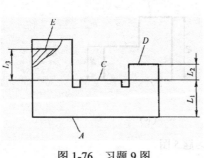
图 1-76 习题 9 图

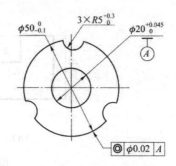
图 1-77 习题 10 图

项目六 数控加工工艺设计基本内容

能力目标

1. 掌握数控加工内容。
2. 掌握数控加工工艺性分析。
3. 掌握数控加工的工艺路线设计。
4. 掌握掌握数控加工工序的设计。

核心能力

能编制数控加工工艺。

1. 数控加工内容的选择

数控机床的加工工艺与通用机床的加工工艺有许多相同之处，但在数控机床上加工零件比在通用机床上加工零件的工艺规程要复杂得多。在数控加工前，要将机床的运动过程、零件的工艺过程、刀具的形状、切削用量和走刀路线等都编入程序，这就要求程序设计人员具有多方面的知识。合格的程序员首先是一个合格的工艺人员，否则就无法做到全面周到地考虑零件加工的全过程，以及正确、合理地编制零件的加工程序。

1）最适应数控加工的零件

最适应数控加工的零件为加工精度要求高，形状、结构复杂，尤其是具有复杂曲线、曲面轮廓的零件，或具有不开敞内腔的盒型或壳体零件，如图 1-78 所示；必须在一次装夹中完成铣、钻、锪、镗、铰或攻丝等多道工序的零件。

图 1-78 适合数控机床加工的零件

2）较适应数控加工的零件

较适应数控加工的零件为价格昂贵，毛坯获得困难，不允许报废的零件；在通用机床上加工生产率低，劳动强度大，质量难稳定控制的零件；用于改型比较、性能或功能测试的零件（它们要求尺寸一致性好）；多品种、多规格、单件小批量生产的零件。

3）不适应数控加工的零件

不适应数控加工的零件为利用毛坯面作为粗基准定位进行加工或定位完全需靠人工找正的零件；必须用特定的工艺装备，或依据样板、样件加工的零件或加工的内容；需大批量生产的零件。

2．数控加工工艺性分析

1）零件图样分析

进行数控加工工艺性分析，首先需要进行零件图样的分析。

2）零件的结构工艺性分析

零件的结构工艺性分析时应注意零件的内腔与外形应尽量采用统一的几何类型和尺寸。这样可以减少刀具规格和换刀次数，方便编程，提高生产效益。内槽圆角的大小决定着刀具直径的大小。内槽圆角半径不应太小。铣零件槽底平面时，槽底圆角半径 r 不要过大。应尽可能在一次装夹中完成所有能加工表面的加工，为此要选择便于各个表面都能加工的定位方式；若需要二次装夹，应采用统一的基准定位。

3．数控加工的工艺路线设计

1）工序的划分

工序的划分详见本模块项目三。

2）加工顺序的安排

除遵循本模块项目三中加工顺序的安排，还应遵循下列原则。

（1）尽量使工件的装夹次数、工作台转动次数、刀具更换次数及所有空行程时间减至最少，提高加工精度和生产率。

（2）先内后外原则，即先进行内型内腔加工，后进行外形加工。

（3）为了及时发现毛坯的内在缺陷，精度要求较高的主要表面的粗加工一般应安排在次要表面粗加工之前；大表面加工时，因内应力和热变形对工件影响较大，一般也需先加工。

（4）在同一次安装中进行的多个工步，应先安排对工件刚性破坏较小的工步。

（5）为了提高机床的使用效率，在保证加工质量的前提下，可将粗加工和半精加工合为一道工序。

（6）加工中容易损伤的表面（如螺纹等），应放在加工路线的后面。

4．数控加工工序的设计

数控加工工序的设计与普通机床加工有很多是相同的，只介绍与普通加工不同的。

1）确定走刀路线和工步顺序

确定走刀路线和工步顺序主要需要注意一下几点。

（1）保证零件的加工精度和表面粗糙度，如图1-79所示。
（2）使走刀路线最短，减少刀具空行程时间，提高加工效率，如图1-80所示。

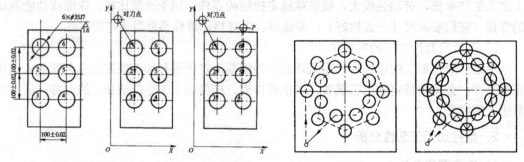

图1-79 保证零件的加工精度和表面粗糙度　　　　图1-80 走刀路线最短

（3）最终轮廓一次走刀完成。
（4）进给路线的选择要合理。进给路线（走刀路线）泛指刀具从对刀点（或机床固定原点）开始运动起，直至返回该点并结束加工程序所经过的路线为止。包括切削加工的路径及刀具切入、切出等非切削空行程。

加工旋转体类零件的走刀路线选择如图1-81所示。

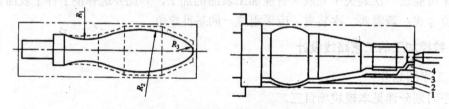

图1-81 加工旋转体类零件的走刀路线

（5）切削用量的确定。切削用量的确定除了本模块项目三中的任务三。还应考虑刀具质量差异、机床特性、保证加工的连续性、生产率、断屑问题因素。

2）对刀点与换刀点的选择

（1）对刀点（起刀点）

对刀点是数控加工时刀具相对零件运动的起点，也是程序运行的起点。对刀点确定后，即确定了机床坐标系和零件坐标系之间的相互位置关系。

通过对刀确定刀具与工件相对位置的基准点。对刀点可以设置在被加工零件上，也可以设置在夹具与零件定位有一定尺寸联系的某一位置，对刀点的选择往往就选择在零件的加工原点。对刀点的选择原则如下。

① 所选的对刀点应使程序编制简单。
② 对刀点应选择在容易找正、便于确定零件加工原点的位置。
③ 对刀点应选在加工时检验方便、可靠的位置。
④ 对刀点应选择应有利于提高加工精度。

在使用对刀点确定加工原点时，需要进行"对刀"。所谓对刀是使"刀位点"与"对刀点"重合的操作。每把刀具的半径与长度尺寸都是不同的，刀具装在机床上后，应在控制系统中设置刀具的基本位置。"刀位点"是刀具的定位基准点，如图 1-47 所示。

（2）换刀点

换刀点是指刀架转位换刀时的位置。对数控车床、镗铣床、加工中心等多刀加工数控机床，在加工过程中需要进行换刀，为了防止换刀时刀具碰伤工件及其他部件，故编程时应考虑不同工序之间的换刀位置（即换刀点）。换刀点常常设置在被加工零件的轮廓之外，并留有一定的安全量。

数控加工工艺守则如表 1-23 所示。

表 1-23　数控加工工艺守则

项　目	要　求　内　容
加工前的准备	1. 操作者必须根据机床使用说明书熟悉机床的加工范围、精度，并熟练地掌握机床及其数控装置或计算机各部分的作用及操作方法； 2. 检查各开关、旋钮和手柄是否在正确位置； 3. 启动控制电气部分，按规定进行预热； 4. 开动机床使其空运转，检查各开关、旋钮和手柄灵敏性及润滑系统是否正常； 5. 熟悉被加工件的加工程序和编程原点
刀具与工件的装夹	1. 安放刀具时应注意刀具的顺序，刀具的安装位置必须与程序要求的顺序和位置一致； 2. 工件的装夹除应牢固可靠外，还应注意避免在工作中刀具与工件或夹具发生干涉
加工	1. 进行首件加工前，必须进行刀具检查、轨迹检查、单程序段适切； 2. 加工时，必须正确输入程序，不得擅自更改程序； 3. 在加工过程中，操作者随时检视显示装置、报警信号； 4. 零件加工后，应将该程序纸带、磁带或者磁盘等收藏起来妥善保管，以备再用

任务小结

掌握数控加工内容、数控加工工艺性分析、工艺路线设计及数控加工工序的设计。

每日一练

如何选择数控加工内容？如何安排数控加工的加工顺序？如何设计数控加工工序？

项目七　机械加工精度及表面质量

能力目标

1. 掌握加工精度及表面质量的基本概念。
2. 掌握表面质量对零件使用性能的影响。
3. 掌握加工精度影响的因素及提高精度的措施。
4. 掌握影响表面粗糙度的工艺因素及改善措施。

> **核心能力**

能解决一些加工中影响零件的加工质量的实际问题。

零件的加工质量包括加工精度和表面质量两个方面内容。

重要知识 1.25　加工精度概念

机械加工精度是指零件加工后的实际几何参数（尺寸、形状和表面间的相互位置）的实际值与图纸要求的理想几何参数的符合程度。工件的加工精度包括尺寸精度、几何形状精度和相互位置精度 3 个方面。实际几何参数与理想几何参数的偏离程度称为加工误差，加工误差越小，加工精度越高。

任务一　工件获得尺寸精度的方法

1. 获得加工精度的方法

1）试切法

试切法是指通过"试切→测量→调整→再试切"，反复进行直到达到要求的尺寸精度为止。只用于单件小批生产。

2）调整法

调整法是指根据样件或试切工件的尺寸，预先调整好机床、夹具、刀具和工件的准确相对位置，用以保证工件的尺寸精度，常用于成批生产和大量生产。比试切法的加工精度稳定性好。

3）定尺寸法

用刀具的相应尺寸来保证工件被加工部位尺寸的方法称为定尺寸法。在各种类型的生产中广泛应用。例如钻头、铰刀、拉刀加工孔，孔的直径就是由刀具的尺寸来保证。

4）自动控制法

自动控制法是指在加工过程中的尺寸测量、刀具调整和切削加工等工作自动完成，从而获得所需的尺寸精度。如数控机床由测量装置和伺服驱动机构等控制刀具相对工件的位置，而保证工件的尺寸精度。

2. 获得形状精度的方法

1）轨迹法

依靠刀尖的运动轨迹获得形状精度的方法称为轨迹法，也称为刀尖轨迹法。所获得的形状精度取决于成形运动的精度，如图 1-82 所示。

2）成形法

利用成形刀具对工件进行加工的方法称为成形法。成形法所获得的形状精度取决于成形刀形状精度和其他成形运动的精度。图 1-83 所示为用成形法车球面。

3）展成法（范成法）

利用工件和刀具做展成切削运动进行加工的方法称为展成法。其精度取决于切削刃的形状和展成运动的精度等。例如，滚齿加工、插齿加工均属于展成法。

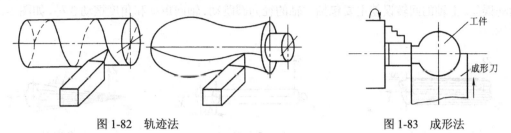

图 1-82　轨迹法　　　　　　　　　图 1-83　成形法

3．获得位置精度的方法（工件的安装方法）

1）一次安装法

一次安装法是指有位置精度要求的零件各有关表面在工件同一次安装中完成并保证。

2）多次安装法

其位置精度是由加工表面与工件定位基准面之间的位置精度决定的。根据工件安装方式不同又分为直接找正法、划线找正法和夹具安装法。

任务二　影响加工精度的因素及提高精度的主要措施

机械加工中，由机床、夹具、刀具和工件组成的一个完整的系统称为工艺系统。在完成任何一个加工过程时，将有许多原始误差影响零件的加工精度。这些误差可分为两部分：一部分与工艺系统本身的结构和状态有关，即原始误差；一部分与切削过程有关，即加工误差。按照这些误差的性质将其归纳为五个方面。

1．与工艺系统本身初始状态有关的原始误差

1）加工原理误差即加工方法原理上存在的误差

加工原理误差是指采用了近似的刀刃轮廓或近似的传动关系进行加工而产生的原始误差。例如，车削模数蜗杆时，由于蜗杆的螺距等于蜗轮的周节（即 $m\pi$），π 是一个无理数，但是车床的配换齿轮的齿数是有限的，选换配齿轮时只能将 π 化为近似的分数值（$\pi=3.1415$）计算，这就将引起刀具对于工件成形运动（螺旋运动）的不准确，造成螺距误差。再如，用齿轮滚刀加工齿轮时，滚刀也是采用阿基米德基本蜗杆或法向直廓蜗杆代替渐开线蜗杆。只要能保证加工精度和零件的使用性能，一定的原理误差是允许的。这种误差不应超过相应公差的 10%～15%。

2）机床的几何误差

机床的几何误差是通过各种成形运动反映到加工表面的，机床的成形运动主要包括两大类，即主轴的回转运动和移动件的直线运动。因而分析机床的几何误差主要包括主轴的回转运动误差、机床导轨导向误差和传动链误差。

（1）主轴的回转运动误差

主轴的回转运动误差是指主轴实际回转轴线相对于理论回转轴线的偏移，是机床主要精度指标之一。由于主轴部件在制造、装配、使用中等各种因素的影响，使主轴产生回转运动误差。主轴的回转误差主要包括主轴的径向圆跳动、轴向窜动和角度摆动3种，如图1-84所示。

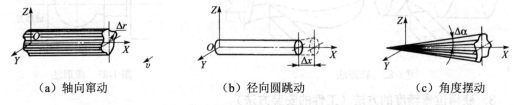

(a) 轴向窜动　　　　　　(b) 径向圆跳动　　　　　　(c) 角度摆动

图1-84　主轴回转运动误差基本形式

图1-85（a）所示为主轴回转误差切向分量对加工精度的影响，图1-85（b）所示为法向分量对加工精度的影响。可见法向分量对加工精度的影响更大，该方向为误差敏感方向。

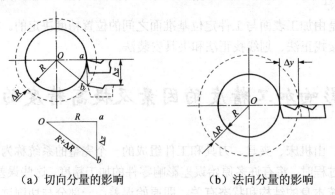

(a) 切向分量的影响　　　　　　(b) 法向分量的影响

图1-85　主轴回转误差对加工精度的影响

提高主轴旋转精度的方法主要是通过提高主轴组件的设计、制造和安装精度，采用高精度的轴承等方法，这无疑将加大制造成本。其次就是通过工件的定位基准或被加工面本身与夹具定位元件之间组成的回转副来实现工件相对于刀具的转动，如外圆磨床头架上的固定顶尖。这样机床主轴组件的误差就不会对工件的加工质量构成影响。

（2）机床导轨误差

导轨在机床中起导向和承载作用。它既是确定机床某些主要部件相对位置的基准，也是运动的基准。导轨的各项误差直接影响零件的加工精度。导轨是机床的重要基准，它的各项误差将直接影响被加工零件的精度；以数控车床为例，当床身导轨在水平面内出现弯曲（前凸）时，产生的腰鼓形如图1-86（a）所示；当床身导轨与主轴轴心在水平面内不平行时，产生的锥形如图1-86（b）所示；而当床身导轨与主轴轴心在垂直面不平行时，产生的鞍形如图1-86（c）所示。

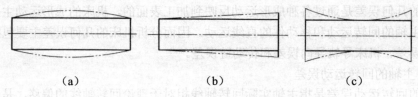

(a)　　　　　　(b)　　　　　　(c)

图1-86　机床导轨误差对工件精度的影响

事实上，数控车床导轨在水平面和垂直面内的几何误差对加工精度的影响程度是不一样的。影响最大的是导轨在水平面内的弯曲或与主轴轴心线的平行度，而导轨在垂直面内的弯曲或与主轴轴心线的平行度对加工精度的影响则小到可以忽略的程度，如图1-87所示。当导轨在水平面和垂直面内都有一个误差 Δ 时，前者造成的半径方向加工误差 $\Delta R=\Delta$，而后者 $\Delta R \approx \dfrac{\Delta^2}{d}$，可以忽略不计。因此，称数控车床导轨的水平方向为误差敏感方向，而称垂直方向为图误差非敏感方向。对于原始误差所引起的刀具与工件间的相对位移，如果该误差产生在加工表面的法线方向，则对加工精度构成直接影响，即为误差敏感方向；若位移产生在加工表面的切线方向，则不会对加工精度构成直接影，即为误差非敏感方向。

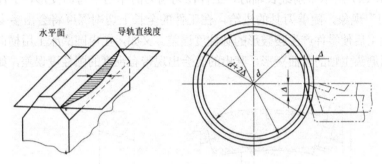

图1-87　车床导轨在水平面内直线度误差的影响

减小导轨误差对加工精度的影响一方面可以通过提高导轨的制造、安装和调整精度来实现，另一方面也可以利用误差非敏感方向来设计安排定位加工。如转塔车床的转塔刀架设计就充分注意到这一点，其转塔定位选在了误差非敏感方向上。

（3）传动链误差

传动链误差产生的原因：传动元件的制造误差、传动元件的装配误差、使用过程中的磨损。减少传动链误差对加工精度的影响，可采取的措施有缩短传动链、提高传动链的制造精度和装配精度、设法消除传动链的间隙、采用误差校正机构提高传动精度。

3）刀具的制造误差与磨损

定尺寸刀具以刀具尺寸误差为主；成形刀具以刀具形状误差为主。减少刀具制造误差对加工精度的影响的措施提高制造精度、合理选择刀具材料、切削用量、刀具几何参数、冷却润滑、准确刃磨，减少磨损。

4）夹具的制造误差与磨损

夹具的制造误差主要是定位元件、夹紧元件、导向元件、分度元件、夹具体等的制造误差。还有夹具安装、工件装夹等误差对加工精度也会带来很大影响。夹具的磨损主要是定位元件和导向元件的磨损。为减少夹具误差对加工精度的影响，夹具的制造误差必须小于工件的公差，并及时更换易损件。

2. 工艺系统受力变形引起的误差及改善措施

由于工艺系统是一个弹性系统，在加工过程中由于切削力、传动力、惯性力、夹紧力以及重力等的作用，会产生相应的变形。这种变形将破坏工艺系统间已调整好的刀具与工件之间的正确位置关系,从而产生加工误差。工艺系统抵抗变形的能力越大,刚度越好,加工精度越高。

刚度是指工艺系统受外力作用后抵抗变形的能力,在上述力的作用下,工艺系统受力变形,刀具和工件相对退让。工艺系统在某一处的法向总变形 y 应是各组成环节在同一处的法向变形的叠加,即

$$\frac{1}{k} = \frac{1}{k_{jc}} + \frac{1}{k_{jj}} + \frac{1}{k_d} + \frac{1}{k_g}$$

式中:k_{jc}、k_{jj}、k_d、k_g——机床、夹具、刀具和工件的刚度。

如图 1-88(a)所示车削细长轴时,工件在切削力的作用下弯曲变形,工件因弹性变形而出现"让刀"现象,随着刀具的进给,在工件的全长上切削深度将会由多变少,然后再由少变多,加工后使零件产生腰鼓形的圆柱度误差。又如,在内圆磨床上用横向切入法磨孔时,由于内圆磨头主轴的弯曲变形,磨出的孔会出现带有锥度的圆柱度误差,如图 1-88(b)所示。

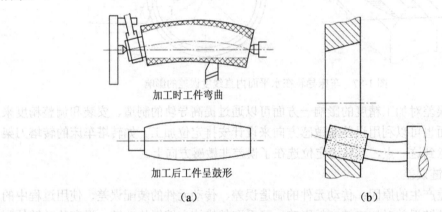

图 1-88 工艺系统受力变形引起的误差

如图 1-89 所示,由于工件毛坯的圆度误差,使车削时刀具的背吃刀量 a_p 在 a_{p1} 与 a_{p2} 之间变化,因此,切削分力 F_p 也随背吃刀量 a_p 的变化由 F_{pmax} 变到 F_{pmin}。根据前面的分析,工艺系统将产生相应的变形,即由 y_1 变到 y_2(刀尖相对于工件产生 y_1 到 y_2 的位移),车削后得到的工件仍然具有圆度误差,这种当车削具有圆度误差 $\Delta_m = a_{p1} - a_{p2}$ 的毛坯时,由于工艺系统受力变形的变化而使工件产生相应的圆度误差 $\Delta_g = y_1 - y_2$,这种现象称为"误差复映"。

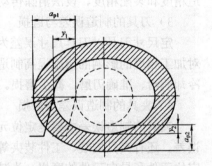

图 1-89 零件形状误差的复映

误差复映现象用误差复映系数 ε 表示。ε 是个小于 1 的正数,它定量地反映了毛坯误差经加工后减小的程度。ε 越小,加工后精度越高。减小 C 或增大 k 都能使 ε 减小。

当加工过程有多次走刀时,每次走刀的复映系数为 $\varepsilon_1, \varepsilon_2, \varepsilon_3, \cdots$,则总复映系数 $\varepsilon_总$,$\varepsilon_总 = \varepsilon_1 \varepsilon_2 \varepsilon_3 \cdots$,多次走刀后,$\varepsilon$ 成了一个远远小于 1 的数,所以经过多次走刀,则可能使

毛坯误差复映到工件上的误差减少到公差带允许值的范围内,故可大大提高加工精度,但也意味着生产率的降低。

【例6】 一个工艺系统,其误差复映系数为0.25,工件在本工序前的圆度误差0.5mm,为保证本工序0.01mm的形状精度,本工序最少走刀几次?

解:$0.5 \times (0.25)^n \leq 0.01$,得$n=3$。

2)减少工艺系统受力变形的措施

减少工艺系统受力变形的措施为提高表面配合质量,提高接触刚度、提高工件刚度、提高刀具刚度;改善材料性能、合理装夹工件,减少夹紧变形。

图1-90所示为夹紧力引起的加工误差。用三爪卡盘夹紧薄壁套筒车孔(见图1-90(a)),夹紧后工件呈三棱形(见图1-90(b)),车出的孔为圆形(见图1-90(c)),当松夹后套筒弹性变形恢复,孔就形成了三棱形(见图1-90(d))。所以加工中在套筒外面加上一个厚壁的开口过渡套(见图1-90(e)),或采用专用夹头,使夹紧力均匀分布在套筒上(见图1-90(f))。

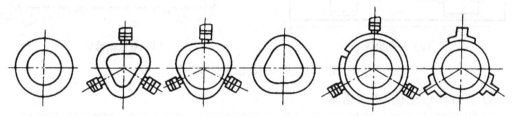

(a)零件　(b)三爪夹紧　(c)车孔　(d)工件变形　(e)过渡套装夹　(f)专用夹头装夹

图1-90　夹紧力引起的加工误差

3. 工艺系统热变形产生的误差及改善措施

在机械加工过程中,工艺系统在各种热源的影响下,产生复杂变形,破坏了工艺系统间的相对位置精度,破坏刀具与工件间相互运动的正确性,造成了加工误差。据统计,在某些精密加工中,由于热变形引起的加工误差约占总加工误差的40%~70%。热变形不仅降低了系统的加工精度,而且还影响了加工效率的提高。引起热变形的热源有内部热源(切削热、摩擦热、电气等)和外部热源(环境温度变化、取暖设备、热辐射等)。

1)机床的热变形及改善措施

影响机床的热变形的因素主要有电动机、电器和机械动力源的能量损耗转化发出的热;传动部件、运动部件在运动过程中发生的摩擦热;切屑或切削液落在机床上所传递的切削热;外界的辐射热。这些热都将或多或少地使机床床身、工作台和主轴等部件发生变形,如图1-91所示列举了几种常用机床的热变形趋势。

为了减小机床热变形对加工精度的影响,通常在机床大件的结构设计上采取对称结构或采用主动控制方式均衡关键件的温度;对发热量较大的部件,应采取足够的冷却措施或采取隔离热源的方法。在工艺措施方面,可让机床空运转一段时间之后,当其达到或接近热平衡时再调整机床,对零件进行加工,或将精密机床安装在恒温室中使用。

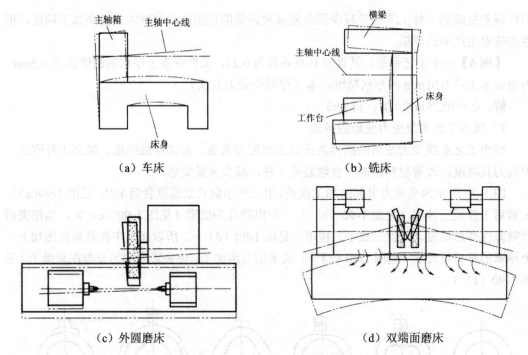

图 1-91 几种机床的热变形趋势

2) 工件的热变形及改善措施

由于切削热的作用，工件在加工过程中产生热变形，影响了尺寸精度和形状精度。为了减小热变形对加工精度的影响，常采用切削液的方法；也可通过选择合适的刀具或改变切削参数的方法来减少切削热或减少传入工件的热量；对大型或较长的工件，在夹紧状态下应使其末端能自由伸缩。图 1-92 所示为薄圆环磨削，虽近似均匀受热，但磨削时磨削热量大，工件质量小，温升高，在夹压处散热条件较好，该处温度较其他部分低，加工完毕工件冷却后，会出现棱圆形的圆度误差。

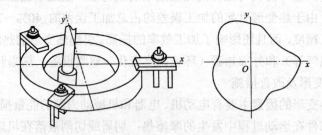

图 1-92 薄圆环磨削时热变形的影响

4. 工件内应力引起的误差及改善措施

所谓内应力，就是当外界载荷去掉后，仍残留在工件内部的应力。内应力是工件在加工过程中其内部宏观或微观组织因发生了不均匀的体积变化而产生的。

1) 内应力的成因及引起的误差

工件内应力所引起的误差包括零件的毛坯制造和切削加工中的内应力所引起的误差。

具有内应力的工件，处于一种不稳定状态中，其内部组织不断进行变化，直到内应力消失为止。在内应力变化的过程中，零件的形状逐渐地变化，原有的加工精度会逐渐地丧失。

图1-93所示为车床床身内应力引起的变形情况。铸造时，床身导轨表面及床腿面冷却速度较快，中间部分冷却速度较慢，因此形成了上下表层受压应力，中间部分受拉应力的状态。

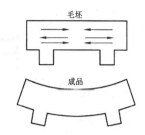

图1-93　床身因内应力引起的变形

当将导轨表面铣或刨去一层金属时，内应力将重新分布和平衡，整个床身将产生弯曲变形。

2）消除内应力的措施

在零件的结构设计中，应尽量简化结构，考虑壁厚均匀；在毛坯制造之后或粗加工后，精加工前，安排时效处理以消除内应力；切削加工时，应将粗、精加工分开在不同的工序进行，减少敲击振动、改变加工工艺和加工用量、采用特殊加工手段以减少对精加工的影响。

5．加工误差综合分析

各种单因素的加工误差，按其统计规律的不同，可分为系统性误差和随机性误差两大类。系统性误差又分为常值系统误差和变值系统误差。随机性误差是顺次加工一批工件，出现大小和方向不同且无规律变化的加工误差。加工误差的分析方法有分析计算法、统计分析法、综合法。

6．保证和提高加工精度的主要途径

保证和提高加工精度的主要途径有直接减少或消除原始误差、转移误差、均分原始误差、均化原始误差、就地加工、误差补偿技术。

任务三　机械加工表面质量

1．机械加工表面质量含义

重要知识 1.26　机械加工表面质量含义

机械加工表面质量是指零件经过机械加工后的表面层状态。主要包含以下两方面内容。

1）表面层的几何形状特征

表面层的几何形状特征如图1-94所示，主要由以下几部分组成。

（1）表面粗糙度。表面粗糙度是指加工表面上较小间距和峰谷所组成的微观几何形状特征，即加工表面的微观几何形状误差，一般用微观不平度的算术平均偏差Ra。

（2）表面波度。表面波度是介于宏观形状误差与微观表面粗糙度之间的周期性形状误差，它主要是由机械加工过程中低频振动引起的，应作为工艺缺陷设法消除。

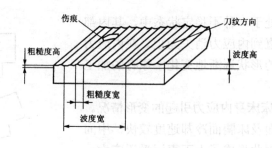
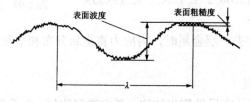

图 1-94 加工表面的几何特征

（3）表面加工纹理。表面加工纹理是指表面切削加工刀纹的形状和方向，取决于表面形成过程中所采用的机加工方法及其切削运动的规律。

（4）伤痕。伤痕是指在加工表面个别位置上出现的缺陷，如砂眼、气孔、划痕等，它们大多随机分布。

2）表面层的物理力学性能

表面层的物理力学性能主要指以下三个方面的内容。

（1）表面层的加工冷作硬化。表面层冷作硬化现象是指表面层因加工中塑性变形而引起表面层金属的强度和硬度增加，塑性降低的现象。

（2）表面层金相组织的变化。表面层金相组织的变化是指表面层因切削加工时切削热而引起的金相组织的变化。

（3）表面层的残余应力。表面层的残余应力是指表面层因机械加工产生强裂的塑性变形和金相组织的可能变化而产生的内应力。

2. 表面质量对零件使用性能的影响

表面质量对零件使用性能的影响主要体现在以下几方面。

1）对零件耐磨性的影响

零件的耐磨性不仅和材料及热处理有关，而且还与零件接触表面的粗糙度有关。

（1）表面粗糙度对耐磨性能的影响。零件表面粗糙度越大，磨损越快，但如果零件的表面粗糙度小于合理值，则由于摩擦面之间润滑油被挤出而形成干摩擦，从而使磨损加快。实验证明，最佳表面粗糙度 Ra 值大致为 0.3~1.2μm。另外，零件表面有冷作硬化层或经淬硬，也可提高零件的耐磨性。

（2）表面纹理及方向对耐磨性能的影响。纹理方向与运动方向相同较好。

（3）冷作硬化对耐磨性能的影响。表面硬化能提高耐磨性能，但过度的硬化，容易产生剥落。

（4）残余应力对耐磨性能的影响。一般压应力使结构紧密，耐磨性能好。

2）对零件疲劳强度的影响

（1）表面粗糙度对疲劳强度的影响。Ra 越小，抗疲劳性能越好。零件的疲劳破坏主要是当受到交变载荷时，由于表面有裂纹，缺口等缺陷而产生。另外，刀纹方向与受力方向的关系对抗疲劳性能也有较大的影响，一般来说，方向一致较好。

（2）冷作硬化的影响。冷作硬化提高抗疲劳强度，但也有的材料如钛合金在一定的温度下冷作硬化是不利的。

（3）残余应力的影响。残余应力为拉应力时，降低零件的疲劳强度，减少了产品的使用寿命。相反，残余压应力提高零件的疲劳强度。

3）对零件配合性质的影响

在间隙配合中，如果配合表面粗糙，磨损后会使配合间隙增大；在过盈配合中，则装配后表面的凸峰将被挤平，而使有效过盈减小。

3. 影响机械加工表面质量的工艺因素及改善措施

1）影响工件表面粗糙度的工艺因素

影响工件表面粗糙度的因素主要包括几何因素、物理因素和加工中工艺系统的振动。以车削为例来说明。

（1）几何因素。残留面积的高度称为轮廓最大高度，用 R_Z 表示。它直接影响加工表面的粗糙度，可按式（1-21）计算。

$$R_Z = \frac{f}{\cot k_r + \cot k_r'} \tag{1-21}$$

若刀尖为圆弧形，则轮廓最大高度 R_Z 为

$$R_Z \approx \frac{f^2}{8r_\varepsilon} \tag{1-22}$$

由式（1-21）和式（1-22）可知，减小主偏角 k_r 和副偏角 k_r'，增大刀尖圆弧半径 r_ε，都能减小残留面积的高度 H，也就减小了零件的表面粗糙度。

（2）物理因素。在切削加工过程中，刀具对工件的挤压和摩擦使金属材料发生塑性变形，引起原有的残留面积扭曲或沟纹加深，增大表面粗糙度。当采用中等或中等偏低的切削速度切削塑性材料时，产生积屑瘤将严重影响加工表面的表面粗糙度值。还可能在加工表面上产生鳞刺，使加工表面的粗糙度增加。

（3）振动的影响。在加工过程中，工艺系统有时会发生振动，振动的出现会使加工表面出现波纹，增大加工表面的粗糙度，强烈的振动还会使切削无法继续下去。

除上述因素外，造成已加工表面粗糙不平的原因还有被切屑拉毛和划伤等。

2）降低工件表面粗糙度的一般措施

降低工件表面粗糙度的一般措施是在切削加工前对材料进行调质或正火处理。通常采用低速或高速切削塑性材料，采用高效切削液，增强工艺系统刚度，提高机床的动态稳定性，都可获得好的表面质量。减小主偏角 k_r 和副偏角 k_r' 或增大刀尖圆弧半径 r_ε 或合适的修光刃或宽刃精刨刀、精车刀等，可减小表面粗糙度值。选用与工件材料适应性好的刀具材

料，避免使用磨损严重的刀具，适当增大前角和后角，这些均有利于减小表面粗糙度值。采用精密、超精密和光整加工。

4. 影响工件表面层物理力学性能的工艺因素

1）表面层残余应力

机械加工中工件表面层组织发生变化时，在表面层及其与基体材料的交界处就会产生互相平衡的弹性应力，这种应力就是表面层的残余应力。产生表面残余应力的原因：冷态塑性变形引起的残余应力；热态塑性变形引起的残余应力；金相组织变化引起的残余应力。

2）表面层冷作硬化

加工过程中产生的切削热会使工件表层金属温度升高，当升高到一定程度时，会使已强化的金属回复到正常状态，失去其在加工硬化中得到的物理力学性能，这种现象称为软化。因此，金属的加工硬化实际取决于硬化速度和软化速度的比率。

影响加工硬化的主要因素有刀具几何角度，刀具前角 γ_o 减小，切削刃半径增大，加工硬化严重，切削速度 v_c 增大，硬化层深度和硬度都有所减少。进给量 f 增大时，硬化现象增大；进给量 f 较小时，硬化现象也会增大。工件材料硬度越小硬化现象越大，硬化程度也越大。

3）表面层金相组织变化

当切削热使被加工表面温度超过相变温度后，表层金属组织将会发生变化。在磨削加工中，当温度升高到相界点时，表层金属就会发生金相组织变化，强度和硬度降低，产生残余应力，甚至出现裂纹，这种现象称为磨削烧伤。

5. 提高和改善工件表面层物理力学性能的措施

提高和改善工件表面层物理力学性能的措施：可以在工艺过程中增设表面强化工序来保证零件的表面质量。表面强化工艺包括化学处理、电镀和表面机械强化等几种。

（1）喷丸强化。喷丸强化工艺可用来加工各种形状的零件，加工后零件表面的硬化层深度可达 0.7mm，表面粗糙度值 Ra 可由 3.2μm 减小到 0.4μm，使用寿命可提高几倍甚至几十倍。

（2）滚压加工。滚压加工可使表面粗糙度 Ra 值从 1.25~5μm 减小到 0.8~0.63μm，表面层硬度一般可提高 20%~40%，表面层金属的耐疲劳强度可提高 30%~50%。

（3）液体磨料强化。液体磨料强化是利用液体和磨料的混合物高速喷射到已加工表面，以强化工件表面，提高工件的耐磨性、抗蚀性和疲劳强度的一种工艺方法。如图 1-95 所示，液体和磨料在 0.4~0.8MPa 压力下，经过喷嘴高速喷出，射向工件表面，借磨粒的冲击作用，碾压加工表面，工件表面产生塑性变形，变形层仅为几十微米。加工后的工件表面具有残余压应力，提高了工件的耐磨性、抗蚀性和疲劳强度。

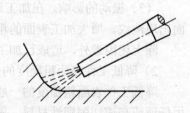

图 1-95 切削层残留面积高度

> **任务小结**

掌握加工质量的概念、工艺系统的几何误差及改善措施、工艺系统受力变形引起的误差及改善措施、工艺系统受热变形产生的误差及改善措施、工件内应力引起的误差及改善措施、表面质量对零件使用性能的影响、影响机械加工表面质量的工艺因素及改善措施。

> **每日一练**

1．表面质量包括哪些主要内容？试举例说明加工精度、加工误、公差的概念及它们之间的区别。

2．工件获得尺寸精度的方法有哪些？获得形状精度的方法有哪些？获得位置精度的方法有哪些？

3．简述保证和提高加工精度的主要途径。

4．什么是表面层加工硬化及衡量指标？

5．提高和改善工件表面层物理力学性能的措施有哪些？

项目八　轴类零件的加工

> **能力目标**

1．掌握轴类零件的特点和技术要求、轴类零件的材料、毛坯和热处理。
2．掌握轴类零件的加工工艺分析。

> **核心能力**

能编制中等复杂轴类零件的加工工艺。

任务一　轴类零件概述

1．轴类零件的功用与结构特点

轴类零件是机器中常见的重要零件，其主要功用是支承传动零部件回转并传递扭矩，同时又通过轴承与机器的机架连接。

轴类零件是旋转零件，其长度大于直径，由外圆柱面、圆锥面、内孔、螺纹及相应端面所组成。加工表面通常除了内外圆表面、圆锥面、螺纹、端面外，还有花键、键槽、横向孔、沟槽等。

根据功用和结构形状，轴类有多种形式，如光轴、空心轴、半轴、阶梯轴、花键轴、十字轴、偏心轴、曲轴、凸轮轴等，如图1-96所示。

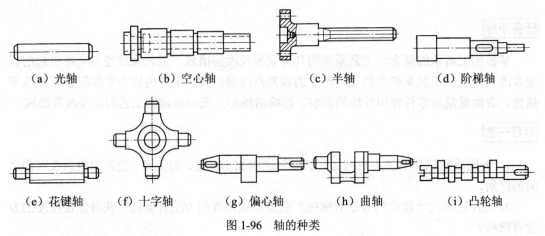

图 1-96 轴的种类

2. 轴类零件的技术要求

1）加工精度

（1）尺寸精度和几何形状精度

轴类零件的尺寸精度主要指轴的直径尺寸精度和轴长尺寸精度。其直径公差通常为 IT6～IT9 级，精密的轴颈也可达 IT5 级。轴长尺寸通常规定为公称尺寸，对于阶梯轴的各台阶长度按使用要求可相应给定公差。对于一般精度的轴颈，几何形状误差应限制在直径公差范围内，要求高时，应在零件图样上另行规定其允许的公差值。

（2）相互位置精度

通常普通精度的轴，配合轴颈对支撑轴颈的径向圆跳动一般为 0.01～0.03mm，高精度轴为 0.001～0.005mm。

此外，相互位置精度还有内外圆柱面的同轴度，轴向定位端面与轴心线的垂直度要求等。

2）表面粗糙度

一般情况下，支撑轴颈的表面粗糙度 Ra 值为 0.63～0.16μm；配合轴颈的表面粗糙度 Ra 值为 2.5～0.63μm。

3. 轴类零件的材料和热处理

常用的轴类零件材料有 35、45、50 优质碳素钢，以 45 钢应用最为广泛。经正火、调质、淬火等热处理工艺。对于受载荷较小或不太重要的轴也可用 Q235、Q255 等普通碳素钢。对于受力较大，轴向尺寸、重量受限制或者某些有特殊要求的可采用合金钢。中等精度、转速较高的轴类可选 40Cr 等合金结构钢，经调质和表面淬火处理可具有较好的综合力学性能；精度较高的轴可选用 Cr15 和弹簧钢 65Mn 等，经调质和表面淬火后其耐磨性、耐疲劳强度性能都较好；若是在高速、重载条件下工作的轴类零件，选用 20Cr、20CrMnTi、20Mn2B 等低碳钢或 38CrMoA1A 渗碳钢，经渗碳淬火或渗氮处理后，获得高的表面硬度、耐磨性和心部强度。球墨铸铁、高强度铸铁常在制造外形结构复杂的轴中采用。特别是我国研制的稀土——镁球墨铸铁，已被应用于制造汽车、拖拉机、机床上的重要轴类零件。

4. 轴类零件的毛坯

轴类零件的毛坯常见的有型材（圆棒料）和锻件。大型的、外形结构复杂的轴也可采用铸件。内燃机中的曲轴一般均采用铸件毛坯。型材毛坯分热轧或冷拉棒料，均适合于光滑轴或直径相差不大的阶梯轴。锻件毛坯一般用于重要的轴。

任务二 案例的决策与执行

轴类零件的加工工艺分析

轴类、套类和盘类零件是具有外圆表面的典型零件。外圆表面常用的机械加工方法有车削、磨削和各种光整加工方法。车削加工是外圆表面粗加工和半精加工方法；磨削加工是外圆表面主要精加工方法，特别适用于各种高硬度和淬火后的零件精加工；光整加工是精加工后进行的超精密加工方法，适用于某些精度和表面质量要求很高的零件。

在轴类零件中，车床主轴是最具代表性的零件，其工艺路线长，精度要求高，加工难度大，以车床主轴为例分析轴类零件的加工工艺。

1）主轴的技术条件分析

从图 1-1 所示的 CA6140 型车床主轴零件简图可以看出，主轴的技术要求有以下几个方面。

（1）支承轴颈是主轴部件的装配基准和运动基准，制造精度直接影响到主轴的回转精度。对支承轴颈提出了很高要求。

（2）主轴锥孔是用来安装顶尖或工具锥柄的，其中心必须与支承轴颈的中心线同轴，否则会使工件产生圆度、同轴度等误差。

（3）主轴前端圆锥面和端面是安装卡盘的定位表面，为了保证卡盘的定心精度，锥表面必须与支撑轴颈同轴，而端面必须与主轴的回转中心线垂直。

（4）主轴轴向定位面与主轴回转中心线不垂直，会使主轴产生周期性的轴向窜动，当加工工件的端面时，就会影响工件端面的平行度及其对中心线的垂直度。当加工螺纹时，就会造成螺距误差。

（5）主轴上螺纹表面中心与支承轴颈中心线歪斜时，会引起主轴部件上锁紧螺母的端面跳动，导致滚动轴承内圈中心线倾斜，引起主轴径向跳动。所以加工主轴上的螺纹表面，必须控制其中心线与支承轴颈中心线的同轴度。

2）车床主轴加工工艺过程

经过对主轴的结构特点、技术要求进行分析后，可根据生产批量、设备条件等考虑主轴的工艺过程。如表 1-24 所示是成批生产 CA6140 型车床主轴的关键过程。

表 1-24 CA6140 型车床主轴加工工艺过程

序 号	工序名称	工序简图	加工设备
1	准料		
2	精锻		立式精锻机
3	热处理	正火	
4	锯头		
5	铣端面、钻中心孔		专用机床
6	荒车	车各外圆表面	卧式车床

续表

序号	工序名称	工序简图	加工设备
7	热处理	调质 220-240HBW	
8	车大端面	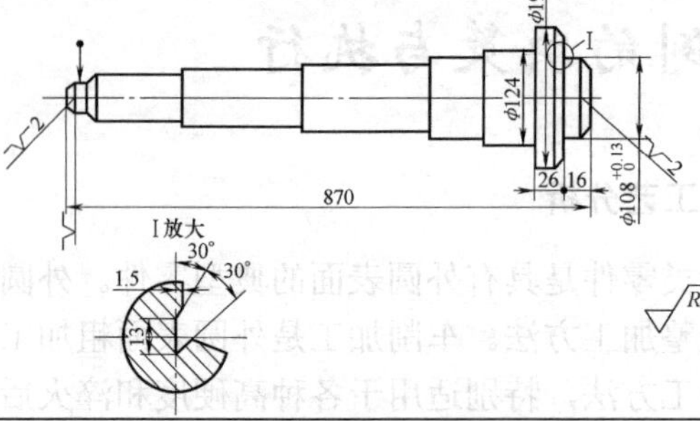	卧式车床
9	仿形车小端各部	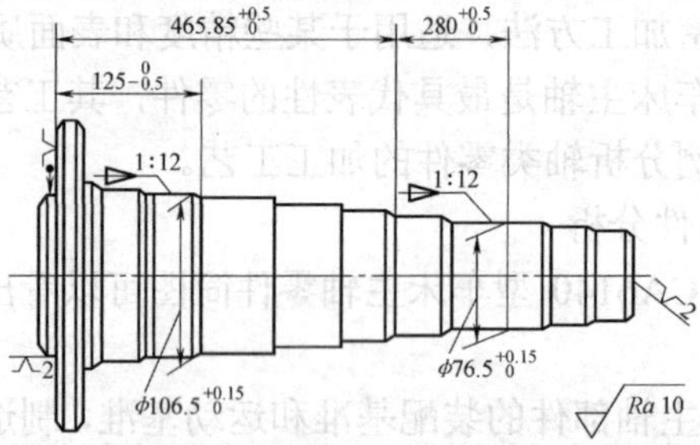	仿形车床
10	钻深孔	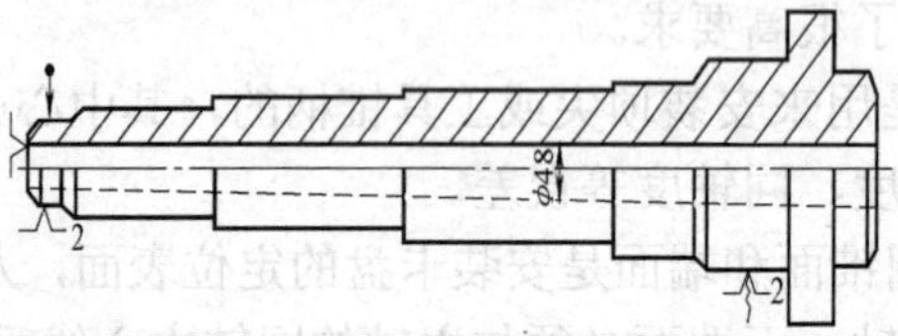	深孔钻床
11	车小端内锥孔	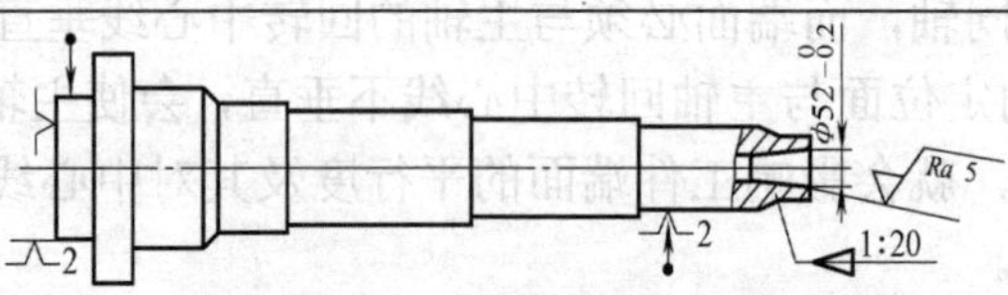	卧式车床
12	车大端锥孔车外短锥面及端面	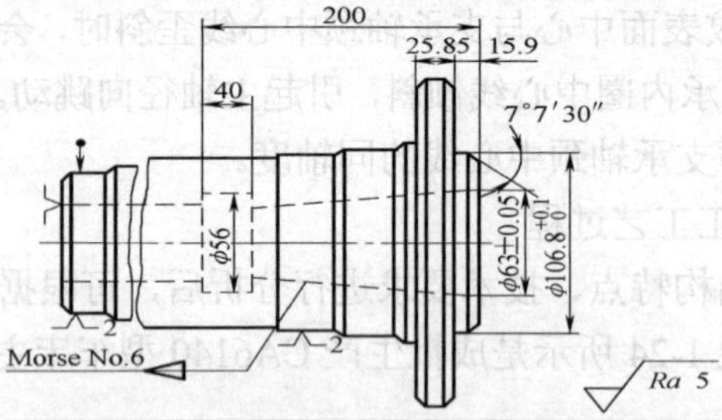	卧式车床
13	钻大端锥面各孔	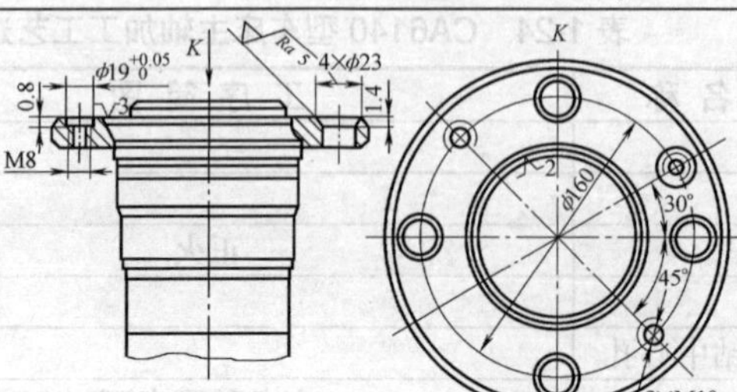	Z55 钻床

序号	工序名称	工序简图	加工设备
14	热处理	高频淬火 φ90g6、短锥及莫氏 6 号锥孔	
15	精车各外圆并车槽	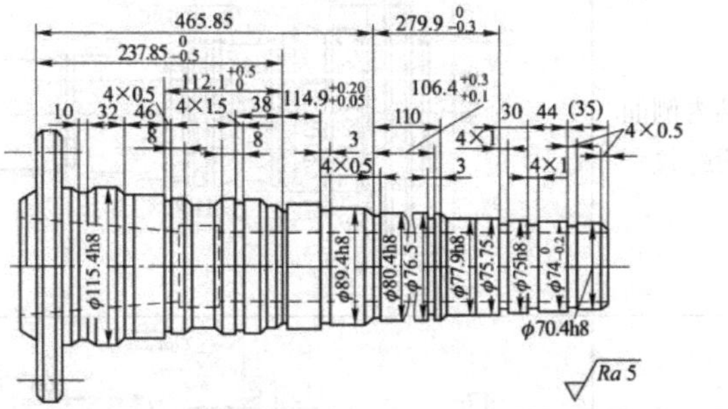	数控车床
16	粗磨外圆二段	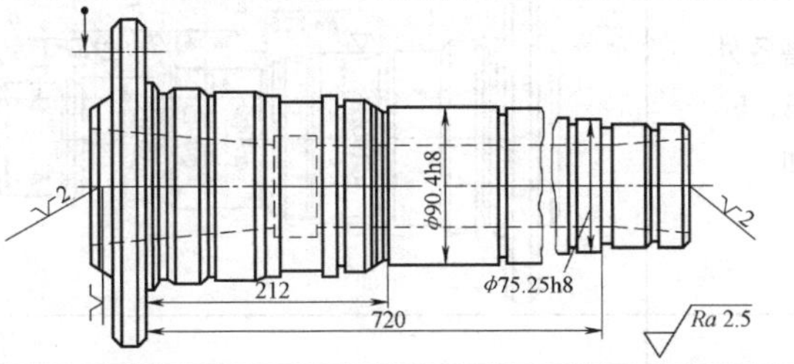	万能外圆磨床
17	粗磨莫氏锥孔	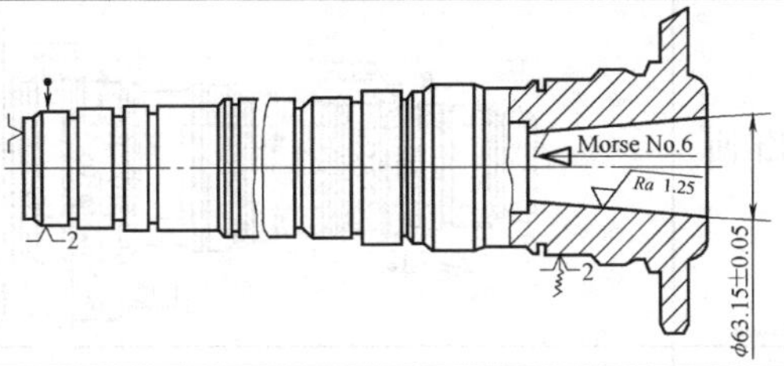	内圆磨床
18	粗精铣花键	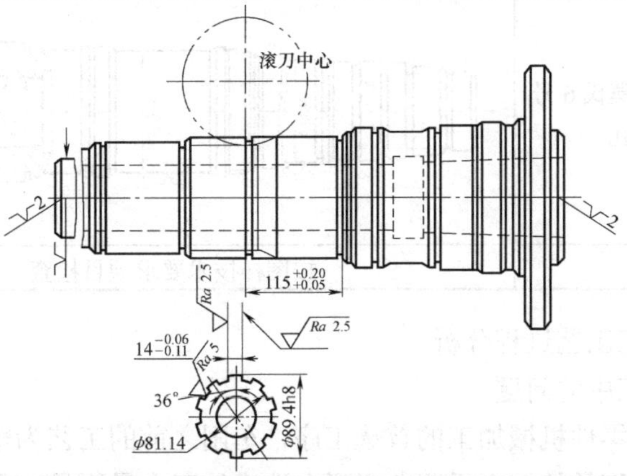	花键铣床
19	铣键槽	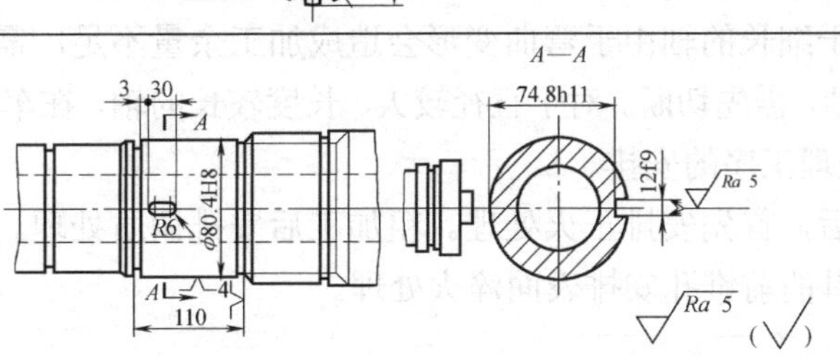	铣床

序号	工序名称	工序简图	加工设备
20	车大端内侧面及三段螺纹	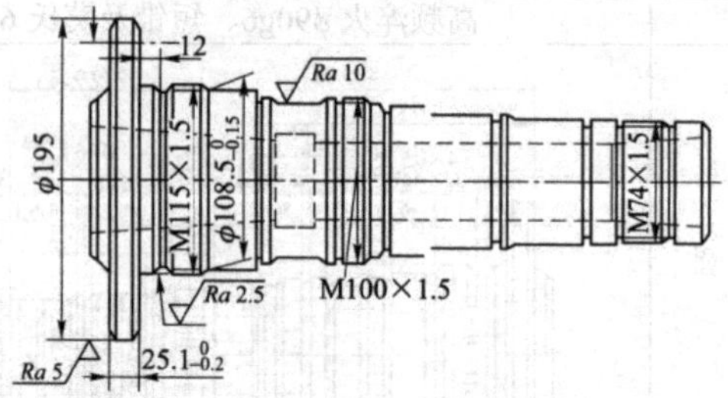	卧式车床
21	粗精磨各外圆及E、F两端面	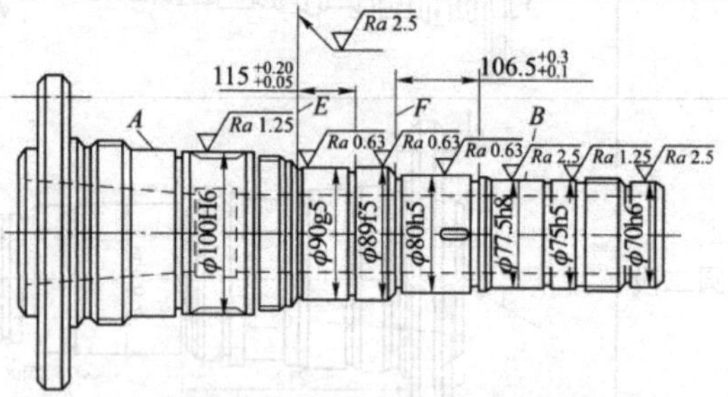	万能外圆磨床
22	粗精磨圆锥面	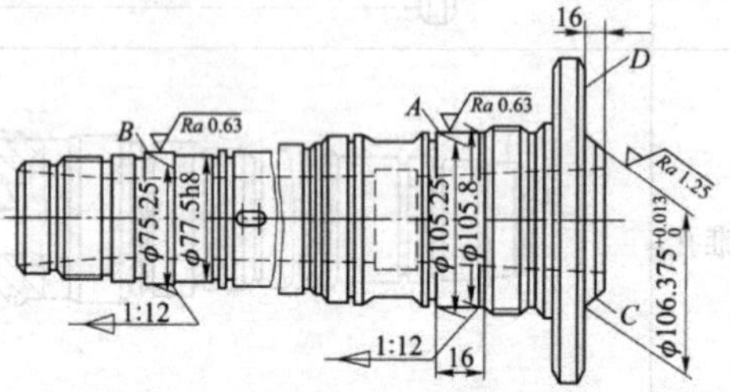	专用组合磨床
23	精磨莫氏6号内锥孔	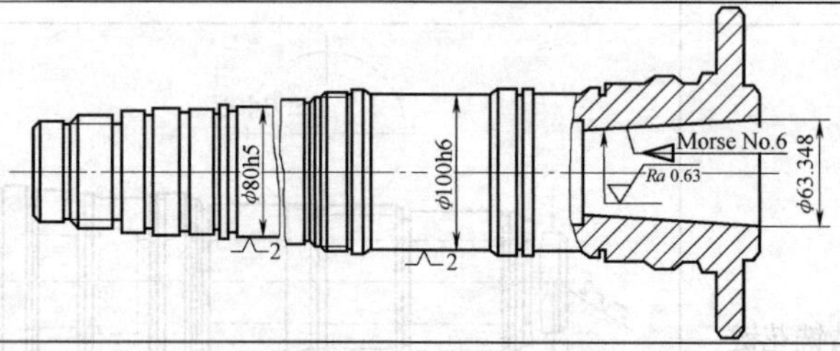	主轴锥孔磨床
24	检查	按图样技术要求项目检查	

3）主轴加工工艺过程分析

（1）预加工中的问题

车削是轴类零件机械加工的首选工序，车削之前的工艺为轴加工的预备加工。预加工的内容有：对于细长的轴由于弯曲变形会造成加工余量不足，需要进行校正。对于直接用棒料为毛坯的轴，需先切断。对于直径较大、长度较长的轴，在车削外圆之前加工好中心孔。

（2）热处理工序的安排

毛坯锻造后，首先安排正火处理。粗加工后安排调质处理。对有相对运动的轴颈表面和经常装卸工具的前锥孔安排表面淬火处理。

（3）定位基准的选择

轴类零件的定位基准不外乎两端中心孔和外圆表面。只要可能，应尽量选两端中心孔为定位基准。用两端中心孔定位，既符合基准重合原则，又符合基准统一原则。若不能用中心孔作为定位基准，则可采用外圆表面作为定位基准。

在空心主轴加工过程中，通常采用外圆表面和中心孔互为基准进行加工，在机加工开始，先以支承轴颈为粗基准加工两端面和中心孔，再以中心孔为精基准加工外圆表面。在内孔加工时，以加工后的支承轴颈为精基准，在内孔加工完成后，如图1-97（a）所示的锥套心轴或如图1-97（b）所示的锥堵定位精加工外圆表面，保证各表面间的相互位置精度。最后以精加工后的支承轴劲定位精磨内孔。

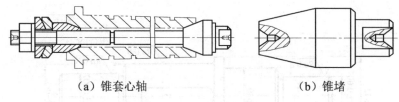

（a）锥套心轴　　　　　　　（b）锥堵

图1-97　锥套心轴和锥堵

4）加工阶段的划分

由于主轴是多阶梯带通孔的零件，切除大量金属后，会引起内应力重新分布而变形。因此在安排工序应粗、精加工分开，可划分为粗加工、半精加工和精加工3个阶段。粗加工阶段完成铣端面、钻中心孔、粗车外圆等。半精加工阶段完成半精车外圆、钻通孔、成两端锥孔等。精加工阶段完成粗磨外圆、粗磨锥孔、精磨外圆、精磨锥孔等。

5）加工顺序的安排

对主轴加工工序安排大体如下：准备毛坯→正火→切端面、钻中心孔→粗车→调质→半精车→精车→表面淬火→粗、精磨外圆表面→磨内锥孔。在安排工序时，应注意深孔加工应安排在调质以后进行。深孔加工应安排在外圆粗车或半精车之后，以便有一个较精确的轴颈作为其定位基准，保证深孔与外圆同轴及主轴壁厚均匀。外圆表面的加工顺序，先加工大直径外圆，后加工小直径外圆，以免一开始就降低了工件的刚度。主轴上的花键、键槽等次要表面的加工，一般都安排在外圆精车或粗磨之后进行。对主轴上的螺纹和不淬火部位的精密小孔等，为减小其变形，最好安排在淬火后加工。

任务小结

通过典型轴类零件的加工工艺分析，最终能编制出在现有的生产条件下如何采用经济有效的加工方法，并将若干加工方法以合理路径安排，以获得符合产品要求的中等复杂零件的加工工艺。

每日一练

1．试制订如图1-98所示小轴单件小批生产和中批生产的加工工艺过程。
2．试编制如图1-99所示的阶梯轴加工工艺过程（单件小批、大批量生产）。

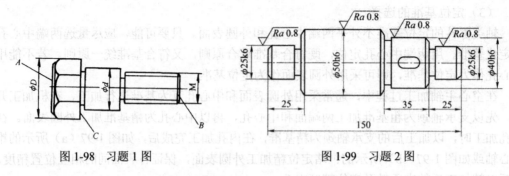

图 1-98 习题 1 图　　　　　图 1-99 习题 2 图

3．试编制如图 1-100 所示的阶梯轴加工工艺过程（小批生产）。

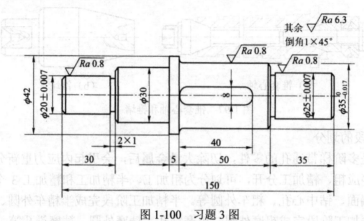

图 1-100 习题 3 图

4．试编制如图 1-101 所示的轴加工工艺过程（中批生产）。

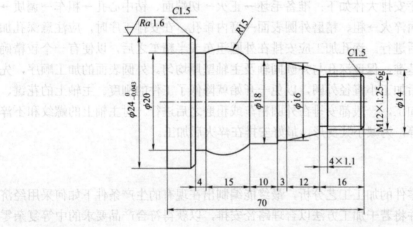

图 1-101 习题 4 图

5．图 1-102 所示为某减速箱传动轴，工件材料 45 钢，小批或中批生产，调质处理 220～350HBS。试编制加工工艺。

6．如图 1-103 所示为一轴承套，材料为 ZQSn6-6-3，批量生产，试编制其加工工艺。

7．如图 1-104 所示为液压缸套零件图，生产纲领为成批生产，试编制其加工工艺。

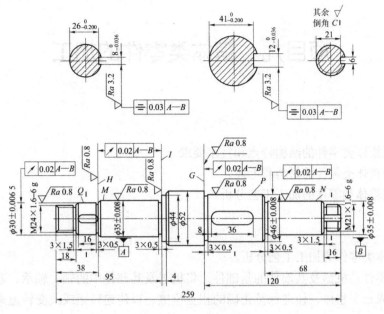

图 1-102 习题 5 图

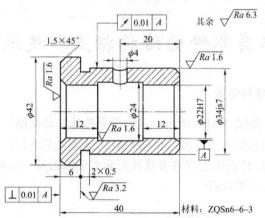

图 1-103 习题 6 图

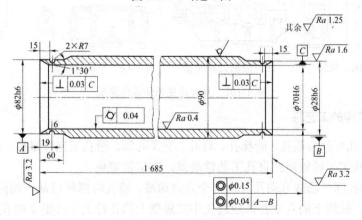

图 1-104 习题 7 图

项目九　箱体类零件的加工

能力目标

1. 掌握箱体类零件的结构特点和技术要求。
2. 掌握箱体类零件的材料和毛坯。
3. 掌握箱体类零件的加工工艺分析。

核心能力

能对箱体类零件的加工工艺分析。

箱体类零件是机器及其部件的基础件，将机器及其部件中的轴、轴承、套和齿轮等有关零件装配成一个整体，使之保持正确的相互位置，以传递转矩或改变转速来实现规定的运动。

任务一　箱体类零件的结构特点和技术要求

1. 箱体类零件的结构特点

箱体的种类很多，如图 1-105 所示是几种常见箱体零件简图。各类箱体类零件尽管形状各异、尺寸不一，但它们均有空腔，结构复杂，壁薄且不均匀，在箱壁上有许多精度较高的轴承支承孔和平面，外表面上有许多基准面和支承面以及一些精度要求不高的紧固孔，加工部位多，加工难度大等特点。

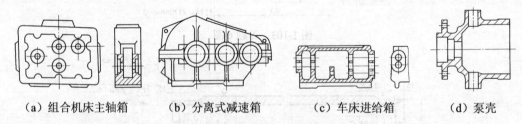

(a) 组合机床主轴箱　　(b) 分离式减速箱　　(c) 车床进给箱　　(d) 泵壳

图 1-105　几种常见箱体零件简图

2. 箱体结构的工艺性

（1）基本孔可分为通孔、阶梯孔、盲孔、交叉孔等，通孔工艺性最好；深孔、阶梯孔、相贯通的交叉孔工艺性较差；盲孔工艺性最差，应尽量避免。

（2）同轴孔同一轴线方向孔径向一个方向递减，镗孔时镗杆可从一端伸入，逐个加工或同时加工同一轴线上的几个孔，应避免中间隔壁上的孔径大于外壁上的孔径。

(3) 装配基面为便于加工、装配和检验，尺寸应尽可能大，形状应尽可能简单。

(4) 凸台应尽可能在同一平面上。紧固孔和螺孔尺寸和规格应尽可能一致。肋板、肋条、圆角等保证箱体的动刚度和抗振性。

3. 箱体类零件的主要技术要求

箱体类零件以机床主轴箱精度要求最高，现以如图 1-106 所示的某车床主轴箱为例，可归纳为以下几项精度要求。

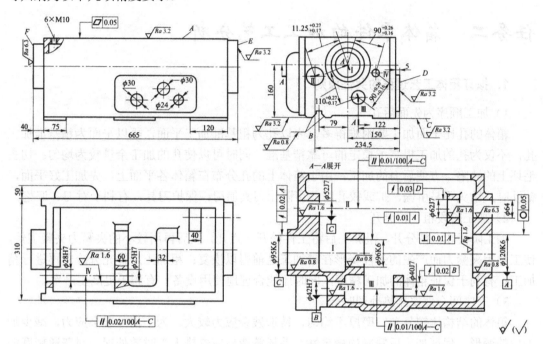

图 1-106　某车床主轴箱简图

1）孔径精度

主轴孔尺寸精度为 IT6 级，其余孔为 IT6～IT7 级，孔的几何形状误差控制在尺寸公差范围之内。

2）孔与孔及平面的位置精度

同一轴线上各孔的同轴度误差和孔端面对轴线的垂直度误差，一般同轴上各孔的同轴度约为孔尺寸公差之半。一般要规定主轴轴线对安装基面的平行度公差。在垂直和水平两个方向上允许主轴前端向上向前偏。

3）主要平面的精度

底面和导向面必须平直和相互垂直；其平面度、垂直度公差等级为 5 级。顶面的平面度要求是为了保证箱盖的密封性，防止工作时润滑油泄出。当大批大量生产将其顶面用作定位基面加工孔时，对它的平面度要求还要提高。

4）表面粗糙度

一般主轴孔为 $Ra=0.4\mu m$，其他各纵向孔为 $Ra=1.6\mu m$，孔的端面为 $Ra=3.2\mu m$，装配基准面和定位基准面为 $Ra=0.63～2.5\mu m$，其他平面则为 $Ra=2.5～10\mu m$。

5）箱体类零件的材料和毛坯

箱体类零件的材料一般用 HT200~400 灰铸铁，常用的牌号为 HT200，精度要求较高的坐标镗床主轴箱可选用耐磨铸铁，负荷大的主轴箱也可采用铸钢件。对单件生产或者某些简易机床的箱体也采用钢材焊接结构。

毛坯为铸件，毛坯余量视生产批量和铸造方法等而定，浇铸后应退火。单件小批生产直径大于 50mm 的孔，成批生产直径大于 30mm 的孔，一般都在毛坯上铸出。

任务二　箱体零件的加工工艺分析

1．拟订箱体工艺过程的共性原则

1）加工顺序为先面后孔

箱体的孔比平面加工要困难得多，先以孔为粗基准加工平面，再以平面为精基准加工孔，不仅为孔的加工提高了稳定的可靠精基准，同时可以使孔的加工余量较为均匀；切去毛坯上的缺陷，方便后面的加工；由于箱体上的孔分布在箱体各平面上，先加工好平面，钻孔时，钻头不易引偏，扩或铰孔时，可防止刀具崩刃；保护刀具，有利于对刀、调整。

2）加工阶段粗、精分开

加工阶段粗、精分开，粗加工后将工件松开一点儿，然后再用较小的夹紧力夹紧工件，使工件因夹紧力而产生的弹性变形在精加工之前得以恢复；粗加工后待充分冷却再进行精加工；有利于保证箱体的加工精度，同时还能合理地使用设备，有利于提高生产率。

3）工序间合理安排热处理时效

箱体的结构比较复杂，壁厚不均匀，铸造残余应力较大。为了消除残余应力，减少加工后的变形，保证加工后精度的稳定性，毛坯铸造后应安排人工时效处理。对普通精度的箱体，一般在毛坯铸造之后安排一次人工时效即可，而对一些高精度的箱体或形状特别复杂的箱体，应在粗加工之后再安排一次人工时效处理，以消除粗加工所造成的内应力，进一步提高箱体加工精度的稳定性。

2．不同批量箱体生产的特殊性

1）粗基准的选择

箱体零件通常选择箱体上重要孔作为粗基准，如车床主轴箱主轴孔。以主轴孔为粗基准只能限制工件的 4 个自由度，一般还需选一个与主轴孔相距较远的孔（见图 1-106 中 II 轴孔）为粗基准，以限制围绕主轴孔回转的自由度。

2）精基准的选择

箱体加工精基准的选择主要取决于生产批量，有以下两种方案。

（1）单件小批量用装配基准作为定位基准。加工如图 1-106 所示的主轴箱，可选择箱体的导向面 B、底面 C 作为精基准加工孔系和其他平面。因为 B、C 面既是主轴孔的设计基准，又与箱体的主要纵向孔系、端面、侧面有直接的相互位置关系，以它作为统一的定位基准加工上述表面时，不仅消除了基准不重合误差，有利于保证各表面的相互位置精度，而且在加工各孔时，箱口朝上，便于安装调整刀具、测量孔尺寸、观察加工情况和加注切削液等。这种定位方式适用于单件小批生产，适用于机床是通用机床和加工中心、刀具系统刚性好及箱体中间壁上的孔距端面较近的情况。当刀具系统的刚性较差，箱体中间壁上的孔距端面较远时，需要在箱体内部设置刀杆的导向支承。但由于箱口朝上，中间导向支承需要装在如图 1-107 所示的吊架装置上，这种悬挂的吊架刚性差，安装误差大，影响箱体孔系的加工精度。并且，工件与吊架的装卸很不方便。因此，这种定位方式不适用于大批大量生产。

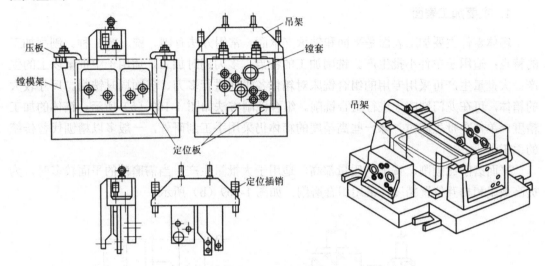

图 1-107　吊架式镗模夹具

（2）大批大量生产则采用一面双孔作为定位基准。车床主轴箱常以顶面和两定位销孔为精基准，如图 1-108 所示。此时，箱口朝下，中间导向支架可固定在夹具体上，由于简化了夹具结构，提高了夹具刚度，同时工件的装卸也比较方便，因而提高了孔系的加工质量和生产率。但是，主轴箱的这一定位方式也有不足之处，例如定位基准与设计基准不重合，产生了基准不重合误差。为了保证箱体的加工精度，必须提高作为定位基准的箱体顶面和两个定位销孔的加工精度。因此，在主轴箱的工艺过程中安排了磨顶面 A 和在顶面 A 上钻、扩、铰两个定位工艺孔工序。在大批生产中，由于广泛采用了自动循环的组合机床、定尺寸刀具以及在线检测和误差补偿装置，加工过程比较稳定。

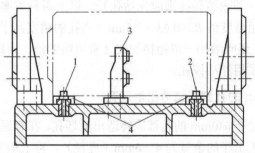

1、2—定位销　3—导向支架　4—定位支承板

图 1-108　箱体以一面两孔定位的镗模及其尺寸链

3）所用设备依批量不同而异

单件小批量生产用通用设备,大批量生产广泛使用组合加工机床与输送装置组成的自动线进行加工,如多轴龙门铣床、组合磨床、多工位组合机床、专用镗床等。

任务三 箱体平面和孔系的加工方法

1. 主要加工表面

箱体零件主要加工表面是平面和轴承支承面,常用方法有刨、铣、磨 3 种。刨削加工的特点:适用于单件小批生产。铣削加工的特点:多刀同时加工,适用于中批量以上的生产;大批量生产可采用专用的组合铣床对箱体各平面进行多刀、多面同时铣削。尺寸较大的箱体,可在龙门铣床上进行组合铣削。组合铣削方法如图 1-109(a)所示。箱体的加工精度,单件小批生产时,除一些高精度的箱体仍采用手工刮研外,一般多以精刨代替传统的手工刮研。

平面磨削比刨削、铣削的质量都高,适用于大批量生产;当需磨削的平面较多时,为提高效率和相互位置精度,常用组合磨削,如图 1-109(b)所示。

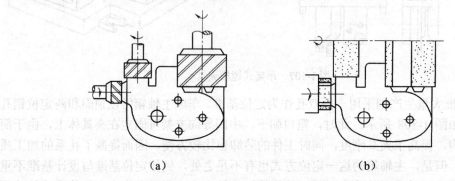

图 1-109 箱体平面的组合铣削和磨削

2. 箱体轴承支承孔加工

箱体上精度为 IT7 级的轴承孔一般需经 3～4 次加工。可采用镗—粗铰—精铰或粗镗—半精镗—精镗加工方案(若未铸预孔则应先钻孔)。以上两种方案均能使孔的加工精度达到 IT7 公差等级,表面粗糙度值 Ra=0.63～2.5μm。当孔的精度高于 IT6 公差等级、表面粗糙度值 Ra<0.63μm 时,还应增加一道超精加工(常用精细镗、珩磨等)工序作为终加工;单件小批生产时,也可采用浮动铰孔。

3. 直径大于 φ30mm 的孔都应铸造出毛坯孔

一般情况下,直径大于 φ30mm 的孔都应铸造出毛坯孔,在普通机床上先完成毛坯的粗加工,留给加工中心加工工序的余量为 4～6mm(直径),再上加工中心进行面和孔的粗、精加工。通常分"粗镗—半精镗—孔端倒角—精镗"4 个工步完成。

4．直径小于 φ30mm 的孔可以不铸出毛坯孔

直径小于 φ30mm 的孔可以不铸出毛坯孔，孔和孔的端面全部加工都在加工中心上完成。可分为"锪平端面—打中心孔—钻—扩—孔端倒角—铰"等工步。有同轴度要求的小孔（小于 φ30mm），须采用"锪平端面—打中心孔—钻—半精镗—孔端倒角—精镗（或铰）"工步来完成，其中打中心孔需视具体情况而定。

5．先加工大孔，再加工小孔

在孔系加工中，先加工大孔，再加工小孔，特别是在大小孔相距很近的情况下，更要采取这一措施。

6．对于跨距较大的箱体的同轴孔加工，尽量采取调头加工的方法

对于跨距较大的箱体的同轴孔加工，尽量采取调头加工的方法，以缩短刀辅具的长径比，增加刀具刚性，提高加工质量。

7．螺纹加工

螺纹加工，一般情况下，M6mm 以上、M20mm 以下的螺纹孔可在加工中心上完成攻螺纹。M6mm 以下、M20mm 以上的螺纹可在加工中心上完成底孔加工，攻螺纹可通过其他手段加工。因加工中心的自动加工方式在攻小螺纹时，不能随机控制加工状态，小丝锥容易折断，从而产生废品，由于刀具、辅具等因素影响，在加工中心上攻 M20mm 以上大螺纹有一定困难。但这也不是绝对的，可视具体情况而定，在某些机床上可用镗刀片完成螺纹切削（用 G33 代码）。

8．车床主轴箱加工工艺过程

图 1-105 所示的车床主轴箱小批生产工艺过程如表 1-25 所示。

表 1-25　车床主轴箱小批生产工艺过程

序　号	工序内容	定位基准	设备
1	铸造		
2	时效		
3	喷底漆		
4	划线：保证主轴孔均有的加工余量，划 C、A 及 E、D 加工线		
5	粗、精加工顶面 A	按线找正	龙门刨床
6	粗、精加工 B、C 面及侧面 D	顶面 A，并校正主轴线	龙门刨床
7	粗、精加工两端面 E、F	B、C 面	龙门刨床
8	粗加工各纵、横向孔	B、C 面	卧式镗床
9	半精加工、精加工各纵、横向孔	B、C 面	卧式加工中心
10	加工顶面螺纹孔	B、C 面	钻床
11	清洗、去毛刺		
12	检验		

任务四 箱体加工的主要工序分析

箱体上一系列具有相互位置精度要求的孔称为孔系。孔系加工是箱体加工的主要工序，根据生产规模和孔系的精度要求可采用不同的加工方法。

1. 保证平行孔系孔距精度的方法

1）找正法

单件小批生产和用通用机床加工时，孔系加工常用的定位方法为划线找正。划线找正加工精度低，孔距误差较大，一般在±0.3～±0.5mm。可用心轴量规、样板或定心套等进行找正。图 1-110 所示为心轴和量规找正，将精密心轴插入镗床主轴内（或直接利用镗床主轴），然后根据孔和定位基面的距离用量规、塞尺校正主轴位置，镗第一排孔。镗第二排孔时，分别在第一排孔和主轴中插入心轴，然后采用同样方法镗第二排孔的主轴位置。

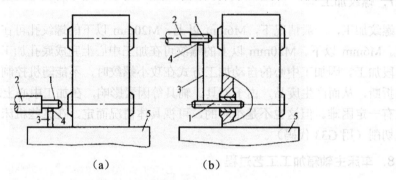

1—心轴　2—镗床主轴　3—量规　4—塞尺　5—工作台

图 1-110　心轴和量规找正

2）坐标法

在单件小批生产中有广泛的应用。将被加工孔系间的孔距尺寸换算为两个相互垂直的坐标尺寸，然后在普通卧式镗床、坐标镗床、数控镗床及加工中心等设备上，按此坐标尺寸精确地调整机床主轴与工件在水平和垂直方向的相对位置，通过控制机床的坐标位移量来间接尺寸精度。坐标法镗孔的孔距精度主要取决于坐标的移动精度。

采用坐标法加工孔系时，要特别注意选择原始孔和镗孔顺序。原始孔应位于箱壁的一侧，依次加工各孔时，工作台朝一个方向移动，以避免因工作台往返移动由间隙而造成的误差；原始孔应尽量选择本身尺寸精度高、表面粗糙度小的孔，便于检验其坐标尺寸。

3）镗模法

此法在中批以上生产中使用，可用于普通机床、专用机床和组合机床上。如图 1-111 所示，工件装在带有镗模板的夹具内，镗杆支承在镗模板的支承导向套里，机床主轴与镗杆之间采用浮动联接。孔距精度一般可达±0.05mm，孔径精度可达 IT7 级，孔的同轴度和平行度从一端加工可达 0.02～0.02mm，从两端加工可达 0.04～0.05mm。

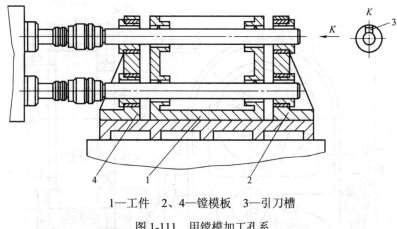

1—工件 2、4—镗模板 3—引刀槽

图 1-111 用镗模加工孔系

2. 保证同轴孔系同轴度的方法

1）利用已加工孔做支承导向

如图 1-112 所示，当箱体前壁上的孔径加工好后，在孔内装一导向套，通过导向套支撑镗杆加工后壁上的孔，以保证两孔的同轴度要求。此法适用于加工前后壁相距较远的同轴线孔。

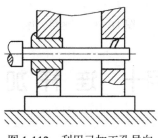

图 1-112 利用已加工孔导向

2）采用调头镗

当箱体前后壁相距较远时，可用"调头镗"。工件在一次装夹下，镗好一端的孔后，将工作台回转 180°，镗另一端的孔。对同轴度要求不高的孔，可选择普通镗床镗削；对同轴度要求高的孔，可选择卧式加工中心镗削。

任务小结

掌握箱体类零件的加工工艺分析（箱体类零件的表面加工方法的选择，箱体类零件定位基准的选择，拟订箱体工艺过程的共性原则，保证平行孔系孔距精度的方法：找正法、坐标法、镗模法，保证同轴孔系同轴度的方法：利用已加工孔支承导向、采用调头镗）。

每日一练

图 1-113 所示为某机床的变速箱壳体，试以小批生产条件制订其机械加工工艺规程。

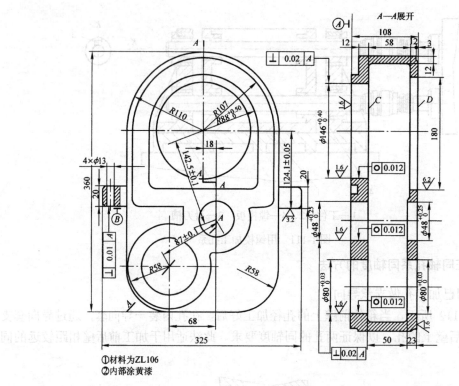

图 1-113 变速箱壳体

项目十 连杆加工

能力目标

1. 掌握连杆的结构特点。
2. 掌握连杆的加工工艺。

核心能力

掌握连杆的加工工艺。

任务一 连杆加工概述

1. 连杆的结构特点

连杆的形状复杂而不规律,而孔本身与平面之间的位置精度一般要求较高;杆身断面不大,刚度较差,易变形,如图 1-114 所示。

模块一 数控加工的工艺基础

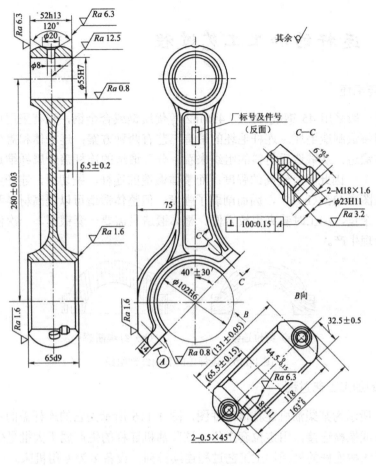

图 1-114 某柴油机连杆体零件图

2. 连杆的主要技术要求

连杆的技术如表 1-26 所示。

表 1-26 连杆的主要技术要求

技术要求项目	具体要求或数值	满足的主要性能
大、小头孔精度	尺寸公差等级 IT7~IT6 圆度、圆柱度 0.004~0.006mm	保证与轴瓦的良好配合
两孔中心距	±0.03~±0.05mm	气缸的压缩比
两孔轴线在两个互相垂直方向上的平行度	在连杆轴线平面内的平行度为：0.02~0.04:100 在垂直连杆轴线平面内的平行度为：0.04~0.06:100	使气缸壁磨损均匀和曲轴颈边缘减少磨损
大头孔两端面对其轴线的垂直度	(0.1:100)	减少曲轴颈边缘的磨损
两螺孔（定位孔）的位置精度	在两个垂直方向上的平行度为 0.02~0.04:100 对结合面的垂直度为：0.1~0.2:100	保证正常承载能力和大头孔轴瓦与曲轴颈的良好配合
连杆组内各连杆的质量差	±2%	保证运转平稳

任务二　连杆的加工工艺过程

1. 材料与毛坯

连杆材料一般采用 45 钢或 40Cr、45Mn2 等优质钢或合金钢，也有采用球墨铸铁的。钢制连杆都用模锻制造毛坯。连杆毛坯的锻造工艺有两种方案：连杆体和盖分开锻造、连杆体和盖整体锻造。从锻造后材料的组织来看，分开锻造的连杆盖金属纤维是连续的（见图 1-115（a）），因此具有较高的强度；而整体锻造的连杆，铣切后，连杆盖的金属纤维是裂开的（见图 1-115（b）），因而削弱了强度。但整体锻造可以提高材料利用率，减少结合面的加工余量，加工时装夹也较方便。整体锻造只需要一套锻模，一次便可锻成，有利于组织和管理生产。

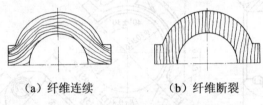

（a）纤维连续　　　　（b）纤维断裂

图 1-115　连杆盖的金属纤维组织

2. 连杆的加工工艺过程

图 1-114 所示为某柴油机连杆体零件图，图 1-116 所示为它的连杆盖的零件图。这两个零件用螺钉或螺栓连接，用定位套定位。该柴油机连杆的生产属于大批量生产，采用流水线加工，机床按连杆的机械加工工艺过程连续排列，设备多为专用机床。

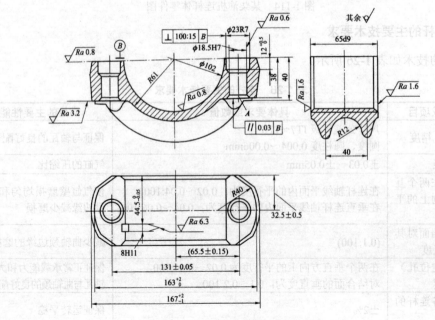

图 1-116　柴油机连杆盖体零件图

该连杆毛坯采用分开锻造工艺，先分别加工连杆体和连杆盖，然后合件加工。其机械加工工艺过程如表 1-27 和表 1-28 所示。

表 1-27 连杆加工工艺过程

连杆体			连杆盖			
工序号	工序内容	定位基准	工序号	工序内容	定位基准	机床设备
1	模锻		1	模锻		
2	调质		2	调质		
3	磁性探伤		3	磁性探伤		
4	粗、精铣两平面	大头孔壁，小头外廓端面	4	粗、精铣两平面	端结合面	立式双头回转铣床
5	磨两平面	端面	5	磨两平面	端面	立轴圆台平面磨床
6	钻、扩、铰小头孔，孔口倒角	大、小头端面，小头外廓工艺凸台				立式五工位机床
7	粗、精铣工艺凸台及结合面	大、小头端面，小头孔，大头孔	6	粗、精铣结合面	端肩胛面	立式双头回转铣床
8	连杆体两件粗镗大头孔，倒角	大、小头端面，小头孔，工艺凸台	7	连杆盖两件粗镗孔，倒角	肩胛面螺钉孔外侧	卧式三工位机床
9	磨结合面	大、小头端面，小头孔，工艺凸台	8	磨结合面	肩胛面	立轴矩台平面磨床
10	钻、攻螺纹孔，钻、铰定位孔	小头孔及端面工艺凸台	9	钻、扩沉头孔，钻、铰定位孔	端面，大头孔壁	卧式五工位机床
11	精镗定位孔	定位孔结合面	10	精镗定位孔	定位孔结合面	
12	清洗		11	清洗		

表 1-28 连杆合件加工工艺过程

工序号	工序内容	定位基准	机床设备
1	杆与盖对号		
2	磨平两面	大、小头端面	立轴圆台平面磨床
3	半精镗大头孔及孔口倒角	大、小头端面，小头孔工艺凸台	
4	精镗大、小头孔	大头端面，小头孔工艺凸台	金刚镗床
5	钻小头油孔及孔口倒角		
6	研磨大头孔		珩磨机
7	小头孔内压入活塞销轴承		
8	铣小头两端面	小、大头端面	
9	精镗小头轴承孔	大、小头孔	金刚镗床
10	拆开连杆盖		
11	铣杆与盖大头轴瓦定位销		
12	对号，装配		
13	退磁		
14	检验		

3. 连杆的加工工艺过程分析

1) 定位基准的选择

连杆加工工艺过程的大部分工序都采用统一的定位基准：一个端面、小头孔及其工艺凸台。这样有利于保证连杆的加工精度，而且端面的面积大，定位也比较稳定。

由于连杆的外形不规则，为了定位需要，在连杆体大头处做出工艺凸台，作为辅助基准面。

连杆大、小头断面分布在杆身的两侧，由于大、小头厚度不等，大头端面与同侧小头端面不在一个平面上，用这样的不等高面作为定位基准，必然会产生定位误差。制订工艺时，可把大、小头作成一样厚度，这样就可以避免上述缺点，而且由于定位面积加大，使得定位更加可靠，直到加工的最后阶段才铣出这个阶梯面。

2) 加工阶段的划分

连杆本身的刚度较低，在外力作用下容易变形，因此，在安排工艺过程时，应把各主要表面的粗、精加工工序分开，如大头孔先进行粗镗（工序 8），连杆合件加工后再半精镗大头孔（工序 3），精镗大头孔（工序 4）。

连杆工艺过程可分为以下 3 个阶段。

（1）粗加工阶段。粗加工阶段也是连杆体和盖合并前的加工阶段，如基准面（包括辅助基准）加工，为准备连杆体及盖合并所进行的加工（如结合面的铣、磨）等。

（2）半精加工阶段。半精加工阶段是连杆体和盖合并后的加工，如精磨两平面，半精镗大头孔及孔口倒角等。总之，是为精加工大、小头孔做准备的阶段。

（3）精加工阶段。精加工阶段是最终保证连杆主要表面——大、小头孔全部达到图样要求的阶段，如珩磨大头孔、精镗小头轴承孔等。

3) 确定合理的夹紧方法

连杆是一个刚性较差的工件，应十分注意夹紧力的大小、作用力的方向及着力点位置的选择，以免因受夹紧力的作用而产生变形，使得加工精度降低。

4) 主要表面的加工方法

（1）两端面的加工。连杆的两端面是连杆加工过程中最主要的定位基准面，而且在许多工序中使用。所以应先加工它，且随着工艺过程的进行要逐渐精化，以提高其定位精度。大批大量生产多采用拉削和磨削加工；成批生产多采用铣削和磨削。

（2）大、小头孔的加工。连杆大、小头孔的加工是连杆加工中的关键工序，尤其大头孔的加工是连杆加工中要求最高的部位，直接影响到连杆成品的质量。一般先加工小头孔，后加工大头孔，合装后再同时精加工大、小头孔。小头孔直径小，锻坯上一般不锻出预孔，所以小头孔首道工序为钻削加工。加工方案多为钻—扩（拉）—镗（铰）。无论采用整体锻还是分开锻，大头孔都会锻出预孔，因此大头孔首道工序都是粗镗（或扩）。大头孔的加工方案多为（扩）粗镗—半精镗—精镗。

在大、小头孔的加工中，镗孔是保证精度的主要方法。连杆的孔深与孔径比皆在 1 左右，这个范围镗孔工艺性最好，镗杆悬伸短，刚性好。大、小头孔的精镗一般都在专用的双轴镗床上同时进行，有条件的厂采用双面、双轴金刚镗床，对提高加工精度和生产率效果更好。

大、小头孔的光整加工是保证孔的尺寸、形状精度和表面粗糙度不可缺少的加工工序。一般有珩磨、金刚镗和脉冲式滚压 3 种方案。

（3）工艺路线多为工序分散。连杆加工多属大批量生产。其工艺路线多为工序分散。一部分工序用高生产率的组合和专用机床，并广泛地使用气动、液压夹具，以提高生产率，满足大批量生产的需要。

任务小结

掌握连杆的加工工艺。

每日一练

简述连杆的加工工艺。

模块二　数控车削加工工艺

案例引入

典型轴类零件如图 2-1 所示，零件材料为 45 钢，无热处理和硬度要求，试对该零件进行数控车削工艺分析。

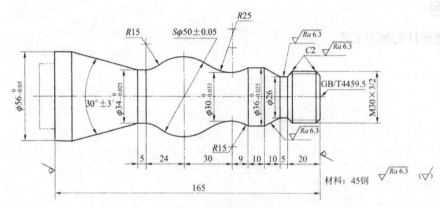

图 2-1　典型轴类零件

本模块（或技能）要点
1. 数控车削加工特点。
2. 数控车削加工工艺的主要内容。
3. 数控车削加工工艺文件编制。
4. 制订数控车削加工工艺规程。

项目一　数控车削简介

能力目标

1. 掌握数控车削加工特点。
2. 掌握数控车削加工工艺主要内容，数控车削的主要加工对象。
3. 了解数控车床的组成与布局及数控车床的分类。

核心能力

掌握数控车削的主要加工对象。

任务一 数控车床的组成及布局

1. 数控车床的组成

数控车床与普通车床相比较,其结构上仍然是由床身、主轴箱、刀架、进给传动系统、液压、冷却、润滑系统等部分组成。在数控车床上由于实现了计算机数字控制,伺服电动机驱动刀具做连续纵向和横向进给运动,所以数控车床的进给系统与普通车床的进给系统在结构上存在本质的差别。卧式车床主轴的运动经过挂轮架、进给箱、溜板箱传到刀架实现纵向和横向进给运动;而数控车床是采用伺服电动机经滚珠丝杠,传到滑板和刀架,实现纵向(Z向)和横向(X向)进给运动。可见数控车床进给传动系统的结构大为简化。

2. 数控车床的布局

数控车床的主轴、尾座等部件相对床身的布局形式与卧式车床基本一致。因为刀架和导轨的布局形式直接影响数控车床的使用性能及机床的结构和外观,所以刀架和导轨的布局形式发生了根本变化。另外,数控车床上一般都设有封闭的防护装置,有些还安装了自动排屑装置。

1)和导轨的布局

数控车床床身导轨与水平面的相对位置如图 2-2 所示,它有 5 种布局形式。一般来说,中、小规格的数控车床采用斜床身和卧式床身斜滑板的居多,只有大型数控车床或小型精密数控车床才采用平床身,立床身采用的较少。

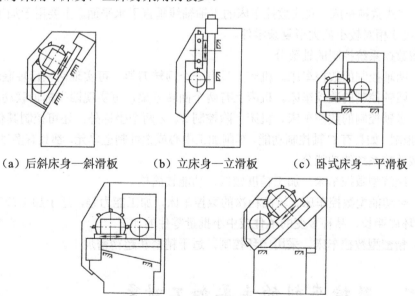

(a) 后斜床身—斜滑板　　(b) 立床身—立滑板　　(c) 卧式床身—平滑板

(d) 前斜床身—平滑板　　(e) 卧式床身—斜滑板

图 2-2 床身和导轨的布局

2）刀架的布局

按换刀方式的不同，数控车床的刀架主要有回转刀架和排式刀架。

（1）回转刀架。回转刀架是数控车床最常用的一种典型刀架系统。回转刀架在机床上的布局有两种形式：一种是适用于加工轴类和盘类零件的回转刀架，其回转轴与主轴垂直，如图 2-3 所示；另一种是适用于加工盘类零件的回转刀架，其回转轴与主轴平行，即转塔式刀架，如图 2-4 所示。它通过转塔头的旋转、分度、定位来实现机床的自动换刀工作。

（2）排式刀架。排式刀架一般用于小规格数控车床，以加工棒料或盘类零件为主。刀具的典型布置形式如图 2-5 所示。方刀架在中低档数控车床中也有使用。

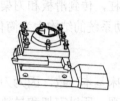  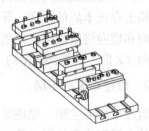

图 2-3　回转刀架　　　　图 2-4　转塔式刀架　　　　图 2-5　排式刀架

3. 数控车床的分类

1）按主轴的配置形式分

（1）卧式数控车床。卧式数控车床的主轴轴线处于水平设置。卧式数控车床又可分为数控水平导轨卧式车床和数控倾斜导轨卧式车床。倾斜导轨结构可以使数控车床具有更大的刚度，并易于排除切屑。

（2）立式数控车床。立式数控车床的主轴轴线垂直于水平面。主要用于加工径向尺寸大、轴向尺寸相对较小的大型复杂零件。

2）按数控系统控制的轴数分

（1）两轴控制的数控车床。机床上只有一个回转刀架，可实现两坐标轴联动。

（2）四轴控制的数控车床。机床上有两个回转刀架，可实现四坐标轴联动。

（3）多轴控制的数控车床。机床上除控制 X、Z 两个坐标外，还可控制其他坐标轴，实现多轴控制，如具有 C 轴控制功能。车削加工中心或柔性制造单元，都具有多轴控制功能。

3）按数控系统的功能分

（1）经济型数控车床。加工精度较低，功能较简单。

（2）全功能型数控车床。较高档次的数控车床，加工能力强，适于加工精度高、形状复杂、循环周期长、品种多变的单件或中小批量零件的加工。

（3）精密型数控车床。采用闭环控制，适于精密和超精密加工。

任务二　数控车削的主要加工对象

数控车床是目前使用最广泛的数控机床之一。数控车床主要用于加工轴类、盘状类等回转体零件。凡是能在数控车床上装夹的回转体零件都能在数控车床上加工。数控车削中心和数控车铣中心可在一次装夹中完成更多的加工工序。图 2-6 所示为最适合车削的几种零件。

（a）隔套零件　　　（b）阀门壳体件　　　（c）高压连接件　　　（d）连接套零件

图 2-6　数控车削加工对象

1. 要求高的回转体零件

1）精度要求高的回转体零件

由于数控车床刚性好，制造和对刀精度高，以及能方便和精确地进行人工补偿和自动补偿，所以能加工尺寸精度要求较高的零件。例如，尺寸精度高达 0.001mm 或更小的零件；圆柱度要求高的圆柱体零件；素线直线度、圆度和倾斜度均要求高的圆锥体零件；线轮廓要求高的零件；在特种精密数控车床上，还可以加工出几何轮廓精度高达 0.0001mm、表面粗糙度极小（Ra 达 0.02μm）的超精零件，以及通过恒线速切削功能，加工表面质量要求高的各种变径表面类零件等。

数控车削对提高位置精度特别有效。不少位置精度要求高的零件用普通的车床车削达不到要求，只能用后续的磨削或其他方法弥补。如图 2-7 所示的轴承内圈，原采用 3 台液压半自动车床和一台液压仿行车加工，需多次装夹，因而造成较大的壁厚差，达不到图纸要求，后改用数控车床加工，一次装夹即可完成滚道和内孔的车削，壁厚差大为减小，而加工质量稳定。

图 2-7　轴承内圈示意图

2）超精密、超低表面粗糙度的零件

磁盘、录像机磁头、照相机等光学设备的透镜及其模具，以及隐形眼镜等要求超高的轮廓精度和超低的表面粗糙度，适合于在高精度、高功能的数控车床上加工。

2. 轮廓形状特别复杂的回转体零件加工

由于数控车床的数控装置都具有直线和圆弧插补功能，还有部分车床数控装置有某些非圆曲线的插补功能，所以能车削任意平面曲线轮廓所组成的形状复杂的回转体零件，包括通过拟合计算处理后的、不能用方程描述的列表曲线类零件。

图 2-8 所示为壳体零件封闭内腔的成型面，"口小肚大"，在普通车床上是无法加工的，而在数控车床上则很容易加工出来。

3. 带横向加工的回转体零件

带有键槽或径向孔，或端面有分布的孔系以及有曲面的盘套或轴类零件，如带法兰的轴套、带有键槽或方头的轴类零件等，这类零件宜选车削加工中心加工。

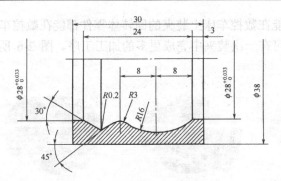

图 2-8　成型内腔壳体零件示例

4．带特殊螺纹的回转体零件

这些螺旋零件是指特大螺距（或导程）、变（增/减）螺距、等螺距与变螺距或圆柱与圆锥螺旋面之间做平滑过渡的螺旋零件，以及高精度的模数螺旋零件（如圆柱、圆弧蜗杆）和端面（盘形）螺旋零件等。包括丝杠的螺纹很适合于在数控车床上加工。

5．淬硬工件的加工

在大型模具加工中，有不少尺寸大而形状复杂的零件。这些零件热处理后的变形量较大，磨削加工有困难，而在数控车床上可以用陶瓷车刀对淬硬后的零件以车代磨，提高加工效率。

6．高效率加工

为了进一步提高车削加工效率，通过增加车床的控制坐标轴，就能在一台数控车床上同时加工出两个多工序的相同或不同的零件。

任务小结

掌握数控车削加工特点，数控车削加工工艺主要内容及主要加工对象。

每日一练

简述哪些零件适合在数控车床上加工？

项目二　数控车削加工工艺的制订

能力目标

掌握数控车削加工工艺的制订。

核心能力

能进行数控车削加工工艺文件编制。

任务一 零件图的工艺性分析

数控车削加工工艺制订得合理与否对程序编制、机床加工效率和零件的加工质量有重要影响。因此应遵循一般的工艺原则并结合数控车床的特点制订好零件的数控加工工艺。

1. 结构工艺性分析

在数控车床上加工零件时，应根据数控车床的特点，认真分析零件结构的合理性。在结构分析时，若发现问题应及时与设计人员或有关部门沟通并提出相应修改意见和建议。例如图2-9（a）所示零件，需要3把不同宽度的切槽刀切槽，如无特殊需要，显然是不合理的，若改成图2-9（b）所示结构，只需一把刀即可切出3个槽。减少了刀具数量，少占了刀架刀位，又节省了换刀时间。

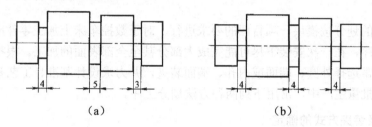

图2-9 结构工艺性示例

2. 构成零件轮廓的几何要素分析

在手工编程时要计算每个基点和节点坐标，在自动编程时，要对构成零件轮廓所有的几何要素进行定义。因此在分析零件图样时，要分析几何要素给定条件是否充分。由于设计等多方面的原因，可能在图样上出现构成加工零件轮廓的条件不充分，尺寸模糊不清且有缺陷，增加了编程工作的难度，有的甚至无法编程。图2-10所示的圆弧与斜线的关系要求为相切，但经计算后却为相交关系。又如图2-11所示，图样上给定的几何条件自相矛盾。

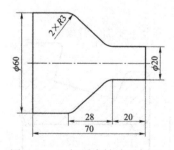

图2-10 几何要素缺陷示例一

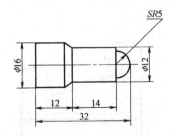

图2-11 几何要素缺陷示例二

3. 精度及技术要求分析

保证零件精度和各项技术要求是最终目标，只有在分析零件有关精度要求和技术要求的基础上，才能合理选择加工方法、装夹方法、刀具及切削用量等。如对于表面质量要求高的表面，应采用恒线速度切削；若还要采用其他措施（如磨削）弥补，则应给后续工序留有余量。对于零件图上位置精度要求高的表面,应尽量把这些表面在同一次装夹中完成。

4. 尺寸标注方法分析

在数控车床的编程中,点、线、面的位置一般都是以工件坐标原点为基准的。因此,零件图中尺寸标注应根据数控车床编程特点尽量直接给出坐标尺寸或采用同一基准标注尺寸。

5. 确定数控车削加工内容

应优先考虑普通车床无法加工的内容作为数控车床的加工内容;重点选择卧式车床难加工、质量也很难保证的内容作为数控车床加工内容;在普通车床上加工效率低、操作劳动强度大的加工内容可以考虑在数控车床上加工。

任务二 数控车削加工工序划分与设计

加工工序的划分按模块一项目四的要求进行。对于数控车床上加工零件应按工序集中的原则划分工序,在一次安装下尽可能完成大部分甚至全部表面的加工。根据零件的结构形状不同,通常选择外圆、端面或内孔、端面装夹,并力求设计基准、工艺基准和编程原点的统一。在批量生产中,常用下列两种方法划分工序。

1. 工序及装夹方式的确定

1) 按零件加工部位划分工序

按零件的结构特点分成几个加工部分,每个部分作为一道工序。将位置精度要求较高的表面安排在一次安装下完成。例如,图 2-12 所示的轴承内圈,其内孔对小端面的垂直度、滚道和大挡边对内孔回转中心的角度差以及滚道与内孔间的壁厚差均有严格的要求,精加工时划分成两道工序,用两台数控车床完成。第一道工序采用图 2-12 (a) 所示的以大端面和大外径装夹的方案,将滚道、小端面及内孔等安排在一次安装下车出,很容易保证了上述的位置精度。第二道工序采用图 2-12 (b) 所示的以内孔和小端面装夹方案,车削大外圆和大端面。

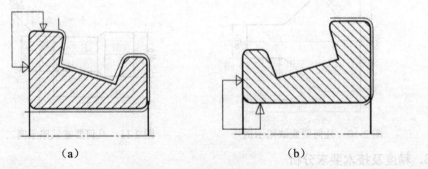

图 2-12 轴承内圈加工方案

2) 按粗、精加工划分工序

对毛坯余量较大、易变形或精度要求较高的零件,应将粗车和精车分开,划分成两道或更多的工序。将粗车安排在精度较低、功率较大的数控车床上进行，将精车安排在精度较高的数控车床上进行。这种划分工序一般不允许一次装夹就完成加工，而是粗加工时留出一定的加工余量，重新装夹后再完成精加工。下面以如图 2-13（a）所示的车削手柄零件为例，说明工序的划分及装夹方式的选择。

该零件加工所用的坯料为 ϕ32mm 棒料，批量生产，加工时用一台数控车床。其工序的划分及装夹方式为：第一道工序如图 2-13（b）所示将一批工件全部车出，包括切断，夹棒料外圆柱面，工序内容有：先车出 ϕ12mm 和 ϕ20mm 两圆柱面及圆锥面（粗车掉 R42mm 圆弧的部分余量），换刀后按总长要求留下加工余量切断。第二道工序如图 2-13（c）所示，用 ϕ12mm 外圆及 ϕ20mm 端面装夹，工序内容有：先车削包络 SR7mm 球面的 30°圆锥面，然后对全部圆弧表面半精车（留少量的精车余量），最后换精车刀将全部圆弧表面一刀精车成型。

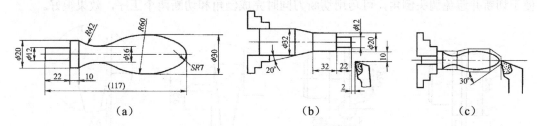

图 2-13　手柄加工示意图

2．加工顺序的确定

数控车削的加工顺序一般按照模块三中总体原则确定，下面针对数控车削的特点，制订零件车削加工顺序的原则。

1）先粗后精

按照粗车→半精车→精车的顺序进行，逐步提高加工精度。粗车将在较短时间内将工件表面上的大部分加工余量（如图 2-14 中的双点画线内所示部分）切掉，一方面提高金属切除率，另一方面满足精车的余量均匀性要求。若粗车后所留余量的均匀性满足不了精加工的要求时，则要安排半精车，以此为精车做准备。精车要保证加工精度，按图样尺寸，最终轮廓应由最后一刀连续加工而成。

2）先近后远

远与近是指加工部位相对于对刀点的距离大小而言的。在粗加工时，安排离对刀点近的部位先加工，离对刀点远的部位后加工，有利于保持毛坯或半成品的刚性，改善其切削条件。

如图 2-15 所示的零件，对这类直径相差不大的台阶轴，当第一刀背吃刀量（图 2-15 中最大背吃刀量可为 3mm 左右）未超限度时，刀具宜按 ϕ34mm→ϕ36mm→ϕ38mm 的顺序加工。如果按 ϕ38mm→ϕ36mm→ϕ34mm 的顺序安排车削，不仅会增加刀具返回换刀点所需的空行程时间，而且一开始就削弱了工件的刚性，还可能使台阶的外直角处产生毛刺（飞边）。

3）内外交叉

对既有内表面（内型、腔）又有外表面加工的零件，应先粗加工内外表面，然后精加工内外表面。加工内外表面时，通常先加工内型和内腔，然后加工外表面。切不可将零件上一部分表面（外表面或内表面）加工完毕后，再加工其他表面（内表面或外表面）。

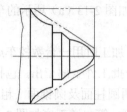
图2-14 先粗后精示例

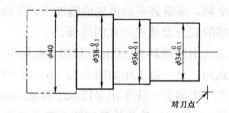
图2-15 先近后远示例

4）巧用切断（槽）刀

对切断面带一倒角要求的零件（见图2-16（a）），在批量车削加工中比较普遍，为了便于切断并避免调头倒角，可巧用切断刀同时完成倒角和切断两个工序，效果很好。

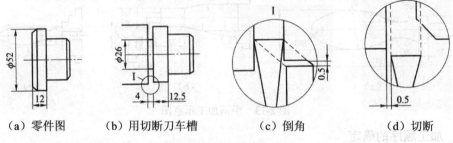

（a）零件图　　（b）用切断刀车槽　　（c）倒角　　（d）切断

图2-16 巧用切断刀

除上述原则外，还要尽量用一把刀加工完相应各部位后，再换另一把刀加工相应的其他部位。用做精基准的表面优先加工出来。这些原则并不是一成不变的，采取灵活可变的方案。

任务三　进给路线的确定

进给路线的确定原则是在保证加工质量的前提下，使加工程序具有最短的进给路线，这样不仅可以节省整个加工过程的执行时间，还能减少一些不必要的刀具消耗及机床进给滑动部件的磨损等。

因精加工的进给路线基本上都是沿其零件轮廓顺序进行的，因此确定进给路线的工作重点主要在于确定粗加工及空行程的进给路线。

1．确定最短的空行程路线

确定最短的走刀路线，除了依靠大量的实践经验外，还应善于分析，必要时辅以一些简单计算。现将实践中的部分设计方法或思路介绍如下。

1）灵活设置程序循环起点

如图2-17所示是采用矩形循环方式进行外轮廓粗车的一般情况示例。考虑到在精车等加工过程中换刀的安全、方便性，常将起刀点设在离坯件较远的位置 A 点处，同时，将起刀点和循环起点重合，按三刀粗车的进给路线，其走刀路线如图 2-17（a）所示。安排如下：

第一刀为 $A \to B \to C \to D \to A$。

第二刀为 $A \to E \to F \to G \to A$。

第三刀为 $A \to H \to I \to J \to A$。

若将起刀点和循环起点分开设置，分别在 A 点和 B 点处，并设于 B 点位置，仍按相同的切削余量进行三刀粗车，其进给路线如图 2-16（b）所示。安排如下：

起刀点与对刀点分离的空行程为 $A \to B$。

第一刀为 $B \to C \to D \to E \to B$。

第二刀为 $B \to F \to G \to H \to B$。

第三刀为 $B \to I \to J \to K \to B$。

显然，如图 2-17（b）所示的进给路线较短。该方法也可用在其他循环切削的加工中。

2）巧设换刀点

为了考虑换（转）刀的方便和安全，有时将换（转）刀点也设置在离坯件较远的位置处（如图 2-17 所示的 A 点），那么，当换第二把刀后，进行精车时的空行程路线必然也较长；如果将第二把刀的换刀点也设置在如图 2-17（b）所示的 B 点位置上，则可缩短空行程距离。

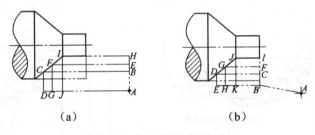

图 2-17 起刀点和循环起点

3）合理安排"回零"路线

在手工编制较复杂轮廓的加工程序时，编程者有时将每一刀加工完后的刀具终点通过执行"回零"（即返回对刀点）指令，然后再进行后续程序。这样会增加走刀路线的距离，从而降低生产效率。因此，在不换刀的前提下，执行退刀动作时，应不用返回到换刀点。安排"回零"路线时，应尽量缩短前一刀终点与后一刀起点间的距离，或者为零，即可满足进给路线最短的要求。另外，在选择返回对刀点指令时，在不发生加工干涉现象的前提下，宜尽量采用 x、z 坐标轴双向同时"回零"指令，该指令功能的"回零"路线将是最短的。

2. 确定最短的切削进给路线

切削进给路线为最短，可提高生产效率，降低刀具的损耗等，在安排粗加工或半精加工的切削进给路线时，应同时兼顾到被加工零件的刚性及加工的工艺性等要求，不要顾此失彼。

图 2-18 所示为粗车图 2-14 所示零件时几种不同切削进给路线的安排示意图。其中，如图 2-18（a）所示为封闭轮廓复合车削循环的进给路线；图 2-18（b）所示为"三角形"

进给路线；图 2-18（c）所示为"矩形"进给路线。对这 3 种切削进给路线，经分析和判断后可知矩形循环进给路线的进给长度总和最短。

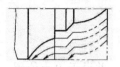  

（a）沿工件轮廓走刀　　　（b）三角形走刀　　　（c）矩形走刀

图 2-18　粗车进给路线示例

对以上 3 种切削进给路线，经分析和判断后可知矩形循环进给路线的进给长度总和最短。因此，在同等条件下，其切削所需时间（不含空行程）最短，刀具的损耗最少。

3．加工路线与加工余量的关系

数控车床加工时，要安排一些子程序对余量过多的部位先做一定的切削加工。

1）大余量毛坯的阶梯切削进给路线

图 2-19 所示为车削大余量工件两种加工路线，图 2-19（a）是错误的阶梯切削路线，图 2-19（b）按 1～5 的顺序切削，每次切削所留余量相等，是正确的阶梯切削路线。因为在同样背吃刀量的条件下，按图 2-19（a）所示的方式加工所剩的余量过多。

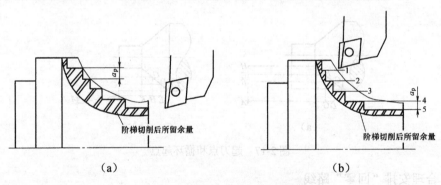

图 2-19　大余量毛坯的阶梯切削路线

根据数控车床加工的特点，还可以放弃常用的阶梯车削法，改用依次从轴向和径向进刀，顺工件毛坯轮廓切削进给的路线如图 2-20 所示。

2）分层切削时刀具的终止位置

当某表面的余量较多需分层多次走刀切削时，从第二刀开始就要注意防止走刀到终点时切削深度的猛增。如图 2-21 所示，设以 90°主偏角刀分层车削外圆，合理安排应是每一刀的切削终点依次提前一小段距离 e（例如可取 $e=0.05\text{mm}$）。如果 $e=0$，则每一刀都终止在同一轴

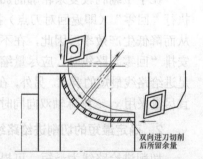

图 2-20　双向进刀的进给路线

向位置上，主切削刃就可能受到瞬时的重负荷冲击。当刀具的主偏角大于 90°，但仍然接近 90°时，也宜做出层层递退的安排，经验表明，这对延长粗加工刀具的寿命是有利的。

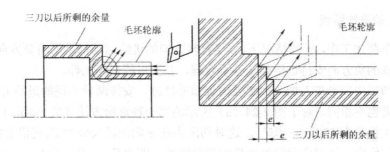

图 2-21 分层切削时刀具的终止位置

4．刀具的切入、切出

在数控车床上进行加工时，尤其是精车，要妥当考虑刀具的引入、切出路线，尽量使刀具沿轮廓的切线方向引入、切出，以免因切削力突然变化而造成弹性变形，致使光滑连接轮廓上产生表面划伤、形状突变或滞留刀痕等。

尤其是车螺纹时，必须设置升速进刀段（空刀导入量）δ_1 和减速退刀段（空刀导出量）δ_2（见图 2-22），这样可避免因车刀升降而影响螺距的稳定。δ_1、δ_2 一般按下式选取：$\delta_1 \geq 1\times$导程；$\delta_2 \geq 0.75\times$导程。若螺纹收尾处没有退刀槽，一般按 45°退刀收尾。

退刀路线如图 2-23 所示。

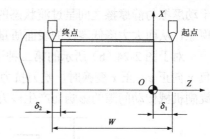

图 2-22 车螺纹时的引入距离和超越距离

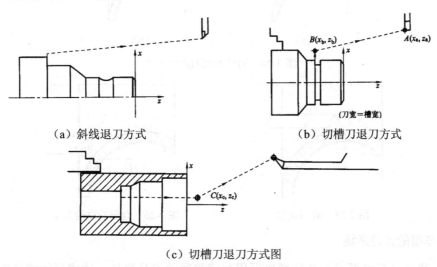

（a）斜线退刀方式 　　（b）切槽刀退刀方式

（c）切槽刀退刀方式图

图 2-23 退刀路线

5．零件轮廓精加工一次进给路线

在安排可以一刀或多刀进行的精加工工序时，零件的轮廓应由最后一刀连续加工而成，这时，加工刀具的进、退刀位置要考虑妥当，尽量不要在连续的轮廓中安排切入和切出或换刀及停顿，使光滑连接轮廓上产生表面划伤、形状突变或滞留刀痕等缺陷。

6. 特殊的进给路线

在数控车削加工中，一般情况下，z 坐标轴方向的进给运动都是沿着负方向进给的，但有时按其常规的负方向安排进给路线并不合理，甚至可能车坏工件。

例如，当采用尖形车刀加工大圆弧内表面零件时，安排两种不同的进给方法如图 4-24 所示，其结果也不相同。对于图 2-24（a）所示的第一种进给方法（负 z 走向），因切削时尖形车刀的主偏角为 100°～105°，这时切削力在 x 向的较大分力 F_p 将沿着如图 2-24 所示的正 x 方向作用，当刀尖运动到圆弧的换象限处，即由负 z、负 x 向负 z、正 x 变换时，吃刀抗力 F_p 与传动横拖板的传动方向相同，若螺旋副间有机械传动间隙，就可能使刀尖嵌入零件（即扎刀），其嵌入量在理论上等于其机械传动间隙量 e，如图 2-25 所示。即使该间隙量很小，由于刀尖在 x 方向换向时，横向拖板进给过程的位移量变化也很小，加上处于动摩擦与静摩擦之间呈过渡状态的拖板惯性的影响，仍会导致横向拖板产生严重的爬行现象，从而大大降低零件的表面质量。

对于图 2-24（b）所示的第二种进给方法，因为刀尖运动到圆弧的换象限处，即由正 z、负 x 向正 z、正 x 变换时，吃刀抗力 F_p 与丝杆传动横向拖板的传动力方向相反，不会受螺旋副机械传动间隙的影响而产生嵌刀现象，所以图 2-26 所示进给方案是较合理的。

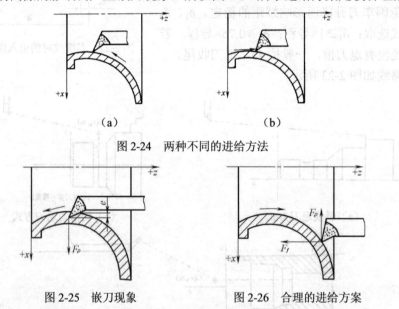

图 2-24　两种不同的进给方法

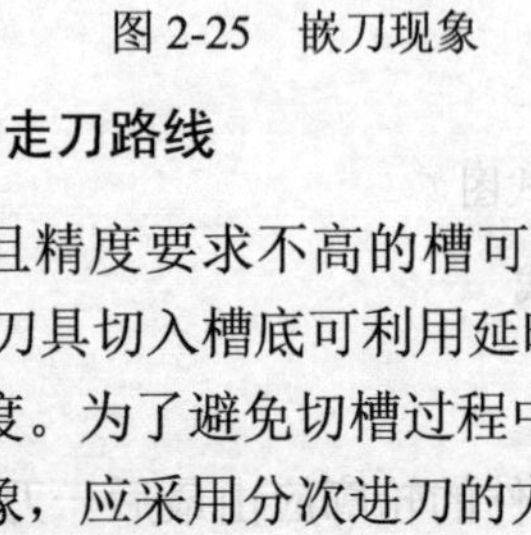

图 2-25　嵌刀现象 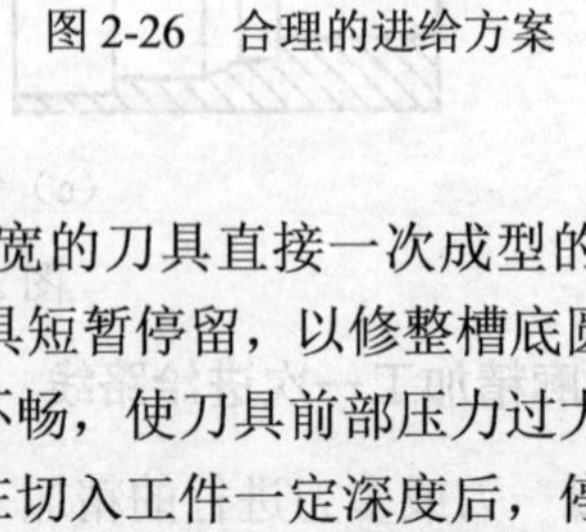　　　图 2-26　合理的进给方案

7. 车槽的走刀路线

窄、浅槽且精度要求不高的槽可采用与槽等宽的刀具直接一次成型的方法加工，如图 2-27 所示，刀具切入槽底可利用延时指令使刀具短暂停留，以修整槽底圆度，退出过程中采用工进速度。为了避免切槽过程中由于排屑不畅，使刀具前部压力过大而出现扎刀和折断刀具的现象，应采用分次进刀的方式，刀具在切入工件一定深度后，停止进刀并退回一段距离，达到短屑的目的，如图 2-28 所示，同时注意尽量选择强度较高的刀具。

通常把大于一个切刀宽度的槽称为宽槽，宽槽的宽度、深度等精度要求及表面质量要求相对较高。在切削宽槽时。常采用排刀的方式进行粗切,然后用精切槽刀沿槽的一侧切至槽底,精加工槽底至另一侧,再沿侧面退出,切削方式如图 2-29 所示。窄、浅槽用 G01 指令,宽、深槽可选 G75 循环指令。

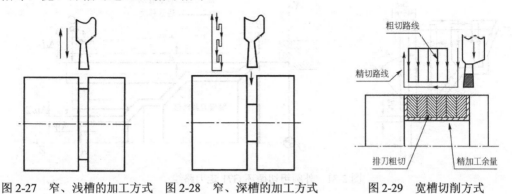

图 2-27　窄、浅槽的加工方式　　图 2-28　窄、深槽的加工方式　　图 2-29　宽槽切削方式

8. 循环切除余量

车削余量较大的毛坯和车螺纹时,采用循环切除余量的进给路线,如图 2-30 所示。

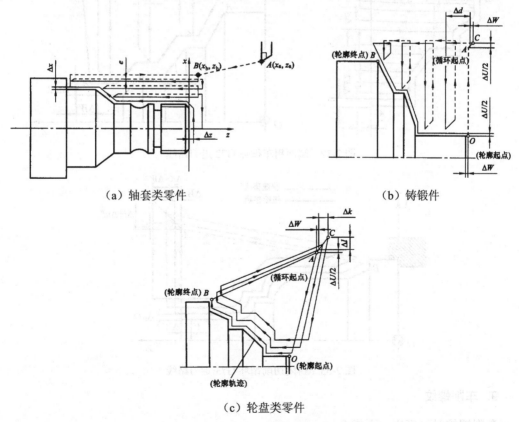

(a) 轴套类零件　　　　　　　　　　(b) 铸锻件

(c) 轮盘类零件

图 2-30　循环切除的进给路线

当余量较大时可应用线性轮廓加工循环指令(内外径粗车循环 G71、端面粗车循环 G72、封闭切削循环 G73、精车循环指令 G70)完成粗、精加工。

图 2-31 所示为外圆粗切循环 G71 走刀路线，图 2-32 所示为端面粗车循环 G72 走刀路线，图 2-33 所示为封闭切削循环 G73 走刀路线。

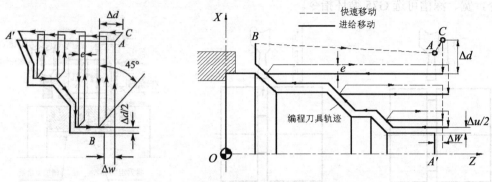

图 2-31　外圆粗切循环 G71 走刀路线

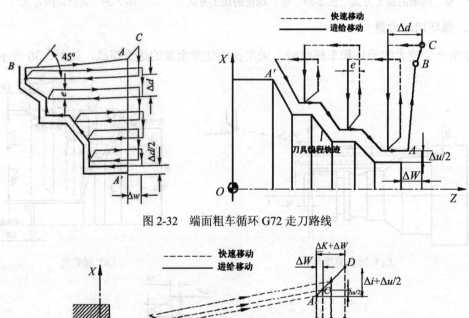

图 2-32　端面粗车循环 G72 走刀路线

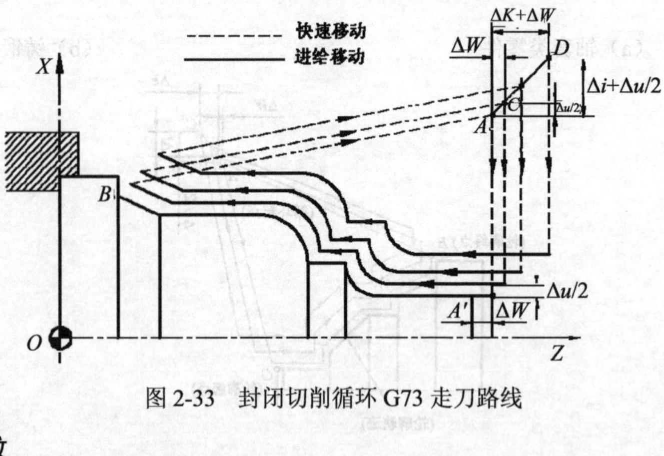

图 2-33　封闭切削循环 G73 走刀路线

9. 车削螺纹

车削螺纹时可应用一下指令。

1）等螺距螺纹切削指令 G32

指令格式：G32 X(U)__Z(W)__F(I)__；

2）螺纹切削固定循环指令 G92

指令格式：G92 X(U)__Z(W)__R__F(I)__；

3）螺纹切削复合循环指令 G76

系统自动计算螺纹切削次数和每次进刀量，可以完成一个螺纹段的全部加工任务，其运动轨迹如图 2-34 所示。

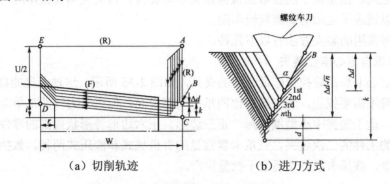

(a) 切削轨迹　　　　(b) 进刀方式

图 2-34　复合循环的运动轨迹及进给轨迹

G76 指令格式如下。

G76 P(m)(r)(a) Q(Δd_{min}) R(d);

G76 X(U)__ Z(W)__ R(i) P(k) Q(Δd) F(P) (I);

其中：

m——精加工重复次数；

r——螺纹尾端倒角量。当螺距用 P 表示时，可以从 $0.01P$ 到 $9.9P$ 设定，单位为 $0.1L$（两位数 00～99）；

a——螺纹刀尖角度（螺纹牙形角）。可以选择 80°、60°、55°、30°、29°和 0°，由两位数指定；

Δd_{min}——最小切削深度（半径值指定），单位为 μm；

d——精加工余量；

X(U)、Z(W)——螺纹终点处的坐标；

i——螺纹切削起点与终点的半径差（有符号），如果 i=0，可做一般直线螺纹切削；

k——螺纹高度，X 轴方向用半径值指定，单位为 μm；

Δd——第一刀的切削深度，半径值，单位为 μm；

P——螺纹导程；

I——每英寸的牙数（用于加工英制螺纹）。

任务四　装夹方法的选择

在数控车床上根据工件结构特点和工件加工要求，确定合理装夹方式，选用相应的夹具。

1. 轴类零件的装夹

用于轴类工件的夹具具有自动夹紧拨动卡盘、拨齿顶尖、三爪拨动卡盘和快速可调万能卡盘等。数控车床加工轴类零件时，如轴类零件的定位方式通常是一端外圆固定，即用三爪自定心卡盘、四爪单动卡盘或弹簧套固定工件的外圆表面，但此定位方式对工件的悬伸长度有一定的限制。工件的悬伸长度过长在切削过程中会产生较大的变形，严重时将无法切削。对于切削长度过长的工件可以采用一夹一顶或两顶尖装夹。坯件装夹在主轴顶尖和尾座顶尖之间，由主轴上的拨盘或拨齿顶尖带动旋转。这类夹具在粗车时可以传递足够大的转距，以适应于主轴的高速旋转车削。

数控车床常用的装夹方法有以下几种。

1）用三爪自定心卡盘装夹

三爪自定心卡盘是数控车床最常用的夹具，如图 2-35 所示，这种卡盘能自动定心，夹持工件时一般不需要找正，装夹效率比四爪单动卡盘高，但夹紧力较四爪单动卡盘小，定心精度不高。适于装夹中小型圆柱形、正三边形、正六边形等形状规则的零件，不适合同轴度要求高的工件的二次装夹。三爪卡盘常见的有机械式和液压式两种。数控车床上经常采用液压卡盘，液压卡盘特别适合于批量生产。

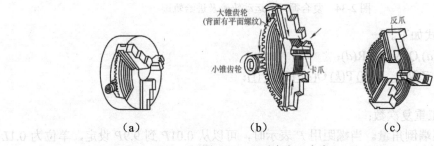

图 2-35 三爪自定心卡盘

2）用四爪单动卡盘装夹

四爪单动卡盘如图 2-36 所示，其 4 个卡爪是各自独立运动的，夹紧力较大，装夹精度较高，不受卡爪磨损的影响，但夹持工件时需要找正，才能使工件的旋转中心与车床主轴的旋转中心重合。适于装夹偏心距较小、形状不规则或大型的工件等。

3）用软爪装夹

由于三爪自定心卡盘定心精度不高，当加工同轴度要求较高的工件二次装夹时，常选用软三爪卡盘，软爪是一种可以加工的夹爪，在使用前配合被加工工件特别制造。图 2-37 所示为加工软爪，图 2-38 所示为软爪装夹。

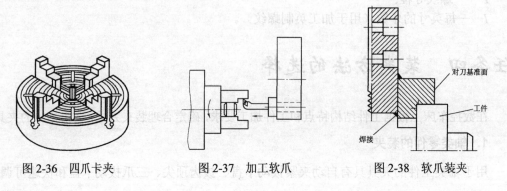

图 2-36 四爪卡夹　　图 2-37 加工软爪　　图 2-38 软爪装夹

4)中心孔定位装夹

（1）两顶尖拨盘。对于轴向尺寸较大或加工工序较多的轴类工件，车削后还要铣削和磨削的轴类零件，为保证每次装夹时的装夹精度，可用两顶尖装夹，如图 2-39 所示，其前顶尖为普通顶尖，装在主轴孔内，并随主轴一起转动，后顶尖为活顶尖装在尾架套筒内。工件利用中心孔被顶在前后顶尖之间，并通过鸡心夹头带动旋转。这种方式，不需找正，装夹精度高，适用于多工序加工或精加工。

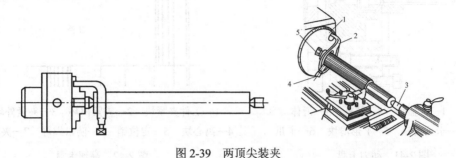

图 2-39 两顶尖装夹

（2）拨动顶尖。拨动顶尖有内、外拨动顶尖和端面拨动顶尖两种。内、外拨动顶尖是通过带齿的锥面嵌入工件拨动工件旋转，端面拨动顶尖是利用端面的拨爪带动工件旋转，适合装夹直径在 $\phi 50mm \sim \phi 150mm$ 的工件。

（3）一夹一顶。在车削较重、较长的轴体零件时，可采用一端夹持，另一端用后顶尖顶住的方式安装工件，这样会使工件更为稳固，从而能选用较大的切削用量进行加工。为了防止工件因切削力作用而产生轴向窜动，必须在卡盘内装一限位支承，或用工件的台阶做限位，如图 2-40 所示。此装夹方法比较安全，能承受较大的轴向切削力，故应用很广泛。因此在车削一般轴类零件，尤其是较重的工件时，常采用一夹一顶装夹。

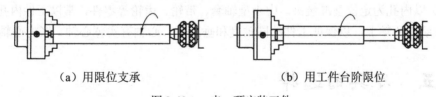

（a）用限位支承　　　　　　　　（b）用工件台阶限位

图 2-40 一夹一顶安装工件

（4）心轴与弹簧卡头装夹。以孔为定位基准，用心轴装夹来加工外表面。以外圆为定位基准，采用弹簧卡头装夹来加工内表面。用心轴或弹簧卡头装夹工件的定位精度高，装夹工件方便、快捷，适于装夹内外表面的位置精度要求较高的套类零件。

（5）利用其他工装夹具装夹。数控车削加工中有时会遇到一些形状复杂和不规则的零件，不能用三爪或四爪卡盘等夹具装夹，需要借助其他工装装夹，如花盘、角铁等，对于批量生产时，采用专用夹具装夹。

（6）动力卡盘。为了适应自动和半自动加工的需要，中、高档数控车床较多地采用动力卡盘装夹工件，如图 2-41 所示。

（7）高速卡盘。在高速车削加工中，高速旋转时，卡盘产生的巨大离心力和应力使传统的三爪自定心卡盘不能再胜任工件的夹紧工作。要选用高速车削的专用卡盘，如图 2-42 所示。

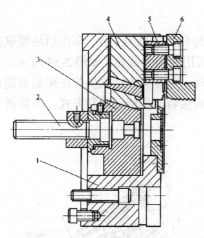 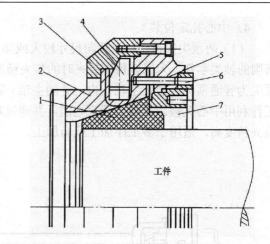

1—卡盘体　2—拉杆　3—滑体　　　　1—工件夹紧块　2—夹紧内环　3—夹紧外环
4—卡爪滑座　5—T形滑块　6—卡爪　　4—离心块　5—定位销　6—防松螺母　7—夹紧螺母

图 2-41　动力卡盘　　　　　　　　　　　图 2-42　高速卡盘

2. 用于盘类零件的夹具

这类夹具使用与无尾座的卡盘式数控车床上。用于盘类工件的夹具主要有可调卡爪卡盘和快速可调卡盘。

3. 在数控车床上装夹工件时保证位置精度的方法

（1）一次安装加工。它是在一次安装中把工件全部或大部分尺寸加工完的一种装夹方法。

（2）以外圆为定位基准装夹。工件以外圆为基准保证位置精度时，零件的外圆和一个端面必须在一次安装中精加工后，方能作为定位基准。

（3）以内孔为定位基准装夹。中小型轴套、带轮、齿轮等零件，常以工件内孔作为定位基准安装在心轴上，以保证工件的同轴度和垂直度。心轴有实体心轴、胀力心轴。

任务五　刀具的选择

刀具选择是数控加工工序设计中的重要内容之一。选择刀具通常要考虑机床的加工能力、工序内容、工件材料等因素。数控车削对刀具要求精度高、刚性好、耐用度高，要求尺寸稳定、安装调整方便。这就要求采用新型优质材料制造数控加工刀具，并优选刀具参数。

1. 数控车刀

1）常用数控车刀

常用数控车刀的种类、形状和用途如图 2-43 所示。车刀结构类型、特点及用途如表 2-1 所示。

2）机夹可转位车刀

（1）数控车床可转位刀具特点。几何参数是通过刀片结构形状和刀体上刀片槽座的方位安装组合形成的,与通用车床相比一般无本质的区别,其基本结构、功能特点是相同的。

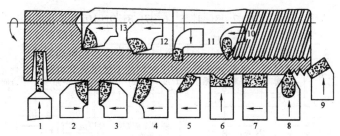

1—切断刀　2—左偏刀　3—右偏刀　4—弯头车刀　5—直头车刀　6—成型车刀　7—宽刃精车刀
8—外螺纹车刀　9—端面车刀　10—内螺纹车刀　11—内切槽刀　12—通孔车刀　13—盲孔车刀

图 2-43　常用数控车刀的种类、形状和用途

表 2-1　车刀结构类型、特点及用途

名　称	特　点	适用场合
整体式	用整体高速钢制造,刃口可磨得较锋利	小型车床或加工非铁材料
焊接式	焊接硬质合金或高速钢刀片,结构紧凑,使用灵活	各类车刀特别是小刀具
机夹式	避免了焊接产生的应力、裂纹等缺陷,刀杆利用率高;刀片可集中刃磨获得所需参数;使用灵活方便	外圆、端面、镗孔、车断、螺纹等
可转位式	避免了焊接刀片的缺点,刀片可快换转位;生产率高;可使用涂层刀片	大中型车床加工外圆、端面、镗孔,特别适用于数控机床

（2）可转位车刀的种类。可转位车刀按其用途可分为外圆车刀、仿形车刀、端面车刀、内圆车刀、切槽车刀、切断车刀和螺纹车刀等。

（3）可转位车刀的结构形式。如图 2-44 所示,机械夹固式可转位车刀由刀杆 1、刀片 2、刀垫 3 以及夹紧元件 4 组成。刀片每边都有切削刃,当某切削刃磨损钝化后,只需松开加紧元件,将刀片转一个位置便可继续使用。为了使刀具能达到良好的切削性能,对刀片的夹紧方式有如下基本要求：夹紧可靠,不允许刀片松动或移动；定位准确；有足够的排屑空间；结构简单,操作方便,成本低,转位动作快,缩短换刀时间。夹紧方式主要有杠杆式、楔块上压式、螺钉上压式。

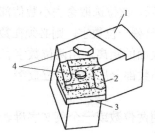 

1—刀杆　2—刀片　3—刀垫　4—夹紧元件

图 2-44　机械夹固式可转位车刀的组成

（4）机夹可转位刀片。

① 机夹可转位刀片型号。根据 GB/T 2076—2007 可转位刀片型号表示规则,机夹可转

位刀片型号表示由十位字符串组成，其标记方法如图 2-45 所示。

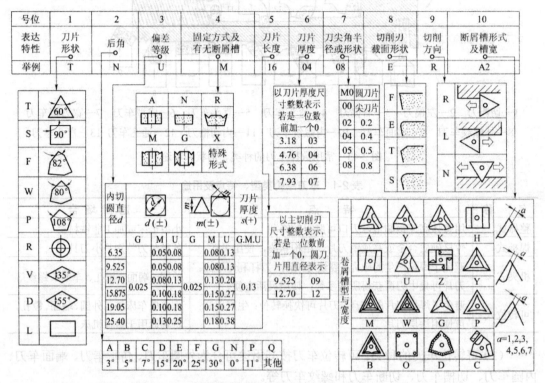

图 2-45　可转位车刀刀片标记方法示例（单位：mm）

10 位字符的排列规则、代码含义如下。

第 1 位表示刀片形状，用一个英文字母表示。

第 2 位表示刀片主切削刃后角（法向后角）大小，用一个英文字母表示。

第 3 位表示刀片尺寸精度，用一个英文字母表示。

第 4 位表示刀片固定方式及有无断屑槽，用一个英文字母表示。

第 5 位表示刀片主切削刃长度，用二位数字表示。该位选取舍去小数值部分的刀片切削刃长度或理论边长值作为代号，若舍去小数部分后只剩一位数字，则必须在数字前加"0"。

第 6 位表示刀片厚度，主切削刃到刀片定位底面的距离，用两位数字表示。该位选取舍去小数值部分的刀片厚度值作为代号，若舍去小数部分后只剩一位数字，则必须在数字前加"0"。

第 7 位表示刀尖圆角半径或刀尖转角形状，用两位数或一个英文字母表示。刀片转角为圆角，则用舍去小数点的圆角半径毫米数来表示。

第 8 位表示刀片切削刃截面形状，用一个英文字母表示。

第 9 位表示刀片切削方向，用一个英文字母表示。"L"表示左手刀，"R"表示右手刀。

第 10 位国家标准中表示刀片断屑槽形式及槽宽，分别用一个英文字母和一个阿拉伯数字代表；在 ISO 编码中，是留给刀片厂家备用号位，常用来标注了刀片断屑槽型代码或代号，"A"表示 A 型断屑槽，"3"表示断屑槽宽度为 3.2~3.5mm。

【例1】车刀可转位刀片 CNMG120408ENUB 公制型号表示的含义。

C——菱形刀片形状；N——法后角为 0°；M——刀尖转位尺寸允许（0.08~0.18）mm，内接圆允许（0.05~0.13）mm，厚度允许 0.13mm；G——圆柱孔双面断屑槽；12——内接圆直径 12mm；04——厚度 4.76mm；08——刀尖圆角半径 0.8mm；E——倒圆刀刃；N——无切削方向；UB——半精加工用。

② 刀片形状。刀片是机夹可转位车刀的一个重要组成元件。根据 GB/T 2076—87 可分为带圆孔、带沉孔以及无孔三大类。形状有三角形、正方形、五边形、六边形、圆形以及菱形等共 17 种。图 2-46 所示为常见的几种刀片形状及角度。

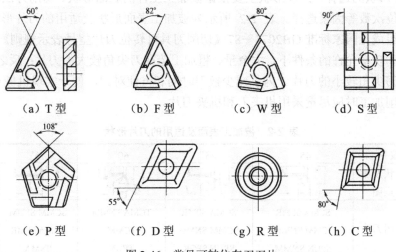

图 2-46 常见可转位车刀刀片

刀片的形状主要与被加工工件表面形状、切削方法、刀具寿命和有效刃数等有关。一般外圆和端面车削常用 T 型、S 型、C 型、W 型刀片；成形加工常用 D 型、V 型、R 型刀片。

③ 刀杆头部形式。有直角台阶的工件，可选主偏角大于或等于 90°的刀杆；外圆粗车可选主偏角 45°~90°的刀杆，精车可选主偏角 45°~75°的刀杆；中间切入、成形加工可选主偏角大于或等于 45°~107.5°的刀杆。

④ 机夹可转位车刀型号。根据国家标准，可转位车刀型号用 10 位代号表示，前 9 位代号必须使用，第 10 位代号仅用于符合标准规定的精密级车刀。第一位表示刀片夹紧方式；第二位表示刀片形状；第三位表示头部形式代号；第四位表示刀片法向后角；第五位表示切削方向；第六位表示刀尖高度；第七位表示刀杆宽度；第八位表示车刀长度；第九位表示切削刃长度；第十位表示精密级。

(5) 机夹可转位车刀选用。

① 刀片材料选择。车刀刀片的材料主要有高速钢、硬质合金、涂层硬质合金、陶瓷、立方氮化硼和金刚石等。其中应用最多的是硬质合金和涂层硬质合金刀片。

② 刀片尺寸选择。刀片尺寸的大小取决于必要的有效切削刃长度 L，有效切削刃长度与背吃刀量、主偏角有关，如图 2-47 所示，使用时可查阅有关刀具手册选取。

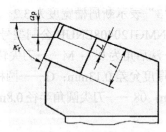

L—切削刃长度　L—有效切削刃长度

图 2-47　有效切削刃长度、背吃刀量与主偏角关系

③ 刀片形状的选择。刀片形状主要依据被加工工件的表面形状、切削方法、刀具寿命和刀片的转位次数等因素选择。表 2-2 所示为被加工表面形状及适用的刀片形状。表 2-2 中刀片型号组成见国家标准 GB2076—87《切削刀具可转位刀片型号表示规则》。选择时，在机床刚度和功率允许的条件下，大余量、粗加工选择刀尖角较大的刀片；反之，小余量、精加工选择刀尖角较小的刀片。为了减少换刀时间和方便对刀，便于实现机械加工的标准化，数控车削加工时应尽量采用机夹刀和机夹刀片。

表 2-2　被加工表面及适用的刀片形状

车削外圆表面	主偏角	45°	45°	60°	75°	95°
	刀片形状及加工示意图					
	推荐选用刀片	SCMA SPMR SCMM SNMM SPUN SNMM	SCMA SPMR SCMM SNMG SPUN SPGR	TCMA TNMM TCMM TPUN	SCMM SPUM SCMA SPMR SNMA	CCMA CCMM CNMM
车削端面	主偏角	75°	90°	90°	95°	
	刀片形状及加工示意图					
	推荐选用刀片	SCMA SPMR SCMM SPUR SPUN CNMC	TNUN TNMA TCMA TPUM TCMM TPMR	CCMA	TPUN TPMR	
车削成形面	主偏角	15°	45°	60°	90°	93°
	刀片形状及加工示意图					
	推荐选用刀片	RCMM	RNNG	TNMM	TNMG	TNMA

④ 刀尖圆弧半径的选择。刀尖圆弧半径不仅影响切削效率，而且影响被加工表面的表面粗糙度及加工精度。最大进给量不应超过刀尖圆弧半径的 80%，否则将恶化切削条件，甚至出现螺纹状表面和打刀等问题。刀尖圆弧半径还与断屑的可靠性有关，从断屑可靠性出发，通常小余量、小进给车削加工采用小的刀尖圆弧半径；反之，选择较大的。

粗车时，进给量不能超过表 2-3 所示的最大进给量。作为经验法则，一般进给量可取刀尖圆弧半径的 1/2。

表 2-3 不同刀尖圆弧半径时最大进给量

刀尖半径/mm	0.4	0.8	1.2	1.6	2.4
最大推荐进给量/(mm/r)	0.25~0.35	0.4~0.7	0.5~1.0	0.7~1.3	1.0~1.8

2. 车刀类型的选择

数控车削常用的车刀一般分为 3 类，即尖形车刀、圆弧车刀和成型车刀。

1）尖形车刀

以直线形切削刃为特征的车刀一般称为尖形车刀。这类车刀的刀尖（同时也为其刀位点）由直线形的主、副切削刃构成，如 90°内、外圆车刀，左、右端面车刀，切槽（断）车刀及刀尖倒棱很小的各种外圆和内孔车刀。

尖形车刀的几何参数主要指车刀的几何角度。选择方法与使用普通车削时基本相同，但应结合数控加工的特点如走刀路线及加工干涉等进行全面考虑。

2）圆弧形车刀

圆弧形车刀是较为特殊的数控加工用车刀。如图 2-48 所示其切削刃是一条圆度误差或轮廓误差很小的圆弧；该圆弧上的每一点都是圆弧形车刀的刀尖，刀位点不在圆弧上，而在该圆弧的圆心上。

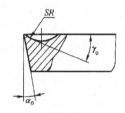

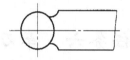

图 2-48 圆弧形车刀

当某些尖形车刀或成型车刀（如螺纹车刀）的刀尖具有一定的圆弧形状时，也可作为这类车刀使用。圆弧形车刀可以用于车削内、外表面，特别适宜于车削各种光滑连接（凹形）的成型面。对于某些精度要求较高的凹曲面车削或大外圆弧面的批量车削，以及尖形车刀所不能完成的加工，宜选用圆弧形车刀进行。主要几何参数为切削刃的形状及半径。

圆弧车刀选择主要是选择车刀的圆弧半径，应考虑两点：第一，车刀切削刃的圆弧半径应当小于或等于零件凹形轮廓上的最小半径，以免发生加工干涉；第二，车削刃的圆弧半径不宜选择太小，否则既难于制造，还会因其刀头强度太弱或刀体散热能力差，使车刀容易受到损坏。至于圆弧形车刀前、后角的选择，原则上与普通车刀相同，只不过形成其前角（大于 0°时）的前刀面一般都为凹球面，形成其后角的后刀面一般为圆锥面。圆弧形车刀前、后刀面的特殊形状，是为满足在刀刃的每一个切削点上，都具有恒定的前角和后角，以保证切削过程的稳定性及加工精度。为了制造车刀的方便，在精车时，其前角多选择为 0°。

3）成型车刀

成型车刀也叫样板车刀，其加工零件的轮廓形状完全由车刀刀刃的形状和尺寸决定。在数控加工中，应尽量少用或不用成型车刀。在加工成形面时要选择副偏角合适的刀具，以免刀具的副切削刃与工件产生干涉，如图 2-49 所示。

采用机夹车刀时，常通过选择合适的刀片形状和刀杆头部形式来组合形成所需要的刀具。如图 2-50 所示为一些常用的成形加工机夹车刀。

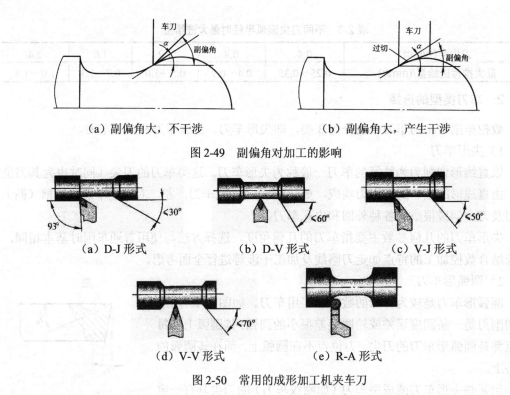

(a) 副偏角大，不干涉　　　　　　(b) 副偏角大，产生干涉

图 2-49　副偏角对加工的影响

(a) D-J 形式　　　(b) D-V 形式　　　(c) V-J 形式

(d) V-V 形式　　　(e) R-A 形式

图 2-50　常用的成形加工机夹车刀

任务六　车刀的预调

数控车床刀具预调的主要工作是按加工要求选择全部刀具，并对刀具外观，特别是刃口部位进行检查；检查调整刀尖的高度，实现等高要求；刀尖圆弧半径应符合程序要求；测量和调整刀具的轴向和径向尺寸。

数控车削加工中，应首先确定零件的加工原点，以建立准确的加工坐标系，同时考虑刀具的不同尺寸对加工的影响。这些都需要通过对刀来解决。见模块一项目六。

1．确定对刀点

1）对刀点的选择

对刀点是刀具相对零件运动的起点，也称程序起点或起刀点。尽量与零件的设计基准或工艺基准一致；便于用常规量具在车床上进行找正；该点的对刀误差应较小或可能引起的加工误差为最小；尽量使加工程序中引入或返回路线短，并便于换刀。

2）刀位点

刀位点是对刀和加工的基准点，如图 2-51 所示为车刀的刀位点。

2．对刀方法

（1）一般对刀。一般对刀是指在机床上使用相对位置检测手动对刀。下面以 Z 向对刀为例说明对刀方法，如图 2-52 所示。刀具安装后，先移动刀具手动切削工件右端面，再沿

X 向退刀,将右端面与加工原点距离 N 输入数控系统,即完成这把刀具 Z 向对刀过程。

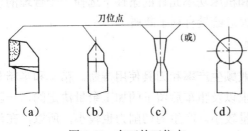

图 2-51　车刀的刀位点

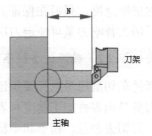

图 2-52　相对位置检测对刀

手动对刀是基本对刀方法,但它还是没跳出传统车床的"试切—测量—调整"的对刀模式,占用较多的在机床上的时间。此方法较为落后。

(2)机外对刀仪对刀。机外对刀是利用机外对刀仪测量出刀具刀位点到刀具台基准之间 X 及 Z 方向的距离,即刀具 X 及 Z 方向的长度,测出个把刀具的 X、Z 值后,根据补偿原理计算刀具补偿值,并输入系统,如图 2-53 所示。

(3)自动对刀。自动对刀是通过刀尖检测系统实现的,刀尖以设定的速度向接触式传感器接近,当刀尖与传感器接触并发出信号,数控系统立即记下该瞬间的坐标值,并自动修正刀具补偿值。自动对刀过程如图 2-54 所示。

图 2-53　机外对刀仪

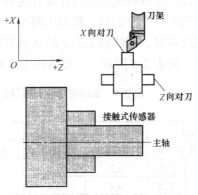

图 2-54　自动对刀

任务七　切削用量的选择

数控车床加工中的切削用量包括背吃刀量、主轴转速或切削速度(用于恒线速度切削)、进给速度或进给量,可以在机床说明书中给定的允许范围内选取。在模块一中对于切削用量选择的总体原则进行了介绍,在这里主要针对车削用量的选择原则进行论述。

重要知识 2.1　粗车切削用量选择

粗车时一般以提高生产效率为主,兼顾经济性和加工成本。提高切削速度、加大进给量和背吃刀量都能提高生产效率,由于切削速度对刀具使用寿命影响最大,背吃刀量对刀具使用寿命影响最小,所以在考虑粗车切削用量时,首先尽可能选择大的背吃刀量,其次选择大的进给速度,最后在保证刀具使用寿命和机床功率允许的条件下选择一个合理的切削速度。增大背吃刀量可使走刀次数减少,增大进给量有利于断屑。

重要知识 2.2　精车、半精车切削用量选择

选择精车切削用量选择要保证加工质量,兼顾生产率和刀具使用寿命。精车和半精车的背吃刀量是由零件加工精度和表面粗糙度要求以及粗车后留下的加工余量决定的,一般情况应一刀切去余量。精车和半精车的背吃刀量较小。产生的切削力也较小,所以,在保证表面粗糙度的情况下,适当加大进给量。

重要知识 2.3　背吃刀量的确定

在工艺系统刚性和机床功率允许的条件下,尽可能选取较大的背吃刀量,以减少进给次数,提高生产效率。当余量过大、工艺系统刚性不足时可分次切除余量,各次的余量按递减原则确定;当零件的精度要求较高时,应考虑半精加工,则应考虑适当留出精车余量,其所留精车余量一般比普通车削时所留余量少。粗加工时,在允许的条件下,尽量一次切除该工序的全部余量,背吃刀量一般为 2~5mm;半精加工时,背吃刀量一般为 0.5~1mm;精加工时,背吃刀量为 0.1~0.4mm。

螺纹车削加工时背吃刀量的计算公式为 $a_p \approx 1.3P$,P 为螺距(mm)。

螺纹车削加工需分为粗、精加工两个工序,经多次重复切削完成,这样可以减小切削力,保证螺纹精度。螺纹加工的进给次数直接影响螺纹的加工质量,每次背吃刀量的分配应依次递减,如表 2-4 所示。一般精加工余量为 0.05~0.1mm。

表 2-4　车削常用公制螺纹的进给次数和背吃刀量(双边)

(单位:mm)

螺距/mm		1.0	1.5	2.0	2.5	3.0	3.5	4
牙深(半径值)/mm		0.649	0.974	1.299	1.624	1.949	2.273	2.598
切削次数及背吃刀量(直径值)	1 次	0.7	0.8	0.9	1.0	1.2	1.5	1.5
	2 次	0.4	0.6	0.6	0.7	0.7	0.7	0.8
	3 次	0.2	0.4	0.6	0.6	0.6	0.6	0.6
	4 次		0.16	0.4	0.4	0.4	0.6	0.6
	5 次			0.1	0.4	0.4	0.4	0.4
	6 次				0.15	0.4	0.4	0.4
	7 次					0.2	0.2	0.4
	8 次						0.15	0.3
	9 次							0.2

下面是螺纹车削前的计算。

(1)顶径。

车削外螺纹时,因受车刀挤压作用,螺纹大径尺寸膨胀,故外圆直径比螺纹公称直径要小 0.15~0.25mm。

车削内螺纹时,因受车刀挤压作用,螺纹小径尺寸会变小,实际生产中采用下列近似

公式计算。

车塑性材料时　$D_孔 \approx D-P$；车脆性材料时　$D_孔 \approx D-1.05P$

式中：$D_孔$——攻螺纹前的钻孔直径（mm）；

　　　D——内螺纹大径（mm）；

　　　P——螺距（mm）。

（2）螺纹总的切削深度 $t \approx 0.6495P$。

重要知识 2.4　进给量 f 的确定

粗加工时，进给量根据工件材料、车刀刀杆直径、工件直径和背吃刀量按表 2-5 所示进行选取。从表 2-5 可以看出，在背吃刀量一定时，进给量随着刀杆尺寸和工件尺寸的增大而增大；加工铸铁时，切削力比加工钢件时小，可以选取较大的进给量。

表 2-5　硬质合金车刀粗车外圆及端面的进给量

工件材料	车刀刀杆尺 $\times H$ /(mm×mm)	工件直径 d/mm	背吃刀量 a_p/mm			
			≤3	>3~5	>5~8	>8~12
			进给量 f/(mm/r)			
碳素钢合金钢	16×25	20	0.3~0.4	—	—	—
		40	0.4~0.5	0.3~0.4	—	—
		60	0.5~0.7	0.4~0.6	0.3~0.5	—
		100	0.6~0.9	0.5~0.7	0.5~0.6	0.4~0.5
		400	0.8~1.2	0.7~1.0	0.6~0.8	0.5~0.6
碳素钢合金钢	20×30 25×25	20	0.3~0.4	—	—	—
		40	0.4~0.5	0.3~0.4	—	—
		60	0.5~0.7	0.5~0.7	0.4~0.6	—
		100	0.8~1.0	0.7~0.9	0.5~0.7	0.4~0.7
		400	1.2~1.4	1.0~1.2	0.8~1.0	0.6~0.9
铸铁及铜合金	16×25	40	0.5	—	—	—
		60	0.5~0.8	0.5~0.8	0.4~0.6	—
		100	0.8~1.2	0.7~1.0	0.6~0.8	0.5~0.7
		400	1.0~1.4	1.0~1.2	0.8~1.0	0.6~0.8
铸铁及铜合金	20×30 25×25	40	0.4~0.5	—	—	—
		60	0.5~0.9	0.5~0.8	0.4~0.7	—
		100	0.9~1.3	0.8~1.2	0.7~1.0	0.5~0.8
		400	1.2~1.8	1.2~1.6	1.0~1.3	0.9~1.1

精加工与半精加工时，进给量可根据加工表面粗糙度要求按表选取，同时考虑切削速度和刀尖圆弧半径因素，如表 2-6 所示。

当工件的质量要求能够得到保证时，为提高生产率，可选择较高的进给速度，一般在 100~200mm/min 选取。当切断、车削深孔或精车削时，宜选择较低的进给速度，一般在 20~50mm/min 选取。当加工精度、表面粗糙度要求较高时，进给速度应选小些，一般在 20~50mm/min 选取。刀具空行程时，特别是远距离"回零"时，可以设定该机床数控系统允许的最高进给速度。进给速度应与主轴转速和背吃刀量相适应。

表 2-6 表面粗糙度选择进给量的参考值

工件材料	表面粗糙度 Ra/m	切削速度 v_c/(m/min)	刀尖圆弧半径 r_ε/mm		
			0.5	1.0	2.0
			进给量 f/(mm/r)		
碳钢及合金钢	>1.25~2.5	<50	0.10	0.11~0.15	0.15~0.22
		50~100	0.11~0.16	0.16~0.25	0.25~0.35
		>100	0.16~0.20	0.20~0.25	0.25~0.35
碳钢及合金钢	>2.5~5	<50	0.18~0.25	0.25~0.30	0.30~0.40
		>50	0.25~0.30	0.30~0.35	0.30~0.50
	>5~10	<50	0.30~0.50	0.45~0.60	0.55~0.70
		>50	0.40~0.55	0.55~0.65	0.65~0.70
铸铁青铜铝合金	>5~10	不限	0.25~0.40	0.40~0.50	0.50~0.60
	>2.5~5		0.15~0.25	0.25~0.40	0.40~0.60
	>1.25~2.5		0.10~0.15	0.15~0.20	0.20~0.35

实际加工时,也可根据经验确定进给量 f,粗车时一般取 0.3~0.8mm/r,精车时常取 0.1~0.3mm/r,切断时宜取 0.05~0.2mm/r。

重要知识 2.5 主轴转速的确定

(1) 光车时的主轴转速

光车时主轴转速应根据零件上被加工部位的直径,并按零件和刀具的材料及加工性质等条件所允许的切削速度来确定。切削速度除了计算和查表选取外,还可根据实践经验确定。在实际生产中,切削速度确定之后,用式(1-2)计算主轴转速。

在确定主轴转速时,首先需要确定其切削速度,而切削速度又与背吃刀量和进给量有关。切削速度确定方法有计算、查表和根据经验确定。切削速度参考值如表 2-7 所示。硬质合金外圆车刀切削速度的参考值如表 2-8 所示。

表 2-7 切削速度参考值

零件材料	刀具材料	背吃刀量 a_p/mm			
		0.38~0.05	2.40~0.38	4.70~2.40	9.50~4.70
		进给量 f/(mm/r)			
		0.13~0.05	0.38~0.13	0.76~0.38	1.30~0.76
		切削速度 v_c/(m/min)			
低碳钢	高速钢	90~120	70~90	45~60	20~40
	硬质合金	215~365	165~215	120~165	90~120
中碳钢	高速钢	70~90	45~60	30~40	15~20
	硬质合金	130~165	100~130	75~100	55~75
灰铸铁	高速钢	50~70	35~45	25~35	20~25
	硬质合金	135~185	105~135	75~105	60~75
黄铜青铜	高速钢	105~120	85~105	70~85	45~70
	硬质合金	215~245	185~215	150~185	120~150
铝合金	高速钢	105~150	70~105	45~70	30~45
	硬质合金	215~300	135~215	90~135	60~90

表 2-8 硬质合金外圆车刀切削速度的参考值

工件材料	热处理状态	a_p=0.3～2mm f=0.08～0.3mm/r v_c /m·min^{-1}	a_p=2～6mm f=0.3～0.6mm/r v_c /m·min^{-1}	a_p=6～10mm f=0.6～1mm/r v_c /m·min^{-1}
低碳钢、易切削钢	热轧	140～180	100～120	70～90
中碳钢	热轧	130～160	90～110	60～80
	调质	100～130	70～90	50～70
合金结构刚	热轧	100～130	70～90	50～70
	调质	80～110	50～70	40～60
工具钢	退火	90～120	60～80	50～70
灰铸钢	HBS＜190	90～120	60～80	50～70
	HBS=190～225	80～110	50～70	40～60
高锰钢 w_{Mn}13%		—	10～20	—
铜及铜合金		200～250	120～180	90～120
铝及铝合金		300～600	200～400	150～200
铸铝合金 w_{si}13%		100～180	80～150	60～100

（2）车螺纹时主轴转速

在切削螺纹时，车床的主轴转速将受到螺纹的螺距 P（或导程）大小、驱动电动机的升降频率特性及螺纹插补运算速度等多种因素影响，故对于不同的数控系统，推荐不同的主轴转速选择范围。如大多数经济型车床数控系统推荐车螺纹时的主轴转速如下：

$$n \leqslant 1200/P - k \tag{2-1}$$

式中：n——主轴转速（r/min）；

P——工件螺纹的螺距或导程，单位为 mm；

k——保险系数，一般取为 80。

普通三角螺纹的牙型如图 2-55 所示，其基本要素的尺寸如表 2-9 所示。

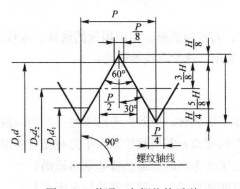

图 2-55 普通三角螺纹的牙型

（3）台阶轴类车削切削用量

① 粗车端面时的背吃刀量可以根据毛坯量合理确定，一般取 1～4mm，进给量可取 0.4～0.5mm/r。

表2-9 普通三角螺纹的尺寸计算

(单位：mm)

	名称	代号	计算公式
外螺纹	牙型角	a	$60°$
	原始三角形高度	H	$H=0.866P$
	牙型高度	h	$h=\dfrac{5}{8}H=\dfrac{5}{8}\times 0.866P=0.5413P$
	中径	d_2	$d_2=d-2\times\dfrac{3}{8}H=d-0.6495P$
	小径	d_1	$d_1=d-2h=d-1.0825p$
内螺纹	中径	D_2	$D_2=d_2$
	小径	D_1	$D_1=d_1$
	大径	D	$D=d=$公称直径
	螺纹升角	Ψ	$\tan\psi=\dfrac{nP}{\pi d_2}$

② 粗车外圆时的背吃刀量也可以根据毛坯量合理确定，可取 3～5mm。进给量可取 0.3～0.4mm/r。

③ 粗车时切削速度一般取 75～100m/min。

④ 精车时切削速度一般取 90～120m/min，背吃刀量可取 0.5～1mm，进给量可取 0.1～0.3mm/r。

（4）车内孔的切削用量

车内孔时由于工作条件不利，容易引起振动，因此切削用量要比车外圆时适当小些。一般粗车主轴转速为 600r/min 左右，背吃刀量为 1～3mm，进给量为 0.2～0.3mm/r。精车时主轴转速为 800r/min 左右，背吃刀量为 0.1～0.2mm，进给量为 0.1～0.15mm/r。

任务小结

掌握数控夹具的确定、刀具的选择、切削用量的选择、零件图工艺分析、工序和装夹方式的确定、加工顺序的确定、进给路线的确定。

每日一练

1．在编制数控车削加工工艺时，应首先考虑哪些方面的问题？
2．数控加工对刀具有何要求？常用数控车床车刀有哪些类型？
3．制订数控车削加工工艺方案时应遵循哪些基本原则？
4．数控加工对夹具有哪些要求？如何选择数控车床夹具？
5．数控车削加工中的切削用量如何确定？
6．对于各加工表面要求光滑连接或光滑过渡时，进给路线应该如何确定，为什么？
7．数控车削时，工序应如何划分？工序设计的内容有哪些？

项目三　数控车削加工中的要点及数控车削加工工艺技巧

能力目标

1. 掌握数控车削加工前的调整、安全操作规程及日常维护及保养。
2. 掌握数控车床刀具的安装、数控车削零件的找正与安装。
3. 掌握数控车削加工工艺技巧。

核心能力

能进行数控车床操作。

任务一　数控车削加工中的要点

1. 数控车削加工前的调整

数控车削加工前的调整包括机床调整、程序调整、参数调整。

2. 数控车床的安全操作规程

操作人员必须熟悉机床使用说明书等有关资料；开机前应对机床进行全面细致的检查，确认无误后方可操作；机床通电后，检查各开关、按钮和按键是否正常、灵活，机床有无异常现象；检查电压、油压是否正常，有手动润滑的部位先要进行手动润滑；未装工件前，空运行一次程序，看程序能否顺利运行，刀具和夹具安装是否合理，有无超程现象；无论是首次加工的零件，还是重复加工的零件，首件都必须进行试切；加工完毕，清理机床。

3. 数控车床日常维护及保养

数控车床日常维护及保养为接通电源前的检查、接通电源后检查、机床运转后的检查，在运转中，检查主轴、滑板处是否有异常噪声；检查有无异常现象。

4. 数控车床刀具的安装

1) 外圆车刀的安装

外圆车刀可以正向夹紧如图 2-56（a）所示，也可以反向夹紧如图 2-56（b）所示，车刀靠垫刀块 1 上的两个螺钉 2 反向夹紧如图 2-56（c）所示。

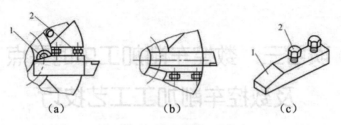

图 2-56 刀具的夹紧和定位

2)内孔刀具的安装

内孔刀具的安装主要有麻花钻头和车刀两种。

麻花钻头安装在内孔刀座 1 中,内孔刀座 1 用两个螺钉固定在刀架上,如图 2-57 所示。

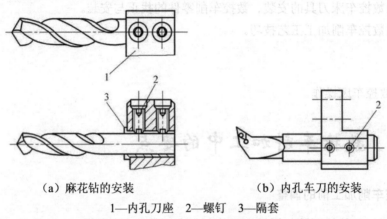

(a)麻花钻的安装　　　　　　(b)内孔车刀的安装

1—内孔刀座　2—螺钉　3—隔套

图 2-57 内孔刀具安装

车刀安装在刀架上,伸出部分不宜太长,伸出量一般为刀杆高度的 1~1.5 倍。车刀垫铁要平整,数量要少,垫铁应与刀架对齐。车刀刀尖应与工件轴线等高,否则会因基准面和切削平面的位置发生变化,而改变车刀工作时的前角和后角的数值。车刀刀杆中心线应与进给方向垂直,否则会使主偏角和副偏角的数值发生变化,如图 2-58 所示。

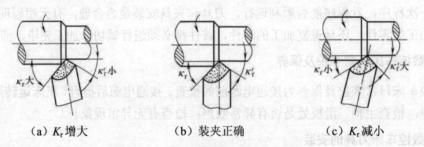

(a) K_r 增大　　　　　(b) 装夹正确　　　　　(c) K_r 减小

图 2-58 车刀装偏对主副偏角的影响

5. 数控车削零件的找正与安装

轴类零件在三爪自定心卡盘的找正如图 2-59(a)所示。盘类零件在三爪自定心卡盘的找正如图 2-59(b)所示。

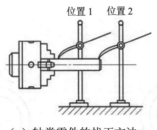
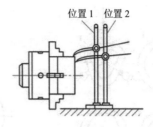

（a）轴类零件的找正方法　　　　　　（b）盘类零件的找正方法

图 2-59　零件的找正

任务二　数控车削加工工艺技巧

1. 车削悬伸结构零件的工艺措施

（1）合理选择刀具角度。选择小的主偏角，加工要求刀具径向切削力越小越好，造成工件悬伸部分弯曲的主要是背向力。为减小切削力和切削热，应选用较大的前角（15°～30°）。选择正刃倾角，使切屑流向待加工表面，并使卷屑效果更好，避免产生切屑缠绕。

（2）刀尖圆弧半径。为减小径向切削力应选用较小的刀尖圆弧半径。

（3）改变刀具轨迹补偿切削力引起的变形。

（4）选择合适的循环去除余量。

2. 内沟槽的车削

刀杆直径或刀体尺寸比镗孔时所用的尺寸要小，刚性更差，切削刃更长，因此，在切削时更容易产生振动。排屑更困难。

3. 薄壁类零件车削中的工艺技巧

1）薄壁类零件的加工特点

薄壁类零件刚性差承受不了较大的径向夹紧力，在夹紧力的作用下极易产生变形，通用夹具装夹比较困难，常态下工件的弹性会影响工件的尺寸精度和形状精度。如图 2-60 所示，工件的径向尺寸受切削热的影响大，热膨胀变形的规律难以掌握，因而工件尺寸精度不易控制。由于切削力的影响，容易产生变形和振动，工件的精度和表面粗糙度不易保证。由于薄壁类零件刚性差，不能采用较大的切削用量，因而生产效率低。

2）减少薄壁类零件变形的一般措施

（1）合理确定夹紧力的大小、方向和作用点。粗、精加工采用不同的夹紧力；正确选择夹紧力的作用点，使夹紧力作用于夹具支承点的对应部位或刚性较好的部位，并尽可能靠近工件的加工表面；改变夹紧力的作用方向，变径向夹紧为轴向夹紧，如图 2-61 所示。

增大夹紧力的作用面积，将工件小面积上的局部受力变为大面积上的均匀受力，可大大减少工件的夹紧变形，如图 2-62 所示。

（2）尽量减少切削力和切削热。合理选择刀具的几何参数；合理选择切削用量；充分浇注切削液。

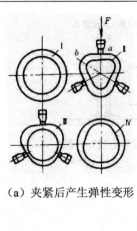 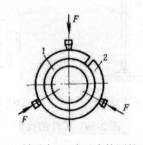

(a) 夹紧后产生弹性变形　　(b) 镗孔加工时正确的圆柱形　　(c) 取下工件后内孔变形

图 2-60　薄壁类的工件变形

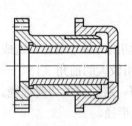 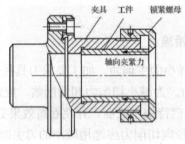 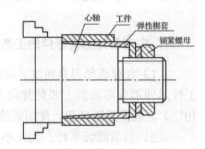

(a) 轴向夹紧夹具　　　　(b) 以外圆定位加工内孔　　　　(c) 以内孔定位加工外圆

图 2-61　轴向夹紧夹具

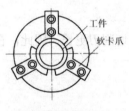 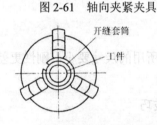 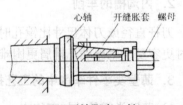

(a) 扇形卡爪　　　　　　(b) 开缝套筒　　　　　　　(c) 开缝胀套心轴

图 2-62　增大夹紧面积

(3) 使用辅助支承。使用辅助支承可提高工件的安装刚性,减少工件的夹紧变形。

(4) 增加工艺肋。有些薄壁类零件可在装夹部位铸出工艺加强筋,以减少夹紧变形。

4. 车削配合件的方法

应认真分析配合件的装配关系,确定基准零件(即直接影响配合件装配后各零件相互位置精度的主要零件)。加工配合件时,应先车削基准零件,然后根据装配关系的顺序,依次车削配合件中的其余零件。车削基准零件时应注意以下几点:影响配合件配合精度的尺寸,应尽量加工至两极限尺寸的中间值,且加工误差应控制在图样允许误差的 1/2;各表面的几何形状误差和表面间的相互位置误差应尽可能小。

(1) 有锥体配合的配合件,车削时车刀刀尖应与锥体轴线等高,避免产生圆锥素线的直线度误差。

(2) 有偏心配合时,偏心部分的偏心量应一致,加工误差应控制在图样允许误差的

1/2,且偏心部分的轴线应平行于零件轴线。

(3)有螺纹时,螺纹应车制成形,一般不允许使用板牙、丝锥加工,以防工件位移而影响工件的同轴度。螺纹中径尺寸,对于外螺纹应控制在最小极限尺寸范围,对于内螺纹则应控制在最大极限尺寸范围,使配合间隙尽量大些。

(4)配合件各表面的锐边应倒钝,毛刺应清除。

根据各零件的技术要求和结构特点,以及配合件装配的技术要求,分别拟订各零件的加工方法,各主要表面的加工次数(粗、半精、精加工的选择)和加工顺序。配合件中其余零件的车削,一方面应按基准零件车削时的要求进行,另一方面应按已加工的基准零件及其他零件的实测结果相应调整,充分使用配车、配研、配合加工等手段以保证配合件的装配精度要求。

5. 难加工材料的车削加工

(1)难加工材料的加工特点。切削力大、切削温度高、由于难加工材料的强度高、热强度高、切削温度高和加工硬化严重,有些材料还有较强的化学亲和力和粘合现象,所以刀具的磨损速度也较快。

(2)切削难加工材料应采取的措施。选择合适的刀具材料;选择合理的刀具几何参数,如对硬度低、塑性好的材料,应采用有较大的前角和后角的刀具;对高温合金等铣削时则采用较大螺旋角和增大刃倾角的绝对值等方法;采用合适的切削液,高速钢刀具切;削高温合金时一般采用水溶性切削液;用硬质合金刀具切削时,可采用油类极压切削液;选择合理的切削用量。

任务小结

1. 掌握数控车削加工前的调整、安全操作规程及日常维护及保养。
2. 掌握数控车床刀具的安装、数控车削零件的找正与安装。
3. 掌握数控车削加工工艺技巧。

每日一练

1. 简述数控车床的安全操作规程。
2. 车削悬伸结构零件的工艺措施是什么?
3. 减少薄壁类零件变形的一般措施是什么?
4. 切削难加工材料应采取什么措施?

项目四　典型零件的数控车削加工工艺分析

能力目标

掌握典型零件的数控车削加工工艺。

> **核心能力**

能进行零件的数控车削加工工艺分析，数控车削加工工艺文件编制；制订数控车削加工工序。

任务一　轴类零件数控车削加工工艺

对轴类零件的加工顺序安排来说，数控车床与卧式车床基本相同，即遵循先粗后精、由大到小的基本原则。先粗后精就是先对零件整体粗加工，然后半精加工、精加工；由大到小就是先从大直径处开始车削，然后依次向小直径加工。在数控机床车轴类零件时，往往从零件右端开始连续不断地完成对整个零件的切削。

1. 零件图工艺分析

该零件表面由圆柱、圆锥、顺圆弧、逆圆弧及螺纹等表面组成。其中多个直径尺寸有较严的尺寸精度和表面粗糙度等要求；球面 $S\phi50mm$ 的尺寸公差还兼有控制该球面形状误差的作用。尺寸标注完整，轮廓描述清楚。零件材料为 45 钢，无热处理和硬度要求。

通过上述分析，可采用以下几点工艺措施。

（1）对图样上给定的几个精度（IT7～IT8）要求较高的尺寸，因其公差数值较小，故编程时不必取平均值，而全部取其基本尺寸即可。

（2）在轮廓曲线上，有 3 处为过象限圆弧，其中两处为既过象限又改变进给方向的轮廓曲线，因此在加工时应进行机械间隙补偿，以保证轮廓曲线的准确性。

（3）为便于装夹，坯件左端应预先车出夹持部分（双点画线部分），右端面也应先粗车出并钻好中心孔。毛坯选 $\phi60mm$ 棒料。

2. 选择设备

根据被加工零件的外形和材料等条件，选用 TND360 数控车床。

3. 确定零件的定位基准和装夹方式

（1）定位基准确定。坯料轴线和左端大端面（设计基准）为定位基准。

（2）装夹方法。左端采用三爪自定心卡盘定心夹紧，右端采用活动顶尖支承的装夹方式。

4. 确定加工顺序及进给路线

加工顺序按由粗到精、由近到远（由右到左）的原则确定，即先从右到左进行粗车（留 0.25mm 精车余量），然后从右到左进行精车，最后车削螺纹。图 2-63 所示为精车轮廓进给路线。

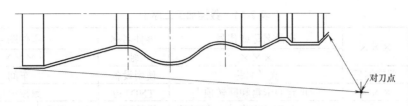

图 2-63 精车轮廓进给路线

5．刀具选择

（1）选用 ϕ5mm 中心钻钻削中心孔。

（2）粗车及平端面选用 90°硬质合金右偏刀，为防止副后刀面与工件轮廓干涉（可用作图法检验），副偏角不宜太小，选 $K_r' = 35°$。

（3）精车和车螺纹选用硬质合金 60°外螺纹车刀，刀尖圆弧半径应小于轮廓最小圆角半径，取 $r_\varepsilon = 0.15 \sim 0.2$mm。将所选定的刀具参数填入数控加工刀具卡片中，如表 2-10 所示。

表 2-10 数控加工刀具卡片

产品名称或代号	×××	零件名称	轴	零件图号	×××	
序号	刀具号	刀具规格名称	数量	加工表面	刀尖半径/mm	备注
1	T01	ϕ5mm 中心钻	1	钻 ϕ5mm 中心孔		
2	T02	硬质合金 90°外圆车刀	1	车端面及粗车轮廓		右偏刀
3	T03	硬质合金 60°外螺纹车刀	1	精车轮廓车螺纹	0.15	
编制		×××	审核	×××	批准	共 页	第 页

6．切削用量的选择

（1）背吃刀量的选择。轮廓粗车循环时选 a_p=3mm，精车 a_p=0.25mm；螺纹车循环时选 a_p=0.4mm，精车 a_p=0.1mm。

（2）主轴转速的选择。

① 直径和圆弧时，查表选粗车切削速度 v_c=90m/min、精车切削速度 v_c=120m/min，然后利用式（1-2）计算主轴转速 $n = \dfrac{1000v_c}{\pi d}$（粗车工件直径 D=60mm，精车工件直径取平均值）：粗车 500r/min、精车 1200r/min。

② 螺纹时，利用式（2-1）计算主轴转速，得 n=320r/min。

（3）进给速度的选择。先查表选择粗车、精车每转进给量，再根据加工的实际情况确定粗车、精车每转进给量分别为 0.4mm/r 和 0.15mm/r，再根据式（1-3）计算粗车、精车进给速度分别为 200mm/min 和 180mm/min。数控加工工序卡如表 2-11 所示。

7．参考程序

按 FANUC 规定的指令代码和程序段格式，把零件的主要工艺过程编写成程序清单。该零件的加工参考程序如表 2-12 所示。

表 2-11 数控加工工序卡

单位名称	×××	产品名称或代号		零件名称	零件图号
		×××		轴	×××
工序号	程序编号	夹具名称		使用设备	车间
	×××	三爪定心卡盘和回转顶尖		TND360	数控中心
工步号	工步内容	刀具号	刀具规格 /mm	主轴转速 /(r·min)	进给速度 /(mm·min)	背吃刀量 /mm	备注
1	车端面	T02	25×25	500			手动
2	钻中心孔	T01	5	950			手动
3	粗车轮廓	T02	25×25	500	200	3	自动
4	精车轮廓	T03	25×25	1200	180	0.25	自动
5	粗车螺纹	T03	25×25	320	960	0.4	自动
6	精车螺纹	T03	25×25	320	960	0.1	自动
编制	×××	审核	×××	批准	×××	年 月 日	共 页 第 页

表 2-12 典型轴类零件参考程序

程　　序	说　　明
O0001;	程序号
G99 G97 T0202;	调用 2 号刀 2 号补偿
M03 S500;	
G00 X60.0;	
Z2.0;	
G73 U12.0 R4;	G73 粗加工外轮廓
G73 P10 Q0.5 W0.0 F0.4;	
N10 G01 X26.0;	
Z0.0;	
X30.0 Z-2.0;	
Z18.0;	
X26.0 Z-20.0;	
Z-25.0;	
X36.0 Z-35.0;	
Z-45.0;	外轮廓精加工路线
G03 X30.0 Z-54.0 R15.0;	
G03 X40.0 Z-69.0 R25.0;	
G02 X40.0 Z-99.0 R25.0;	
G03 X34.0 Z-108.0 R15.0;	
G01 Z-113.0;	
X56.0 Z-135.4;	
N20 X20.0;	
M05;	
M03 S1200;	
G70 P10 Q20 F0.36;	G70 精加工外轮廓
G00 100.0 Z100.0;	
M05;	
M00;	
T0303;	调用 3 号刀 3 号补偿

续表

程　　序	说　　明
M03 S320;	
G00X32.0;	
Z5.0;	
G76 P010160 Q100 R0.1;	G76 车螺纹
G76 X2704 Z-22.0 P1300 Q400 F2.0;	
G00 X100.0;	
Z100.0;	
M05;	
M30;	

任务二　轴套类零件数控车削加工工艺

1. 在一般数控车床上加工的套类零件

对套类零件的加工顺序安排来说，数控车床与卧式车床基本一样。孔径大的套一般用钻削、半精镗、精镗的加工方法。

图 2-64 所示为典型轴套类零件，该零件材料为 45 钢，无热处理和硬度要求，试对该零件进行数控车削工艺分析（单件小批量生产）。

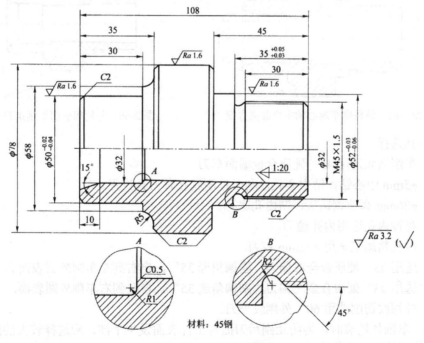

图 2-64　轴承套零件图

1）零件图工艺分析

该零件表面由内外圆柱面、内圆锥面、顺圆弧、逆圆弧及外螺纹等表面组成，其中多个直径尺寸与轴向尺寸有较高的尺寸精度和表面粗糙度要求。零件图尺寸标注完整，符合数控加工尺寸标注要求；轮廓描述清楚完整；零件材料为45钢，加工切削性能较好，无热处理和硬度要求。通过上述分析，采取以下几点工艺措施。

（1）零件图样上带公差的尺寸，公差值较小，故编程时不必取其平均值，而取基本尺寸。

（2）左、右端面均为多个尺寸的设计基准，相应工序加工前，应该先车左、右端面。

（3）内孔尺寸较小，镗1∶20锥孔、$\phi32$孔及15°斜面时需掉头装夹。

2）选择设备

根据被加工零件的外形和材料等条件，选用CJK6240数控车床。

3）确定装夹方案

内孔加工时以外圆定位，用三爪自动定心卡盘夹紧。加工外轮廓时，为保证一次安装加工出全部外轮廓，需要设一圆锥心轴装置，用三爪卡盘夹持心轴左端，心轴右端留有中心孔并用尾座顶尖顶紧以提高工艺系统的刚性，如图2-65所示。

4）确定加工顺序及走刀路线

加工顺序的确定按由内到外、由粗到精、由近到远的原则确定，在一次装夹中尽可能加工出较多的工件表面。结合本零件的结构特征，可先加工内孔各表面，然后加工外轮廓表面。由于该零件为单件小批量生产，走刀路线设计不必考虑最短进给路线或最短空行程路线，外轮廓表面车削走刀路线可沿零件轮廓顺序进行，走刀路线如图2-66所示。

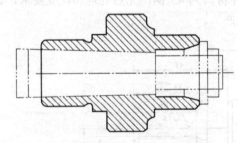
图2-65 外轮廓车削心轴定位装夹方案

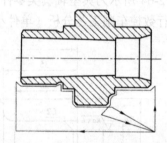
图2-66 外轮廓表面车削走刀路线

5）刀具选择

（1）车削端面选用45°硬质合金端面车刀。

（2）$\phi5$mm中心钻，钻中心孔以利于钻削底孔时刀具找正。

（3）$\phi26$mm高速钢钻头，钻内孔底孔。

（4）粗镗内孔选用内孔镗刀。

（5）内孔精加工选用$\phi32$mm铰刀。

（6）选用93°硬质合金右偏刀，副偏角选35°，自右到左车削外圆表面。

（7）选用93°硬质合金左偏刀，副偏角选35°，自左到右车削外圆表面。

（8）外螺纹切削选用60°外螺纹车刀。

注意：车削外轮廓时，为防止副后刀面与工件表面发生干涉，应选择较大的副偏角，必要时可作图检验。本例中选$\kappa_r'=55°$。

将所选定的刀具参数填入如表2-13所示的轴承套数控加工刀具卡片中，以便编程和操作管理。

模块二 数控车削加工工艺

表 2-13 轴承套数控加工刀具卡片

产品名称或代号		数控车工艺分析实例	零件名称	轴承套	零件图号	Lathe-01
序号	刀具号	刀具规格名称	数量	加工表面	刀尖半径/mm	备注
1	T01	45°硬质合金端面车刀	1	车端面	0.5	25×25
2	T02	φ5 中心钻	1	钻φ5mm 中心孔		
3	T03	φ26mm 钻头	1	钻底孔		
4	T04	镗刀	1	镗内孔各表面	0.4	20×20
5	T05	93°硬质合金右偏刀	1	自右至左车外表面	0.2	25×25
6	T06	93°硬质合金左偏刀	1	自左至右车外表面		
7	T07	60°外螺纹车刀	1	车 M45 螺纹		
编制	×××	审核	×××	批准	×××	年 月 日	共 页	第 页

6）切削用量选择

根据被加工表面质量要求、刀具材料和工件材料，参考切削用量手册或有关资料选取切削速度与每转进给量，然后利用公式 $v_c=\pi dn/1000$ 和 $v_f= nf$，计算主轴转速与进给速度（计算过程略），计算结果填入表 2-14 所示的轴承套数控加工工序卡中。

背吃刀量的选择因粗、精加工而有所不同。粗加工时，在工艺系统刚性和机床功率允许的情况下，尽可能取较大的背吃刀量，以减少进给次数；精加工时，为保证零件表面粗糙度要求，背吃刀量一般取 0.1～0.4 mm 较为合适。

7）数控加工工艺卡片拟订

将前面分析的各项内容综合成如表 2-14 所示的数控加工工艺卡片。

表 2-14 轴承套数控加工工序卡

工厂名称				产品名称或代号	零件名称	零件图号
				数控车工艺分析实例	轴承套	Lethe-01
工序号		程序编号		夹具名称	使用设备	车间
001		×××		三爪卡盘和自制心轴	CJK6240	数控中心
工步号	工步内容		刀具号	刀具规格/mm	主轴转速/(r·min⁻¹)	进给速度/(mm·min⁻¹)	背吃刀量/mm	备注
1	平端面		T01	25×25	320	—	1	手动
2	钻 φ5 中心孔		T02	φ5	950	—	2.5	手动
3	钻底孔		T03	φ26	200	—	13	手动
4	粗镗 φ32 内孔、15°斜面及 C0.5 倒角		T04	20×20	320	40	0.8	自动
5	精镗 φ32 内孔、15°斜面及 C0.5 倒角		T04	20×20	400	25	0.2	自动
6	掉头装夹粗镗 1∶20 锥孔		T04	20×20	320	40	0.8	自动
7	精镗 1∶20 锥孔		T04	20×20	400	20	0.2	自动
8	心轴装夹自右至左车外轮廓		T05	25×25	320	40	1	自动
9	自左至右粗车外轮廓		T06	25×25	320	40	1	自动
10	自右至左精车外轮廓		T05	25×25	400	20	0.1	自动
11	自左至右精车外轮廓		T06	25×25	400	20	0.1	自动
12	卸心轴改为三爪装夹粗车 M45 螺纹		T07	25×25	320	480	0.4	自动
13	精车 M45 螺纹		T07	25×25	320	480	0.1	自动
编制	×××	审核	×××	批准	×××	××年×月×日	共 1 页	第 1 页

2. 薄壁套零件的加工

下面以在 MT-50 数控机床上加工一典型薄壁套——轴套类零件的一道工序为例说明其数控车削加工工艺设计过程。图 2-67 所示为本工序的工序图，图 2-68 所示为该零件进行本工序数控加工前的工序图，试对该零件进行数控车削工艺分析。

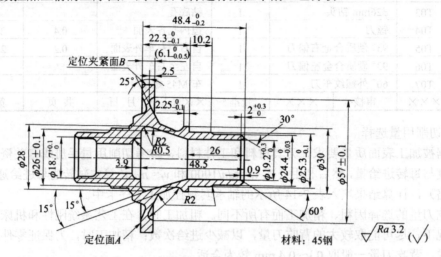

图 2-67 工序简图

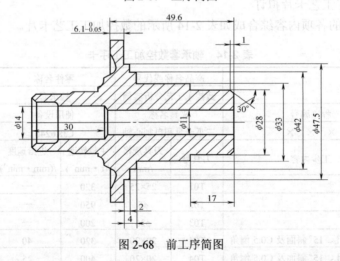

图 2-68 前工序简图

1) 零件图工艺分析

如图 2-68 所示，本工序加工的部位较多，精度要求较高，且工件壁薄易变形。

从结构上看，该零件由内、外圆柱面、内、外圆锥面、平面及圆弧等组成，结构形状较复杂，很适合车削加工。

从尺寸精度上看，$\phi 24.4$ mm 和 6.1mm 两处加工精度要求较高，须仔细对刀和认真调整机床。此外，工件外圆锥面上有几处 $R2$mm 圆弧面，由于圆弧半径较小，可直接用成型刀车削而不用圆弧插补程序切削，这样既可以减少编程工作量，又可以提高切削效率。

此外，该零件轮廓要素描述、尺寸标注均完整，且尺寸标注有利于定位基准与编程原点的统一，便于编程加工。

2）确定装夹方案

为了使工序基准和定位基准重合，减小本工序的定位误差，并敞开所有的加工部位，选择 A 面和 B 面分别为轴向和径向定位基础，以 B 面为夹紧表面。由于该工件属壁薄易变形工件，为减小夹紧变形，采用如图 2-69 所示包容式软爪。这种软爪其底部的端齿在卡盘（液压或气动卡盘）上定位，能保持较高的重复安装精度。为了加工中对刀和测量的方便，可以在软爪上设定一个基准面，这个基准面是在数控车床上加工软爪的径向夹持表面和轴向支撑表面时一同加工出来的。基准面至轴向支撑的距离可以控制得很准确。

3）确定加工顺序及进给路线

由于该零件比较复杂，加工部位比较多，因而需要采用多把刀具才能完成切削加工。根据加工顺序和切削加工进给路线的确定原则，本零件具体的加工顺序和进给路线确定如下。

（1）粗车外表面。由于是粗车，可选用一把刀具将整个外表面车削成形，其进给路线如图 2-70 所示。图 2-70 中虚线是对刀时的进给路线（用 10mm 的量规检查停在对刀点的刀尖甚至基准面的距离，下同）。

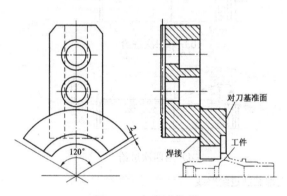

图 2-69　包容式软爪

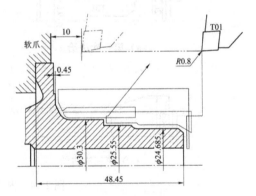

图 2-70　粗车外表面进给路线

（2）半精车外锥面。25°、15°两圆锥面及 3 处 R2mm 的圆弧过渡共用一把成型刀车削，图 2-71 所示为其进给路线。

（3）粗车内孔端部。本工步的进给路线如图 2-72 所示。

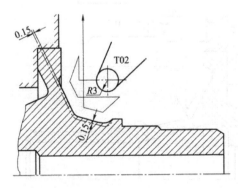

图 2-71　半精车外锥面 R2mm 圆弧

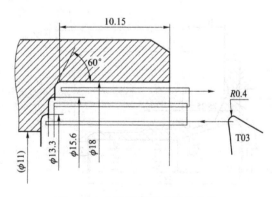

图 2-72　内孔端部粗车进给路线

（4）钻削内孔深部。进给路线如图2-73所示。

（3）（4）两个工步均为对内孔表面进行粗加工，加工内容相同，一般可合并为一个工步，或用车削，或用钻削，此处将其划分成两个工步的原因是：在离夹持部位较远的孔端部安排一个车削工步可减小切削变形，因为车削力比钻削力小，在孔深处安排一钻削工步可提高加工效率，因为钻削效率比车削高，且切削易于排出。

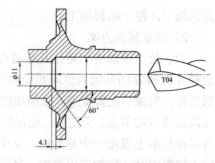

图2-73　内孔端部钻削进给路线

（5）粗车内锥面及半精车其余内表面。具体加工内容为半精车$\phi19.2+0.30$mm内圆柱面、$R2$mm圆弧面及左侧内表面，粗车15°内锥面。由于内锥面需切其余余量较多，故一共进给4次，进给路线如图2-74所示，每两次进给之间都安排一次退刀停车，以便操作者及时钩除孔内切削。

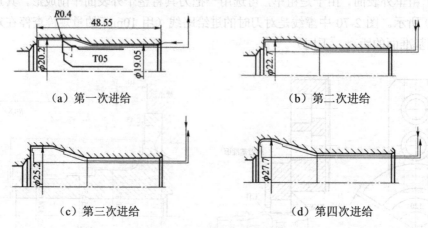

图2-74　内孔端部钻削进给路线

（6）精车外圆柱面及端面。依次加工右端面、$\phi24.358$mm、$\phi25.25$mm、$\phi30$mm外圆及$R2$mm圆弧，倒角和台阶面，其加工路线如图2-75所示。

（7）精车25°外圆锥面及$R2$mm圆弧面。用带$R2$mm的圆弧车刀，精车外圆锥面，其进给路线如图2-76所示。

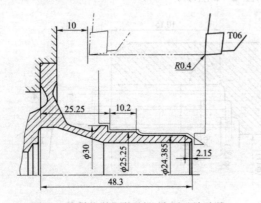

图2-75　精车外圆柱面及端面进给路线

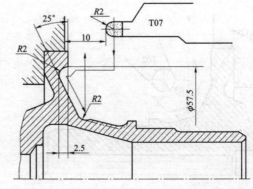

图2-76　精车25°外圆锥面及$R2$mm圆弧面进给路线

(8) 精车15°外圆锥面及R2mm圆弧面。进给路线如图2-77所示。程序中同样在软爪基准面进行选择性对刀,应注意的是受刀具圆弧R2mm制造误差的影响,对刀后不一定能满足图2-67所示的尺寸2.25mm的公差要求。对于该刀具的轴向刀补偿,还应根据刀具圆弧半径的实际值进行处理,不能完全由对刀决定。

(9) 精车内表面。其具体车削内容为 $\phi 19.2+0.30$mm内孔、15°内锥面、R2mm圆弧及锥孔端面。其余进给路线如图2-78所示。该刀具在工件外端面上进行对刀,此时外端面上已无加工余量。

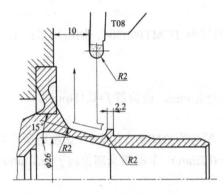

图2-77 精车15°外圆锥面进给路线

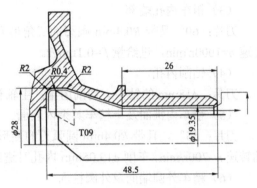

图2-78 精车内表面进给路线

(10) 加工最深处 $\phi 18.7+0.10$mm内孔及端面。加工需安排二次进给,中间退刀一次以便钩除切削,其进给路线如图2-79所示。

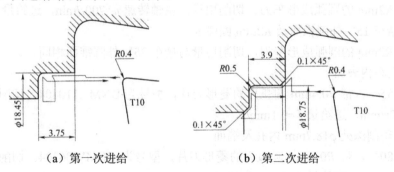

(a) 第一次进给　　　　　　(b) 第二次进给

图2-79 内孔端部钻削进给路线

在安排本工步进给路线时,要特别注意妥善安排内孔根部端面车削时的进给方向。因为刀具伸入较长,刀具刚性欠佳,如采用与图示反方向进给车削端面,则切削时容易产生振动。

如图2-79所示可以看到两处0.1mm×45°倒角加工,类似这样的小倒角或小圆弧的加工,是数控车削的程序编制中精心安排的,这样可以使加工表面之间的圆滑转接过渡。只要图样上无"保持锐角边"的特殊要求,均可照此处理。

4) 选择刀具和切削用量

根据加工要求和各工步加工表面形状选择刀具和切削量。所选刀具除成形车刀外,都是机夹可转位车刀。各工步所用刀片、形成车刀及切削用量(转速计算过程略)具体选择如下。

(1) 粗车外表面

刀片：80°的菱形刀片，型号为 CCMT097308。切削用量：车削端面时主轴转速 n=1400r/min，其余部位 f=0.2～0.25mm/r。

(2) 半精车外圆锥面

刀片：ϕ6mm 的圆形刀片，型号为 RCMT060200。切削用量：主轴转速 n=1000r/mm，切入时的进给量 f=0.1mm/r，进给时 f=0.2mm/r。

(3) 粗车内孔端部

刀片：60°且带 R0.4mm 圆刃的三角形刀片，型号为 TCMT090204。切削用量：主轴转速 n=1000r/min，进给量 f=0.1mm/r。

(4) 钻削内孔

刀具：ϕ18mm 的钻头。切削用量：主轴转速 n=550r/mm，进给量 f=0.15mm/r。

(5) 粗车内锥面及半精车其余内表面

刀片：55°，且带 R0.4mm 圆弧刃的菱形刀片，型号为 DNMA110404。切削用量：主轴转速 n=700r/min，车削 ϕ19.05mm 内孔时进给量 f=0.2mm/r，车削其余部位时 f=0.1mm/r。

(6) 精车外圆端面及外圆柱面

刀片：80°，带 R0.4mm 圆弧刃的菱形刀片，型号为 CCMW08034。切削用量：主轴转速 n=1400r/min，进给量 f=0.15mm/r。

(7) 精车 25°外圆锥面及 R2mm 圆弧面

刀具：R2mm 的圆弧成形车刀。切削用量：主轴转速 n=700r/min，进给量 f=0.1mm/r。

(8) 精车 15°外圆锥面及 R2mm 圆弧面

刀具：R2mm 的圆弧成形车刀，切削用量与精车 25°外圆锥面相同。

(9) 精车内表面

刀片：55°，带 R0.4mm 圆弧刃的菱形刀片，型号为 DNMA110404。切削用量：主轴转速 n=1000r/min，进给量 f=0.1mm/r。

(10) 车削深处 ϕ18.7mm 内孔及端面

刀片：80°，带 R0.4mm 圆弧刃的菱形刀片，型号为 CCMW06204。切削用量：主轴转速 n=1000r/min，进给量 f=0.1mm/r。

在确定了零件的进给路线，选择了切削刀具之后，视所用刀具多少，若使用刀具较多，为直观起见，可结合零件定位和编程加工的具体情况，绘制一份如图 2-80 所示的刀具调整图。

在刀具调整图中，要反映如下内容。

(1) 本工序所需要刀具的种类、形状、安装位置、预调尺寸和刀尖圆弧半径值等，有时还包括刀补组号。

(2) 刀位点。若以刀具端点为刀位点时，则刀具调整图中 x 向和 z 向的预调尺寸终止线交点即为该刀具的刀位点。

(3) 工件的安装方式及待加工部位。

(4) 工件的坐标原点。

(5) 主要尺寸的程序设定值（一般取为工件尺寸中的值）。

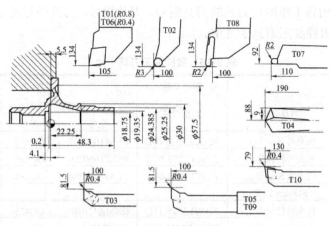

图 2-80 刀具调整图

5）填写工艺文件

（1）按加工顺序将各步的加工内容、所用刀具及切削用量等填入表 2-15 所示的工序卡片中。

表 2-15 数控加工工序卡片

（工厂）	数控加工工序卡片		产品名称或代号		零件名称		材料		零件图号	
					轴套		45钢			
工序号	程序编号	夹具名称		夹具编号		使用设备		车间		
		包容式软三爪				MT-50				
工步号	工步加工		加工面	刀号	刀具规格/mm	主轴转速/(r/min)	进给量/(mm/r)	背吃刀量/mm		备注
1	a. 粗车外圆表面分别至尺寸ϕ24.68mm、ϕ25.55mm、ϕ30.3mm b. 粗车端面			T01		1000 1400	0.2～0.25 0.15			
2	半精车外圆锥面，留余量 0.15mm			T02		1000	0.1	0.2		
3	粗车深度 10.15mm 的 ϕ18mm 内孔			T03		1000	0.1			
4	钻 ϕ18mm 内孔深部			T04		550	0.15			
5	粗车内锥面及半精车内表面分别至尺寸 ϕ27.7mm 和 ϕ19.05mm			T05		700	0.1 0.2			
6	精车外圆柱面及端面至尺寸要求			T06		1400	0.15			
7	精车 25°外圆锥及 R2mm 圆弧面至尺寸要求			T07		700	0.1			
8	精车 15°外圆锥面及 R2mm 圆弧面至尺寸要求			T08		700	0.1			
9	精车内表面至尺寸要求			T09		1000	0.1			
10	车削深处 ϕ18.7mm 及端面至尺寸要求			T010		1000	0.1			
编制			审核		批准		共1页		第1页	

(2) 将选定的各工步所用刀具的刀具型号、刀片型号、刀片牌号及刀尖圆弧半径等填入表 2-16 所示的数控加工刀具卡片中。

表 2-16 数控加工刀具卡片

产品名称或代号			零件名称		零件图号	程序编号	
工步号	刀具号	刀具名称	刀具型号	刀片		刀尖半径/mm	备注
				型号	牌号		
1	T01	机夹可转位车刀	PCGCL2525-09Q	CCMT097038	GC435	0.8	
2	T02	机夹可转位车刀	PRJCL2525-06Q	RCMT060200	GC435	3	
3	T03	机夹可转位车刀	PTJCL1010-09Q	TCMT090204	GC435	0.4	
4	T04	φ18mm 钻头					
5	T05	机夹可转位车刀	PDJNL1515-11Q	DNMA110404	GC435	0.4	
6	T06	机夹可转位车刀	PCGCL2525-08Q	CCMW080304	GC435	0.4	
7	T07	成型车刀				2	
8	T08	成型车刀				2	
9	T09	机夹可转位车刀	PDJNL1515-11Q	DNMA110404	GC435	0.4	
10	T10	机夹可转位车刀	PCJCL1515-06Q	CCMW060204	GC435	0.4	
编制			审核		批准	共1页	第1页

注：刀具型号组成见国家标准 GB/T5343.1—2007《可转位车刀型号表示规则》和 GB/T5343·2—2007《可转位车刀形式尺寸和技术要求》；刀片型号和尺寸有关刀具手册；GC435 为山特维克（SandVik）公司涂层硬质合金刀片牌号。

(3) 将各工步的进给路线（见图 2-71～图 2-80）绘成文件形式的进给路线图。本例因篇幅所限，故略去。

上述二卡一图是编制该轴套零件本工序数控车削加工程序的主要依据。

任务三　盘类零件数控车削工艺分析

如图 2-81 所示带孔圆盘工件，材料为 45 钢，分析其数控车削工艺。

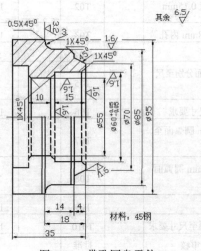

图 2-81　带孔圆盘零件

1. 零件图工艺分析

如图 2-81 所示工件属于典型的盘类零件，材料为 45 钢，可选用圆钢为毛坯，为保证在进行数控加工时工件能可靠的定位，可在数控加工前将左侧端面、φ95mm 外圆加工，同时将 φ55mm 内孔钻 φ53mm 孔。

2. 选择设备

根据被加工零件的外形和材料等条件，选定 Vturn-20 型数控车床。

3. 确定零件的定位基准和装夹方式

（1）定位基准以已加工出的 φ95mm 外圆及左端面为工艺基准。
（2）装夹方法采用三爪自定心卡盘自定心夹紧。

4. 制订加工方案

根据图样要求、毛坯及前道工序加工情况，确定工艺方案及加工路线。工步顺序：粗车外圆及端面；粗车内孔；精车外轮廓及端面；精车内孔。

5. 刀具选择及刀位号

选择刀具及刀位号如图 2-82 所示。

T1 	T3	T5	T7 	79
T2	T4 	T6	T8 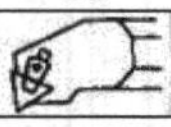	T10

图 2-82　刀具及刀位号

将所选定的刀具参数填入表 2-17 所示的带孔圆盘数控加工刀具卡片中。

表 2-17　带孔圆盘数控加工刀具卡片

产品名称或代号		×××		零件名称	带孔圆盘	零件图号	×××
序号	刀具号	刀具规格名称		数量	加工表面		备注
1	T01	硬质合金外圆车刀		1	粗车端面、外圆		
2	T04	硬质合金内孔车刀		1	粗车内孔		
3	T07	硬质合金外圆车刀		1	精车端面、外轮廓		
4	T08	硬质合金内孔车刀		1	精车内孔		
编制	×××	审核	×××	批准	×××	年 月 日	共 页　第 页

6. 确定切削用量（略）

7. 数控加工工艺卡片拟订

数控加工工艺卡片如表 2-18 所示。

表2-18 带孔圆盘的数控加工工艺卡片

单位名称	×××	产品名称或代号		零件名称		零件图号	
		带孔圆盘		轴承套		×××	
工序号	程序编号	夹具名称		使用设备		车间	
	×××	三爪卡自心轴		CJK6240		数控中心	
工步号	工步内容	刀具号	刀具规格 /mm	主轴转速 /(r·min^{-1})	进给速度 /(mm·min^{-1})	背吃刀量 /mm	备注
1	粗车端面	T01	20×20	100	80		
2	粗车外圆	T01	20×20	400	80		
3	粗车内孔	T03	φ20	400	60		
4	精车外轮廓及端面	T07	20×20	1100	110		
5	精车内孔	T08	φ32	1000	100		
编制	×××	审核	×××	批准	×××	××年×月×日	共 页 第 页

任务四 配合件的数控车削加工工艺分析

如图 2-83 所示配合件，试对该零件进行数控车削工艺分析。

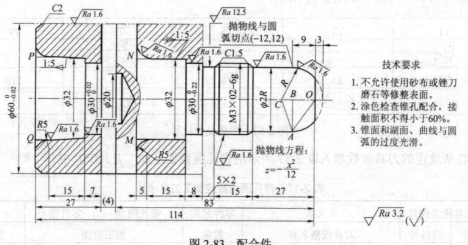

图 2-83 配合件

1. **零件图工艺分析**

2. **确定装夹方案**

   27mm+(114-83-27)mm+(83-27-15-5-8-15-5)mm+21(空出长度)mm=60mm

3. **确定加工方案**

4. **确定加工顺序及进给路线**

5. **选择刀具**

表 2-19 所示为配合件数控加工刀具卡片。

表 2-19 配合件数控加工刀具卡片

单位	数控加工刀具卡片		产品名称或代号	零件名称	材料	零件图号
			调头车削轴套类零件	配合件	45 钢	40-4001
工序号	程序编号		夹具名称	夹具编号	使用设备	车间
			铜皮		CK7525A 数控车	数控实训中心
序号	刀具			刀片		
	刀具号	规格名称	型号	名称	型号	刀尖半径
1		莫氏变径套		锥柄麻花钻头	ϕ6mm 莫氏 No.3	机床尾座锥孔 莫氏 No.4
2	T01	95°复合压紧式可转位左外圆车刀		80°菱形刀片		0.4
3	T02	92°螺钉压紧式左内孔车刀		55°菱形刀片		0.4
4	T03	宽 4mm 左切断刀		切断刀片		0.3
5	T04	左外螺纹车刀		60°外螺纹刀片		刀片反装
编制		审核		批准		共 页

6. 确定切削用量

7. 填写工艺卡片

表 2-20 所示为配合件数控加工工序卡片。

表 2-20 配合件数控加工工序卡片

单位	数控加工工序卡片	产品名称或代号	零件名称	材料	零件图号
		调头车削轴套类零件	配合件	45 钢	40-4001
工序号	程序编号	夹具名称	夹具编号	使用设备	车间
		铜皮		CK7525A 数控车	数控实训中心

工步号	工步内容	刀具号	刀具规格 /mm	主轴转速 /(r/min)	进给量 /(mm/r)	背吃刀量 /mm	量具	备注
	备料:ϕ65mm×120mm 圆钢共两件						游标卡尺	
	夹右端外露 60mm						金属直尺	
1	车工件左端面,钻孔 ϕ20mm 至 ϕ26mm 深 35mm		ϕ26 钻头	120		1.3		手动
2	用 LCYC95 粗车 C2,$\phi 60_{-0.02}^{0}$mm 外轮廓长 45mm,留精加工余量 0.2mm	T01	95°外圆车刀	700	0.2	0.2	外径千分尺	自动
3	精车 C2,$\phi 60_{-0.02}^{0}$mm 外轮廓长 45mm,Ra1.6μm	T01		1000	0.05	0.1		自动
4	用 LCYC95 粗车,1:5 锥孔,小头 ϕ32mm 至 ϕ32.5mm 总深 20.1mm,$\phi 30_{0}^{+0.02}$mm 孔深 30mm 内轮廓,留精加工余量 0.2mm	T02	93°外圆车刀	1000	0.12	1		自动

续表

工步号	工步内容	刀具号	刀具规格/mm	主轴转速/(r/min)	进给量/(mm/r)	背吃刀量/mm	量具	备注
5	用 LCYC95 精车 mm，1∶5 锥孔，小头 $\phi32$mm 至 $\phi32.5$mm 总深 20.1mm，$\phi30_0^{+0.02}$mm 孔深 30mm 内轮廓，$Ra1.6\mu$m	T02		1200	0.03	0.1	内径指示表	自动
6	左端面切去 0.1mm 长，配合时与右大端面接触	T01		1000	0.2	0.1		手动
	防夹伤已加工表面，包铜皮掉头夹正 $\phi60_{-0.02}^{0}$mm 外圆，外露 90mm							
7	平右端面至长度尺寸要求 114mm	T01		600				手动
8	用 LCYC95 粗车右端所有外轮廓，留精加工余量 0.2mm	T01		1000	0.13	1.5		自动
9	用 LCYC95 精车右端所有外轮廓，大端面 R5 圆弧面，圆锥面，$\phi30_{-0.02}^{0}$mm，$\phi2R$ 圆柱面，R 圆弧面，抛物面达图样要求，螺纹大径加工至 $\phi20.64$mm	T01		1200	0.05	0.1 0.18		自动
10	用 LCYC93 粗精车螺纹退刀槽并倒螺纹左角 C1.5	T03	宽 4 左切断刀	800	0.3	粗 1 精 0.1		自动
11	用 LCYC97 粗精车螺纹	T04		450	0.12	精 0.05	螺纹环规	自动
12	按图样切断	T03		600	0.2	0.2		手动
13	配合检验							
14	清理、防锈、入库							
编制		审核		批准		共 页		

任务实施

通过分析图样并选择加工内容、加工方法的选择、加工顺序的确定、装夹方案的确定和夹具的选择、刀具的选择、进给路线的确定、切削用量的选择，最终能编制中等复杂程度零件的数控车削的加工工艺。

任务小结

掌握典型零件的数控车削加工工艺分析：轴类零件数控车削加工工艺包括零件图工艺分析、工序和装夹方式的确定、加工顺序的确定、进给路线的确定、刀具的选择、切削用量的选择；轴套类零件数控车削加工工艺包括零件图工艺分析、工序和装夹方式的确定、加工顺序的确定、进给路线的确定、刀具的选择、切削用量的选择。

每日一练

1. 制订如图 2-84 所示轴类零件的数控车削加工工艺。其材料为 2A12。
2. 制订如图 2-85 所示轴零件的数控车削加工工艺。

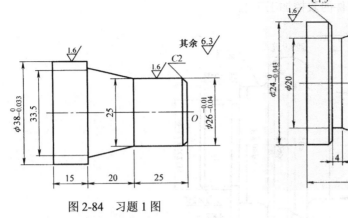

图 2-84 习题 1 图

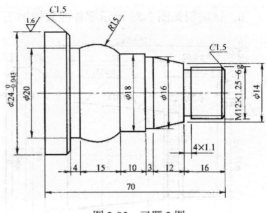

图 2-85 习题 2 图

3．制订如图 2-86 所示轴套类零件的数控车削加工工艺，材料为 2A12。

4．如图 2-87 所示，为锥孔螺母套零件，毛坯为 $\phi72mm$ 棒料，材料为 45 钢。试编制中批生产的加工工艺。

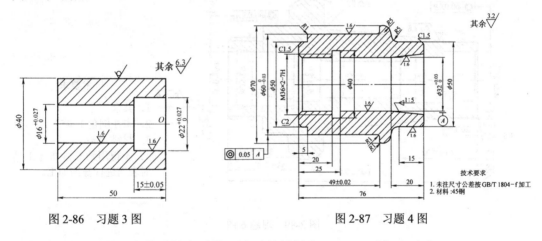

图 2-86 习题 3 图

图 2-87 习题 4 图

5．图 2-88 所示为典型轴类零件，该零件材料为 LY12，毛坯尺寸为 $\phi22mm\times95mm$，无热处理和硬度要求，试对该零件进行数控车削工艺分析。

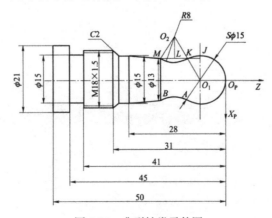

图 2-88 典型轴类零件图

6. 试编制如图 2-89 所示零件的数控加工工艺。

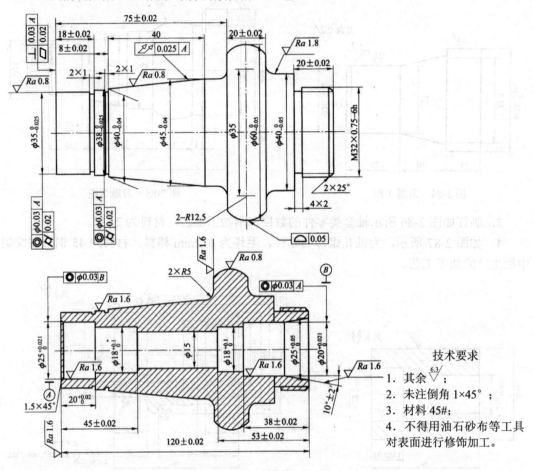

技术要求
1. 其余 $\sqrt{Ra\ 6.3}$；
2. 未注倒角 1×45°；
3. 材料 45#；
4. 不得用油石砂布等工具对表面进行修饰加工。

图 2-89 习题 6 图

模块三　数控铣削加工工艺

案例引入

如图3-1所示为带型腔的凸台零件，材料为45钢，单件生产，在前面的工序中已完成零件底面和侧面的加工（尺寸为80mm×80mm×19mm），试对该零件的顶面和内外轮廓进行数控铣削加工工艺分析。

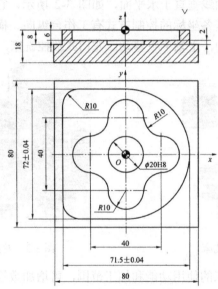

图3-1　带型腔的凸台零件

任务
制订该零件的顶面和内外轮廓数控铣削加工工艺

本模块（或技能）要点
1. 数控铣削加工的主要对象。
2. 数控铣削加工工艺的主要内容。
3. 数控铣削加工工艺文件编制。
4. 制订数控铣削加工工艺规程。

项目一　数控铣削的主要加工对象

能力目标

掌握数控铣削的主要加工对象。

> 核心能力

能掌握数控铣削的主要加工对象。

任务一 数控铣削简介

1. 数控铣床的分类

按主轴的布置形式分类，可将数控铣床分为以下几类。

1）立式数控铣床

立式数控铣床的主轴轴线垂直于水平面，如图 3-2 所示，它是数控铣床中数量最多的一种，应用范围也最广。其各坐标的控制方式有工作台纵向、横向及上下向移动，主轴不动。工作台纵向、横向移动，主轴上下移动。龙门式数控铣床，如图 3-3 所示。

图 3-2 立式数控铣床

图 3-3 龙门式数控铣床

为了扩大立式数控铣床的使用功能和加工范围，可增加数控转盘来实现四、五轴联动加工，如图 3-4 所示。

2）卧式数控铣床

卧式数控铣床的主轴轴线平行于水平面，如图 3-5 所示。

图 3-4 卧式数铣床

图 3-5 立式数控铣床配备数控转盘实现四轴联动加工

3）立卧两用数控铣床

如图 3-6 所示为配万能数控主轴头可任意方向转换的立卧两用数控铣床，也称为万能式数控铣床，主轴可以旋转 90°或工作台带着工件旋转 90°。

图 3-6　立卧两用数控铣床

2．按数控系统控制的坐标轴数量分类

（1）两轴半坐标联动数控铣床。
（2）三坐标联动数控铣床。
（3）四坐标联动数控铣床。
（4）五坐标联动数控铣床。

3．按数控系统的功能分类

按数控系统的功能分为经济型、全功能型和高速铣削数控铣床。

任务二　数控铣削的主要加工对象

数控铣削是机械加工中最常用的和最主要的数控加工方法之一，它除了能铣削普通铣床所能铣削的各种零件表面外，还能铣削普通铣床不能铣削的需 2～5 坐标联动的各种平面轮廓和立体轮廓。数控铣床加工内容与加工中心加工内容有许多相似之处，都可以对工件进行铣削、钻削、扩削、铰削、锪削、镗削以及攻螺纹等加工，但从实际应用效果看，数控铣床更多地用于复杂曲面的加工，而加工中心更多地用于有多工序内容零件的加工。根据数控铣床的特点，从铣削加工角度来考虑，适合数控铣削的主要加工对象有以下几类。

1．平面类零件

平面类零件是加工面平行或垂直于水平面，或加工面与水平面的夹角为定角，各加工面是平面，或可以展开成平面。目前在数控铣床上加工的绝大多数零件属于平面类零件，如图 3-7 所示。图 3-7 中的曲线轮廓面 A 和正圆台面 B，展开后均为平面。

平面类零件是数控铣削加工中最简单的一类零件，一般只需用三坐标数控铣床的两坐标联动（两轴半坐标联动）就可以把它们加工出来。

（a）带平面轮廓的平面零件　　（b）带正圆台和斜肋的平面零件　　（c）带斜平面的平面零件

图 3-7　平面类零件

2. 变斜角类零件

加工面与水平面的夹角呈连续变化的零件称为变斜角类零件。这类零件特点是加工面不能展开为平面，但在加工中，铣刀圆周与加工面接触的瞬间为一条直线。一般采用四轴或五轴联动数控铣床主轴摆角加工，也可用三轴数控铣床进行行切法加工。这类零件多为飞机零部件，如飞机的大梁、桁架框等。以及检验夹具和装配支架上的零件。如图 3-8 所示是飞机上的一种变斜角梁缘条，该零件从第 2 肋至第 5 肋斜角从 3°10′均匀变化为 2°32′，从第 5 肋至第 9 肋，再均匀变化为 1°20′，从第 9 肋至第 12 肋又均匀变化至 0°。

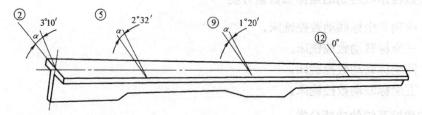

图 3-8　变斜角零件

3. 曲面（立体）类零件

曲面类零件一般指具有三维空间曲面的零件。曲面通常由数学模型设计，因此往往要借助于计算机来编程，其加工面不能展开为平面。加工时，铣刀与加工面始终为点接触，一般用球头铣刀采用两轴半或三轴联动的三坐标数控铣床加工。当曲面较复杂、通道较狭窄、会伤及毗邻表面及需刀具摆动时，要采用四轴或五轴数控铣床加工，如模具类零件、叶片类零件、螺旋桨类零件等。如图 3-9 所示为行切加工法。

 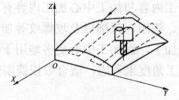 

图 3-9　行切加工法

4. 孔类零件

孔类零件上都有多组不同类型的孔，一般有通孔、盲孔、螺纹孔、台阶孔、深孔等。在数控铣床上加工的孔类零件，一般是孔的位置要求较高的零件，如圆周分布孔，行列均布孔等，如图 3-10 所示。其加工方法一般为钻孔、扩孔、铰孔、镗孔、锪孔、攻螺纹等。

5. 其他在普通铣床上难加工的零件

如形状复杂、尺寸繁多、划线与检测均较困难，在普通铣床上加工又难以观察和控制的零件、高精度零件、一致性要求好的零件。

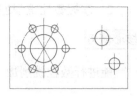

图 3-10　孔类零件

虽然数控铣床加工范围广泛，但是因受数控铣床自身特点的制约，某些零件仍不适合在数控铣床上加工。如简单的粗加工面，加工余量不太充分或很不均匀的毛坯零件，以及生产批量特别大，而精度要求又不高的零件等。

任务三　数控铣削加工内容的选择和确定

一般情况下，一个零件并非全部的铣削表面都要采用数控铣床加工，应从实际需要和经济性两个方面考虑，根据零件的加工要求和企业的生产条件来确定适合于数控铣床加工的表面和内容。通常选用以下内容进行数控铣削加工。

（1）由直线、圆弧、非圆曲线和列表曲线构成的平面轮廓。
（2）已给出数学模型的空间曲线和曲面。
（3）零件形状复杂、形状虽简单，但尺寸繁多、划线与检测、尺寸控制均较困难的部位。
（4）用通用铣床加工难以观察、测量和控制进给的内腔或内外凹槽等。
（5）有严格位置尺寸要求的孔系或平面。
（6）能在一次安装中铣出来的简单表面或形状。
（7）采用数控铣削后能成倍提高生产率，大大减轻体力劳动的一般加工内容。

而像一些加工余量大且又不均匀的表面，在机床上占机调整和准备时间较长的加工内容，简单粗加工表面，毛坯余量不充分或不太稳定的部位等则不宜采用数控铣削加工。

任务小结

掌握数控铣削的主要加工对象。

每日一练

简述数控铣削适合主要加工对象。

项目二　数控铣削加工工艺的制订

能力目标

1. 掌握数控铣削加工工艺的主要内容。

2. 掌握数控铣削加工工艺文件编制。

核心能力

能进行数控铣削加工工艺分析。

任务一　零件图的工艺性分析

数控铣削加工工艺制订得合理与否，直接影响到零件的加工质量、生产率和加工成本，是数控铣削加工的一项首要工作。关于数控加工的零件图和结构工艺性分析，在前面模块三任务二中已做介绍，下面结合数控铣削加工的特点作进一步说明。

1. 零件图样分析

1）零件的形状与结构

分析零件的形状、结构及尺寸的特点，确定零件在加工中是否会产生加工干涉或加工不到的区域，是否妨碍刀具的运动。

2）零件的尺寸标注

检查零件的尺寸标注是否正确且完整，零件各几何要素的关系是否明确且充分，有无封闭尺寸，是否有利于编程，尺寸标注是否有矛盾，各项公差是否符合加工条件等。

3）零件的技术要求及零件的刚性

分析零件的尺寸精度、形位公差和表面粗糙度等，确保在现有的加工条件下能达到零件的加工要求。特别要注意过薄的腹板与缘板的厚度公差，"铣工怕铣薄"，数控铣削也是一样，根据实践经验，当面积较大的薄板厚度小于3mm时，就应在工艺上充分重视这一问题。

4）零件的材料

了解零件材料的牌号、切削性能及热处理要求，以便合理地选择刀具和切削参数，并合理地制订出加工工艺和加工顺序等。

2. 零件结构工艺性分析

1）零件的内型和外形最好采用统一的几何类型和尺寸

在一个零件上的凹圆弧半径在数值上即使不能寻求完全统一，也要力求将数值相近的圆弧半径分组靠拢，达到局部统一，以尽量减少铣刀规格与换刀次数，提高生产率。

2）内槽圆角和内轮廓圆弧不应太小

因其决定了刀具的直径，零件工艺性的好坏与被加工轮廓的高低、转接圆弧半径的大小有关，如图3-11所示，若工件的被加工轮廓高度低，转接圆弧半径也大，可以采用较大直径的铣刀来加工，这样刀具刚性好且加工其底板面时，进给次数也相应减少，表面加工质量也会好一些，因此工艺性较好，反之，数控铣削工艺性较差。一般来说，当 $R<0.2H$（R 为内槽圆弧半径，H 为被加工轮廓面的最大高度）时，可以判断零件上该部位的工艺性不好，如图3-11（a）所示。

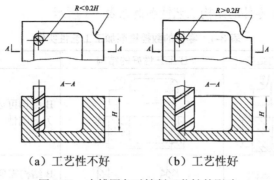

图 3-11　内槽圆角对铣削工艺性的影响

3）铣槽底平面时，槽底圆角半径 r 不要过大

铣削面的槽底圆角或底板与肋板相交处的圆角半径 r（如图 3-12 所示）越大，铣刀端刃铣削平面的能力越差，效率也越低。当 r 大到一定程度时甚至必须用球头铣刀加工，这是应当避免的。因为铣刀端面刃与铣削平面接触的最大直径 $d=D-2r$（D 为铣刀直径）。当 D 越大而 r 越小时，铣刀端刃铣削平面的面积越大，加工平面的能力越强，铣削工艺性当然也越好。当 D 一定时，r 越大，铣刀端面刃与铣削平面的面积越小，效率越低，工艺性越差。有时，当铣削的底面面积和底部圆弧 r 都较大时，只能用两把 r 不同的铣刀（一把刀的 r 小些，另一把刀的 r 符合图样的要求）分两次进行切削。

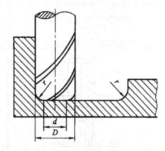

图 3-12　底板与肋板的转接圆弧对零件铣削工艺性的影响

3．保证基准统一的原则

有些零件需要在铣完一面后再重新安装铣削另一面，由于数控铣削时不能使用通用铣床加工时常用的试切方法来接刀，往往会因为零件的重新安装而接不好刀，最好采用统一基准定位，因此零件上最好有合适的孔作为定位基准孔。如果零件上没有基准孔，也可以专门设置工艺孔作为定位基准，如图 3-12 所示。如实在无法制出基准孔，起码也要用经过精加工的面作为统一基准。如果连这也办不到，则最好只加工其中一个最复杂的面，另一面放弃数控铣削而改由通用铣床加工。

4．分析零件的变形情况

数控铣削最忌讳工件在加工时变形，这种变形不但无法保证加工的质量，而且经常造成加工不能继续进行下去，造成"中途而废"，这时采取一些必要的工艺措施，如对钢件进行调质处理，对铸铝件进行退火处理，对不能用热处理方法解决的，也可考虑粗、精加工及对称去余量等常规方法。

有关数控铣削加工零件的结构工艺性图例如表 3-1 所示。

表 3-1 零件的数控铣削加工工艺性实例

序号	A 工艺性差的结构	B 工艺性好的结构	说　明
1	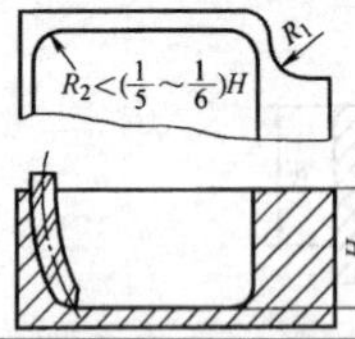	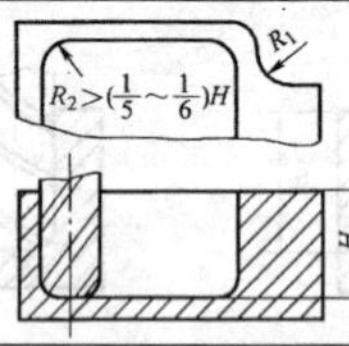	B 结构可选直径较大的刀具，提高刀具刚性
2	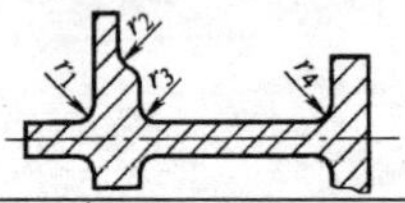	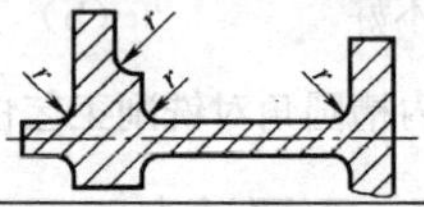	B 结构需要的刀具比 A 结构少，从而减少了换刀的辅助时间
3	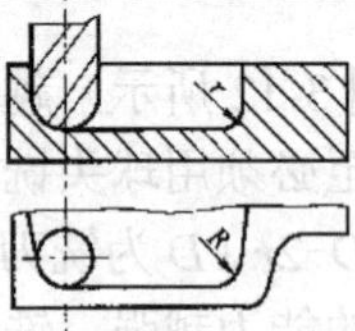	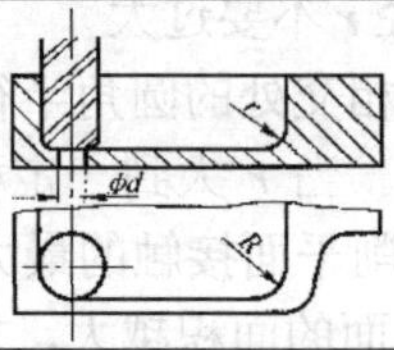	B 结构 R 大，r 小，铣刀端刃铣削面积大，生产率高
4	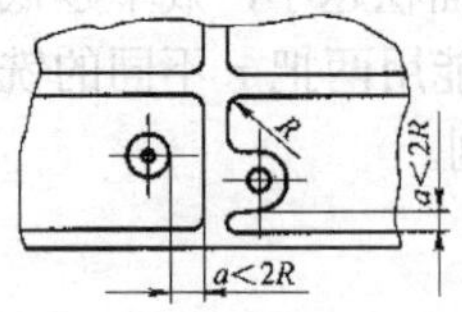	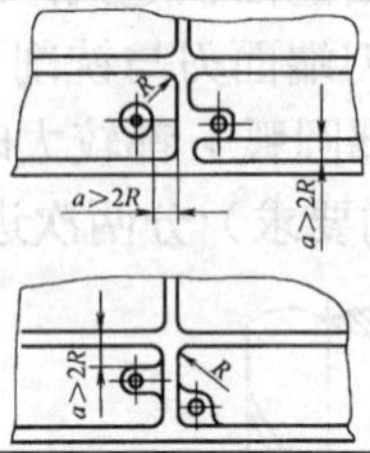	B 结构 $a>2R$，便于半径为 R 的铣刀进入，所需刀具少，加工效率高
5	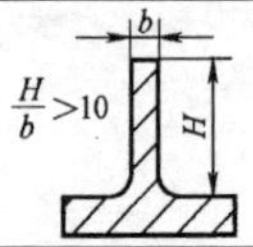	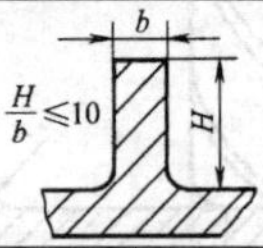	B 结构刚性好，可用大直径的铣刀加工，加工效率高
6	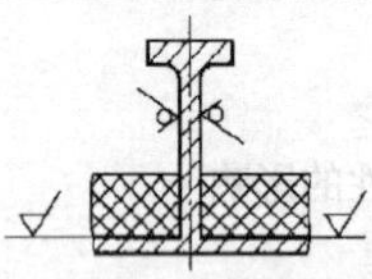	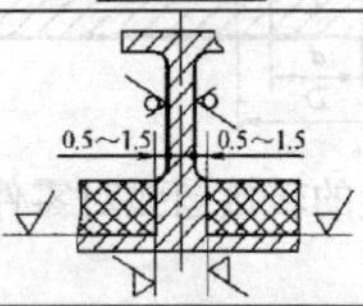	B 结构加工表面和不加工表面之间加入过渡表面，减少切削量
7	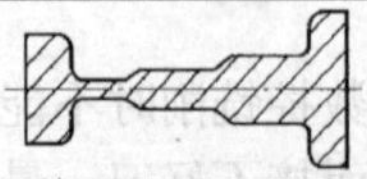	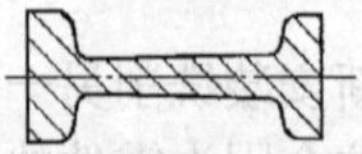	B 结构用斜面肋代替阶梯肋，节省了材料，简化了编程
8	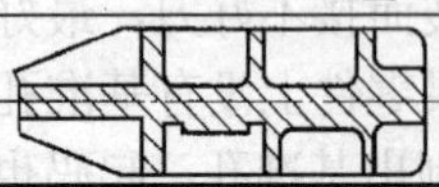	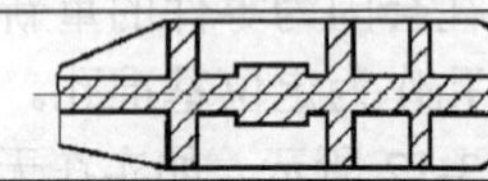	B 结构采用对称结构，简化了编程

任务二　零件毛坯的工艺性分析

零件在进行数控铣削加工时，由于加工过程自动化，选择多大的余量、如何夹紧等问题在设计毛坯时就要仔细考虑好。否则，如果毛坯不适合数控铣削，加工将很难进行下去。

1．毛坯应有充分、稳定的加工余量

毛坯主要指锻件、铸件。除板料外，不论是锻件、铸件还是型材，只要准备用数控铣削加工，其加工面均应有较充分的余量。经验表明，数控铣削中最难保证的是加工面与非加工面之间的尺寸，如果已确定或准备采用数控铣削加工，就应事先在毛坯的设计时就加以充分考虑，即在零件图样注明的非加工面处增加适当的余量。

2．分析毛坯的装夹适应性

主要考虑毛坯在加工时定位和夹紧的可靠性与方便性，以便在一次安装中加工出现较多表面。对不便于装夹的毛坯，可考虑在毛坯上另外增加装夹余量或工艺凸台、工艺凸耳等辅助基准。如图 3-13 所示，在毛坯上铸出两个工艺凸耳，在凸耳上制出定位基准孔。

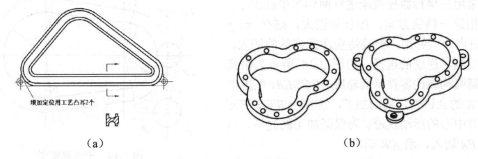

图 3-13 加辅助基准示例

3．分析毛坯的余量大小及均匀性

主要是考虑在加工时要不要分层切削，分几层切削。也要分析加工中与加工后的变形程度，考虑是否应采取预防性措施与补救措施。如对于热轧中、厚铝板，经淬火时效后很容易在加工中与加工后变形，最好采用经预拉伸处理的淬火板坯。

任务三 加工方法的选择

数控铣削加工对象的主要加工表面一般可采用表 3-2 所示的加工方案。

表 3-2 加工表面的加工方案

序号	加工表面	加工方案	所使用的刀具
1	平面内外轮廓	X、Y、Z 方向粗铣→内外轮廓方向分层半精铣→轮廓高度方向分层半精铣→内外轮廓精铣	整体高速钢或硬质合金立铣刀；机夹可转位硬质合金立铣刀
2	空间曲面	X、Y、Z 方向粗铣→曲面 Z 方向分层粗铣→曲面半精铣→曲面精铣	整体高速钢或硬质合金立铣刀、球头铣刀；机夹可转位硬质合金立铣刀、球头铣刀
3	孔	定尺寸刀具加工 铣削	麻花钻、扩孔钻、铰刀、镗刀 整体高速钢或硬质合金立铣刀；机夹可转位硬质合金立铣刀
4	外螺纹	螺纹铣刀铣削	螺纹铣刀
5	内螺纹	攻丝、螺纹铣刀铣削	丝堆、螺纹铣刀

1. 平面加工方法的选择

在数控铣床上加工平面主要采用面铣刀和立铣刀。经粗铣的平面，尺寸精度可达 IT10~IT12 级，表面粗糙度 Ra 值可达 6.3~25μm；经粗铣—精铣或粗铣—半精铣—精铣的平面，尺寸精度可达 IT7~IT9 级，表面粗糙度 Ra 值可达 1.6~6.3μm；需要注意的是，当零件表面粗糙度要求较高时，应尽量采用顺铣切削方式。

2. 平面轮廓加工方法的选择

平面轮廓多由直线和圆弧或各种曲线构成，通常采用三坐标数控铣床进行两轴半坐标加工。常用粗铣—精铣方案，如余量较大，则在 x、y 及 z 方向分层铣削，但要特别注意刀具的切入、切出及顺、逆铣的选择。如图 3-14 所示为由直线和圆弧构成的零件平面轮廓 ABCDEA，采用半径为 R 的立铣刀沿周向加工，虚线 A'B'C'D'E'A' 为刀具中心的运动轨迹。为保证加工面光滑，刀具沿 PA' 切入，沿 A'K' 切出。

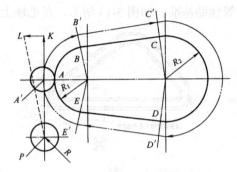

图 3-14 平面廓铣削

3. 固定斜角平面的加工方法

固定斜角平面是指与水平面成一固定夹角的斜面。当零件尺寸不大时，可用斜垫板垫平后加工；如果机床主轴可以摆角，则可以摆成适当的定角，用不同的刀具来加工，如图 3-15 所示。当零件尺寸很大，斜面斜度又较小时，常用行切法加工，但加工后会留下残留面积，需由钳修方法加以清除，用三坐标数控立铣床加工飞机整体壁板零件常用此法。当然加工斜面的最佳方法是用五坐标数控铣床的主轴摆角后加工，不留残留面积，效果最好。对于斜面是正面台和斜肋板的表面如图 3-7（b）所示，可采用成形铣刀加工；也可用五坐标数控铣床加工，但不经济。用专用的角度成型铣刀加工。其效果比采用五坐标数控铣床摆角加工好。

 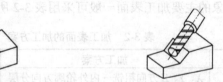

（a）主轴垂直端刃加工　　（b）主轴摆角后侧刃加工

 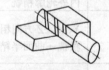

（c）主轴摆角后端刃加工　　（d）主轴水平侧刃加工

图 3-15 主轴摆角加工固定斜角平面

4. 变斜角面的加工

（1）对曲率变化较小的变斜角面采用四坐标联动的数控铣床，采用立铣刀（但当零件斜角过大，超过机床主轴摆角范围时，可用角度成型铣刀加以弥补）以插补方式摆角加工，如图 3-16（a）所示。加工时，为保证刀具与零件型面在全长上始终贴合，刀具不仅做 x、y、z 轴的移动，还要绕 A 轴摆动角度 α。

（2）对曲率变化较大的变斜角面，用四坐标联动加工难以满足加工要求，最好用五坐标联动数控铣床，以圆弧插补方式摆角加工，如图 3-16（b）所示。图 3-16 中夹角 A 和 B 分别是零件斜面母线与 z 坐标轴夹角 α 在 zOy 平面上和 xOz 平面上的分夹角。

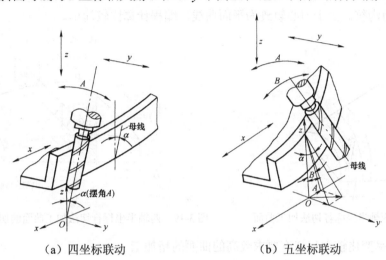

（a）四坐标联动　　　　（b）五坐标联动

图 3-16　数控铣床加工变斜角面

（3）采用三坐标数控铣床两坐标联动，利用球头铣刀和鼓形铣刀，以直线或圆弧插补方式进行分层铣削加工，加工后的残留面积用钳工修锉抛光方法清除，如图 3-17 所示是用鼓形铣刀分层铣削变斜角面的情形。由于鼓形铣刀的鼓径可以做得比球头铣刀的球径大，所以加工后的残留面积高度小，加工效果比球头铣刀好。

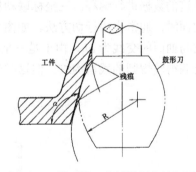

5．曲面轮廓的加工方法

图 3-17　鼓形铣刀分层铣削变斜角面

曲面的加工应根据曲面形状、刀具形状以及精度要求采用不同的铣削加工方法，如两轴半、三轴、四轴及五轴等联动加工。

1）对曲率变化不大和精度要求不高的曲面的粗加工

常采用两轴半坐标的行切法加工，即 x、y、z 三轴中任意两轴做联动插补，第三轴做单独的周期进给。行切法是指刀具与零件轮廓的切点轨迹是一行一行的，而行间距按零件加工精度要求而确定。如图 3-18 所示，将 x 向分成若干段，球头铣刀沿 yOz 面所截的曲线进行铣削，每一段加工完成进给 Δx，再加工另一相邻曲线，如此依次切削即可加工整个曲面。在行切法中，要根据轮廓表面粗糙度的要求及刀头不干涉相邻表面的原则选取 Δx。当表面粗糙度 $Ra=6.3 \sim 12.5 \mu m$ 时，$\Delta x=0.5 \sim 1 mm$；当表面粗糙度 $Ra=1.6 \sim 3.2 \mu m$ 时，$\Delta x=0.1 \sim$

0.5mm。一般行切法加工中通常采用球头铣刀。球头铣刀的刀头半径应选得大些，有利于散热，但刀头半径不应大于内凹曲面的最小曲率半径。

两轴半坐标加工曲面的刀心轨迹 O_1O_2 和切削点轨迹 ab 如图 3-19 所示。图中 $ABCD$ 为被加工曲面，P_yO_z 平面为平行于 yOz 坐标平面的一个行切面，刀具心轨迹 O_1O_2 为曲面 $ABCD$ 的等距面 $IJKL$ 与行切面 P_yO_z 的交线，显然 O_1O_2 是一条平面曲线。由于曲面的曲率变化，改变了球头刀与曲面切削点的位置，使切削点的连线成为一条空间曲线，从而在曲面上形成扭曲的残留沟纹。由于刀心轨迹为平面曲线，编程计算比较简单。

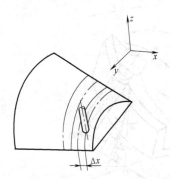 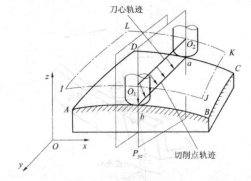

图 3-18 两轴半坐标行切法加工曲面　　图 3-19 两轴半坐标行切法加工曲面的切削点轨迹

2）对曲率变化较大和精度要求较高的曲面的精加工

常采用 x、y、z 三坐标联动插补的行切法加工。用球头铣刀加工曲面时，总是用刀心轨迹的数据进行编程。三坐标联动加工 x、y、z 三轴可同时插补联动。用三坐标联动加工曲面时，通常也用行切方法。如图 3-20 所示，P_yO_z 平面为平行于坐标平面的一个行切面，它与曲面的交线为 ab，由于是三坐标联动，球头刀与曲面的切削点总是处于平面曲线 ab，可获得较规则的残留沟纹。但这时的刀心轨迹 O_1O_2 不在 P_yO_z 平面上，而是一条空间曲面。

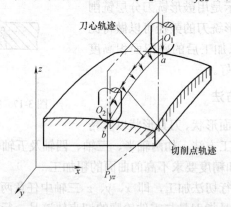

图 3-20 三轴联动行切法加工曲面的切削点轨迹

3）对象叶轮、螺旋桨的零件

对象叶轮、螺旋桨这样的零件，因其叶片形状复杂，刀具易于与相邻表面发生干涉，常用五坐标联动加工。其加工原理如图 3-21 所示。在半径为 R_i 的圆柱面与叶面的交线 AB 为螺旋线的一部分，螺旋升角为 Ψ_i，叶片的径向叶型线（轴向割线）EF 的倾角 α 为后倾角，

螺旋线 AB 用极坐标加工方法，并且以折线段逼近。逼近段 mn 是由 C 坐标旋转 $\Delta\theta$ 与 Z 坐标位移 Δz 的合成。当 AB 加工完成后，刀具径向位移 Δx（改变 R_i），再加工相邻的另一条叶型线，依次加工即可形成整个叶面。由于叶面的曲率半径较大，所以常采用面铣刀加工，以提高生产率并简化程序。为保证铣刀端面始终与曲面贴合，铣刀还应作由坐标 A 和坐标 B 形成的 O_i 和 α_i 摆角运动。在摆角的同时，还应做直角坐标的附加运动，以保证铣刀端面中心始终位于编程值所规定的位置上，所以需要五坐标加工。这种加工的编程计算相当复杂，一般采用自动编程。

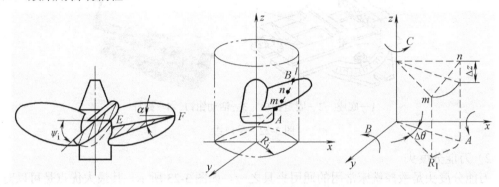

图 3-21 曲面的五坐标联动加工

任务四　装夹方案的确定

1. 定位基准的选择

选择定位基准时，应注意减少装夹次数，尽量做到在一次安装中能把零件上所有要加工的表面都加工出来，一般选择零件上不需要数控铣削的平面或孔做定位基准。对薄板零件，选择的定位基准应有利于提高工件的刚性，以减少切削变形。定位基准应尽量与设计基准重合，以减少定位误差对尺寸精度的影响。必须多次安装时应遵从基准统一原则，当所选定位基准无法同时完成包括设计基准在内的全部表面的加工时，所选定位基准应尽可能保证一次装夹完成零件全部关键精度部位的加工。

2. 夹具的选择

数控铣床可以加工形状复杂的零件，在数控铣床上的工件装夹方法与普通铣床一样，所使用的夹具往往并不很复杂，只要求有简单的定位、夹紧机构即可。但要将加工部位敞开，不能因装夹工件而影响进给和切削加工，一般选择顺序是：单件生产中若零件结构简单时，尽量选用机床用平口虎钳、压板螺钉等通用夹具，批量较小或单件产品研试制时，若零件复杂，应首先考虑采用组合夹具，其次考虑可调夹具，最后考虑选用成组夹具和专用夹具，在生产类型为中批量或批量生产时，一般用简单专用夹具，其定位效率较高，且稳定可靠。生产批量较大时，为提高装夹效率，可以考虑选用多工位夹具和气动、液动夹具，采用成组工艺时应使用成组夹具或拼装夹具。常用夹具有以下几种。

1) 机床用平口虎钳

数控铣床常用夹具是机床用平口虎钳,其规格以钳口的宽度来表示,常用的有100mm、125mm、150mm 3种,如图3-22所示。使用时,先把平口虎钳固定在工作台上,找正钳口,使其与工作台运动方向平行或垂直,再把工件装夹在机床用平口虎钳上。装夹工件时,在工件底面垫上垫铁,使工件高出钳口,但高出钳口或伸出钳口两端距离不能太多,以防铣削时产生振动,这种夹具夹紧简单,使用广泛,加工外形规则的小型工件时优先选用。

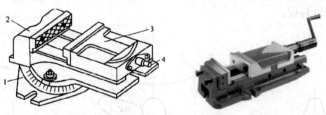

1—底座　2—固定钳口　3—活动钳口　4—螺杆

图3-22　平口钳

2) 万能分度头

万能分度头是数控铣床常用的通用夹具之一,如图3-23所示。其最大优点是可以对工件进行圆周等分或不等分分度。此外,还可以把工件轴线装夹成水平、垂直或倾斜的位置,以用两坐标加工斜面和沟槽。因此,当工件需分度加工(如花键轴、齿轮等)和加工斜面、沟槽等,可以选用万能分度头。

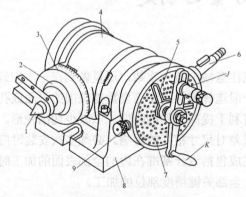

1—顶尖　2—分度头主轴　3—刻度盘　4—壳体　5—分度叉
6—分度头外伸轴　7—分度盘　8—底座　9—锁紧螺钉　J—插销　K—分度手柄

图3-23　万能分度头

3) 压板

压板是一种最简单的夹具,主要有压板、垫铁、T形螺栓及螺母组成。适用于中型、大型和形状复杂的工件的装夹(如机床床身、主轴箱等),其装夹方式如图3-24所示。

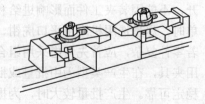

图3-24　用压板装夹工件

4) 组合夹具

组合夹具由一套预先制造好不同形状、不同规格、不同尺寸的标准元件、组合元件及部件组装而成。元件精度一般为 IT6～IT7 公差等级。通常采用组合夹具时其加工尺寸精度只能达到 IT7～IT8 级,位置精度一般可达 IT8～IT9 级,若精心调整,可达 IT7 级。此外组合夹具总体显得笨重,还有排屑不便等不足。

组合夹具分槽系组合夹具和孔系组合夹具两大类,我国以槽系为主。

(1) 槽系组合夹具。槽系组合夹具就是在元件上制作多个标准间距的相互平行及垂直的 T 形槽或键槽,通过调整 T 形螺栓或键在槽中的位置,确定其他元件(如定位元件、夹紧元件)的准确位置,元件间通过螺栓联接和紧固。图 3-25 所示为一槽系组合夹具及其组装过程。为了适应不同工厂、不同产品的需要,槽系组合夹具分大、中、小型 3 种规格,其主要参数如表 3-3 所示。

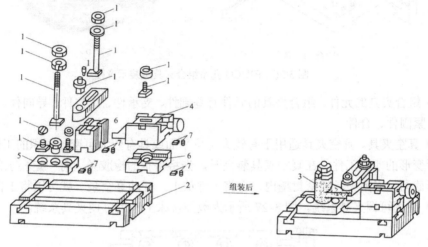

1—紧固件　2—基准板　3—工件　4—活动 V 形块合件　5—支承板　6—垫块　7—定位键及其紧定螺钉

图 3-25　槽系组合夹具

表 3-3　槽系组合夹具的主要参数

规格	槽宽 /mm	槽距 /mm	连接螺栓 /mm×mm	键用螺钉 /mm	支承件截面 面积/mm²	最大载荷/N	工件最大尺寸 /mm×mm×mm
大型	$16_0^{+0.08}$	75±0.01	M16×1.5	M5	75×75 90×90	200000	2500×2500×1000
中型	$12_0^{+0.08}$	60±0.01	M12×1.5	M5	60×60	100000	1500×1000×500
小型	$8_0^{+0.0015}$ $6_0^{+0.0015}$	30±0.01	M8、M6	M3、M2.5	30×30 22.5×22.5	50000	500×250×250

(2) 孔系组合夹具。孔系组合夹具的连接基面以孔为主,元件之间的相互位置由孔和定位销确定,而元件之间的连接仍由螺栓联接紧固。

如目前许多发达国家都有自己的孔系组合夹具。图 3-26(a)所示为德国 BIUCO 公司的孔系组合夹具组装示意图。元件与元件间用两个销钉定位,一个螺钉紧固。定位孔孔径有 10mm、12mm、16mm、24mm 4 个规格;相应的孔距为 30mm、40mm、50mm、0mm;孔径公差为 H7,孔距公差为±0.01mm。

孔系组合夹具的元件用一面两圆柱销定位,属允许使用的过定位;其定位精度高、刚性比槽系组合夹具好、组装可靠、体积小，元件的工艺性好、成本低，可用作数控机床夹具。但组装时元件的位置不能随意调节，常用偏心销钉或部分开槽元件进行弥补。

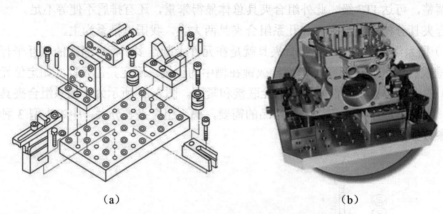

图 3-26　BIUCO 孔系组合夹具组装示意图

（3）组合夹具的元件。组合夹具的元件有基础件、支承件、定位件、导向件、夹紧件、其他件、紧固件、合件。

（4）真空夹具。真空夹具适用于有较大定位平面或具有较大可密封面积的工件，尤其是易夹紧变形的薄壁工件。在真空夹具装夹时，先将特制的橡胶条（有一定要求的空心或实心圆形截面）嵌入夹具的密封槽内，再将工件放上，开动真空泵，就可以将工件夹紧。

（5）通用可调夹具系统。图 3-27 所示为数控铣床上通用可调夹具系统。

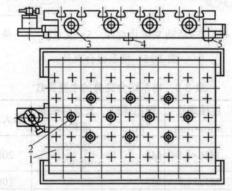

1—基础件　2—立式液压缸　3—卧式液压缸　4、5—销

图 3-27　通用可调夹具系统

任务五　进给路线的确定

1. 铣削方式的确定

铣削过程是断续切削，会引起冲击振动，切削层总面积是变化的，铣削均匀性差，铣

削力的波动较大。采用合适的铣削方式对提高铣刀耐用度、工件质量、加工生产率关系很大。铣削方式有逆铣和顺铣两种方式。

（1）顺铣。铣刀的旋转方向和工件的进给方向相同时，刀齿从待加工表面切入，从已加工表面切出，切屑厚度由厚变薄，称顺铣。工件表面质量好，刀齿磨损小。

（2）逆铣。当铣刀的旋转方向和工件的进给方向相反时，刀齿从已加工表面切入，从待加工表面切出，切屑厚度由薄变厚，称逆铣。工件表面质量差，刀齿磨损快，如图 3-28 所示。

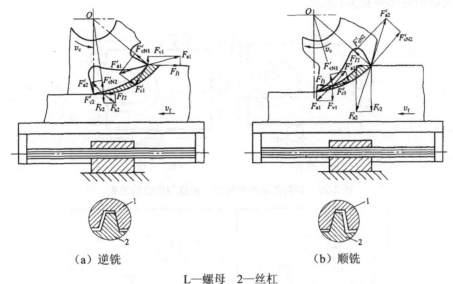

（a）逆铣　　　　　（b）顺铣

1—螺母　2—丝杠

图 3-28　逆铣与顺铣

重要知识 3.1　逆铣、顺铣的确定

逆铣时，刀具从已加工表面切入，切削厚度从零逐渐增大，不会造成从毛坯面切入而打刀；其水平切削分力与工件进给方向相反，使铣床工作台进给的丝杠与螺母传动面始终是抵紧，不会受丝杠螺母副间隙的影响，铣削较平稳。但刀齿在刚切入已加工表面时，会有一小段滑行、挤压，使这段表面产生严重的冷硬层，下一个刀齿切入时，又在冷硬层表面滑行、挤压，不仅使刀齿容易磨损，而且使工件的表面粗糙度增大；同时，刀齿垂直方向的切削分力向上，不仅会使工作台与导轨间形成间隙，引起振动，而且有把工件从工作台上挑起的倾向，因此需较大的夹紧力。逆铣如图 3-28（a）所示。当工件表面有硬皮，机床的进给机构有间隙时，应选用逆铣，按照逆铣安排进给路线。粗铣时尽量采用逆铣。逆铣时会出现"过切"现象。

顺铣时，刀具从待加工表面切入，切削厚度从最大逐渐减小为零，切入时冲击力较大，刀齿无滑行、挤压现象，对刀具耐用度有利；其垂直方向的切削分力向下压向工作台，减小了工件上下的振动，对提高铣刀加工表面质量和工件的夹紧有利。但顺铣的水平切削分力与工件进给方向一致，当水平切削分力大于工作台摩擦力（例如遇到加工表面有硬皮或硬质点）时，使工作台带动丝杠向左窜动，丝杠与螺母传动副右侧面出现间隙，硬点过后丝杠螺母副的间隙恢复正常,这种现象对加工极为不利,会引起"啃刀"或"打刀",甚至损坏夹具或机床。顺铣如图 5-28(b)所示。当工件表面无硬皮,机床进给机构无间隙时,应选用顺铣,按照顺铣安排进给路线。精铣时,尤其是零件材料为铝镁合金、钛合金或耐热合金等材料时,应尽量采用顺铣。顺铣时出现"欠切"现象。

重要知识 3.2　顺铣与逆铣的判断方法

如图 3-29 和图 3-30 所示分别为切削外轮廓、切削内轮廓时顺铣、逆铣与进给的关系,顺铣和逆铣的对比如表 3-4 所示。

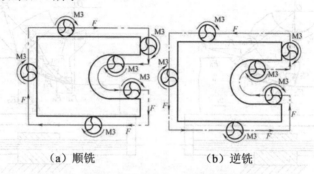

(a)顺铣　　　　　　　　　(b)逆铣

图 3-29　切削外轮廓时顺铣、逆铣与进给的关系

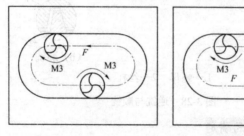

(a)顺铣　　　　　　　　　(b)逆铣

图 3-30　切削内轮廓时顺铣、逆铣与进给的关系

表 3-4　顺铣和逆铣的对比

名称	项目									
	切削厚度	滑行现象	刀具磨损	工具表面冷硬现象	对工件的作用	消除丝杆与螺母间隙	震动	损耗能量	表面质量	使用场合
顺铣	从大到小	无	慢	无	压紧	否	大	小	好	精加工
逆铣	从小到大	有	快	有	抬起	是	小	多 5%~15%	差	粗加工

2. 进给路线的确定

确定进给路线时,要在保证被加工零件获得良好的加工精度和表面质量的前提下,力求数值计算简单,程序段数量少,以减少编程工作量,使走刀路线短,又可减少刀具空行程时间,提高加工效率。进给路线的确定与工件表面状况、要求的零件表面质量、机床进给机构的间隙、刀具耐用度以及零件轮廓形状等有关。确定进给路线主要考虑以下几个方面。

1）平面铣削路线

（1）单次平面铣削的刀具路线

单次平面铣削的刀具路线中，可用面铣刀进入材料时的铣刀切入角来讨论。面铣刀的切入角由刀心位置相对于工件边缘的位置决定。如图 3-31（a）所示刀心位置在工件内（但不跟工件中心重合），切入角为负；如图 3-31（b）所示刀具中心在工件外，切入角为正。刀心位置与工件边缘重合时，切入角为零。

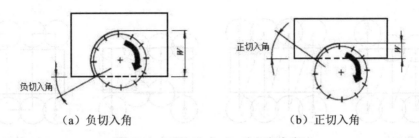

（a）负切入角　　　　　　（b）正切入角

图 3-31　切削切入角（W 为切削宽度）

在切削时应注意以下几点。

① 如果工件只需一次切削，应该避免刀心轨迹与工件中心线重合。

② 当刀心轨迹与工件边缘线重合时，切削镶刀片进入工件材料时的冲击力最大，是最不利刀具加工的情况，因此应该避免。

③ 正切入角容易使刀具破损或产生缺口，在拟订刀心轨迹时，应避免正切入角。

④ 使用负切入角时，已切入工件材料镶刀片承受最大切削力，而刚切入（撞入）工件的刀片受力较小，引起碰撞力也较小，从而可延长刀片寿命，且引起的振动也小一些。

因此使用负切入角是首选的方法。通常尽量应该让面铣刀中心在工件区域内，这样就可确保切入角为负，且工件只需一次切削时避免刀具中心线与工件中心线重合。

比较图 3-32 所示两种进给路线，虽然都使用负切入角，但图 3-32（a）所示的铣刀整个宽度全部参与铣削，刀具容易磨损；如图 3-32（b）所示的刀削路线是正确的。

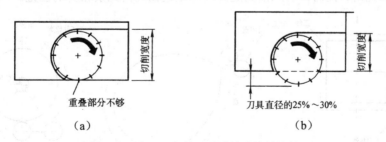

图 3-32　负切入角的两种进给路线的比较

（2）多次平面铣削的刀具路线

铣削大面积工件平面时，铣刀不能一次切除所有材料，因此在同一深度需要多次走刀。分多次铣削的刀路有多种，每一种方法在特定环境下具有各自的优点。最为常见的方法为同一深度上的单向多次切削和双向多次切削，如图 3-33 所示。

单向多次切削时，切削起点在工件的同一侧，另一侧为终点的位置，每完成一次切削后，刀具从工件上方回到切削起点的一侧，如图3-33（a）和图3-33（b）所示，这是平面铣削中常见的方法，频繁快速的返回运动导致效率很低，但它能保证面铣刀的切削总是顺铣。

双向多次切削也称为Z形切削，如图3-33（c）和图3-33（d）所示，其应用也很频繁。效率比单向多次切削要高，但铣削中顺铣、逆铣交替，从而在精铣平面时影响加工质量，因此平面质量要求高的平面精铣通常并不使用这种刀路。

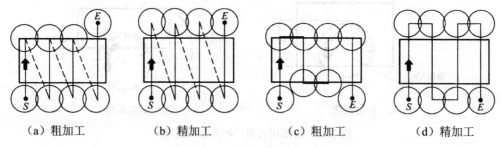

(a) 粗加工　　　(b) 精加工　　　(c) 粗加工　　　(d) 精加工

图3-33　平面铣削的多次刀路

不管使用哪种切削方法，起点S和终点E与工件都有安全间隙，确保刀具安全。

2）铣削外轮廓的进给路线

铣削外轮廓零件的路线分为z方向和x、y方向，要一一确定。x、y方向的确定，对于外轮廓铣削，一般按工件轮廓进行走刀。若不能去除全部余量，可以先安排去除轮廓边角料的走刀路线。在安排去除轮廓边角料的走刀路线时，以保证轮廓的精加工余量为准。

铣削平面类零件外轮廓时，一般采用立铣刀侧刃进行切削。如图3-34（a）所示为刀具以走直线的方式切向切入和切向切出。如图3-34（b）和图3-34（c）所示为沿切削起始点的延长线或切线上切入和切出点应沿零件轮廓曲线的切向，而不应沿法向直接切入零件或在切削终点处直接抬刀，以免取消刀补时，刀具与工件表面相碰产生划痕，造成工件报废，保证零件轮廓光滑。同时，切入点的选择应尽量选在几何元素相交的位置。

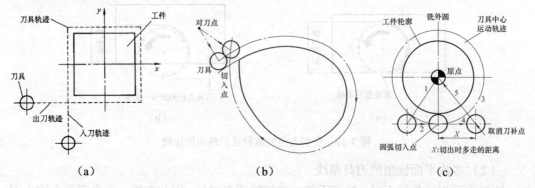

(a)　　　　　　　　　(b)　　　　　　　　　(c)

图3-34　刀具切入和切出外轮廓的进给路线

3）铣削内轮廓的进给路线

（1）铣削内轮廓零件的路线也同样分为z方向和x、y方向，但铣削内轮廓零件与铣削外轮廓零件的情况不同，铣削封闭的内轮廓表面时，若内轮廓曲线允许外延，则应沿切线方向切入切出。若切入切出内轮廓曲线不允许外延，如图 3-35 所示，此时，铣刀只能沿内轮廓曲线的法线方向切入和切出，并将其切入、切出点选在零件轮廓两几何元素的交点处。当内部几何元素无交点时如图 3-36 所示，为防止刀补取消时在轮廓拐角处留下凹口如图 3-36（a）所示，刀具切入切出点应远离拐角如图 3-36（b）所示。

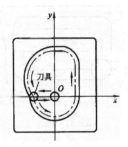

图 3-35　内轮廓加工刀具的切入和切出

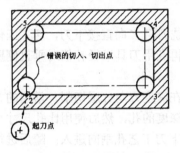

（a）刀补取消时在轮廓拐角处留下凹口

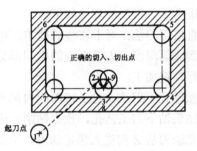

（b）刀具切入、切出点应远离拐角

图 3-36　无交点内轮廓加工刀具的切入和切出

（2）铣削内轮廓零件时，开始切削段可用圆弧切入，结束切削段可用圆弧切出，以保证不留刀痕，如图 3-37 所示为圆弧插补方式铣削内圆弧时的走刀路线。

（3）型腔铣削路线的确定。这类零件是要去除中间的余量。对于型腔加工的走刀路线常有行切、环切和综合切（行切+环切法）削 3 种方法，如图 3-38 所示。3 种加工方法的特点如下。

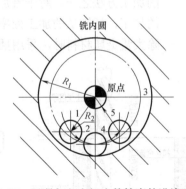

图 3-37　刀具切入和切出外轮廓的进给路线

① 共同点是都能切净内腔中的全部面积，不留死角，不伤轮廓，同时尽量减少重复进给的搭接量。

② 不同点是行切法（见图 3-38（a））的进给路。线比环切法短，但行切法将在每两次进给的起点与终点间留下残留面积，而达不到所要求的表面粗糙度；用环切法（见图 3-38（b））获得的表面粗糙度要好于行切法，但环切法需要逐次向外扩展轮廓线，刀位点计算稍微复杂一些。

③ 采用图 3-38（c）所示的进给路线，即先用行切法切去中间部分余量，最后用环切法切一刀，光整轮廓表面，既能使总的进给路线较短，又能获得较好的表面粗糙度。

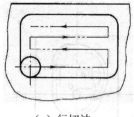 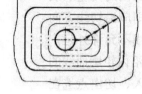 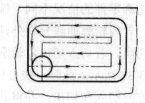

　　　　(a) 行切法　　　　　　　(b) 环切法　　　　　　　(c) 综合切法

图 3-38　型腔加工走刀路线

④ 下刀方法的确定。在型腔铣削中，由于是把坯件中间的材料去掉，刀具不可能像铣外轮廓一样从外面下刀切入，而要从坯件的实体部位下刀切入，因此在型腔铣削中下刀方式的选择很重要，常用的方法如下。

- 直接下刀法：对于较浅的型腔，可用键槽铣刀沿 Z 向直接下刀，切入工件，插削到底面深度，先铣型腔的中间部分，然后再利用刀具半径补偿对垂直侧壁轮廓进行精铣加工。
- 预钻孔下刀法：对于较深的内部型腔，宜在深度方向分层切削，常用的方法先用钻头钻下刀工艺孔，预先钻削一个所需要深度的孔，然后使用比孔尺寸小的平底立铣刀从 Z 向进入预定深度，立铣刀通过下刀工艺孔垂向进入；随后进行侧面铣削加工，将型腔扩大到所需的尺寸和形状，如图 3-39 所示。
- 插铣法：插铣法又称为 Z 轴铣削法，如图 3-40 所示，是实现高切除率金属最有效的加工方法之一。对于难加工材料的曲面加工、切槽加工以及刀具悬伸长度较长的加工，插铣法的加工效率远远高于常规的端面铣削法，事实上，在需要快速切除大量金属材料时，采用插铣法可使加工时间缩短一半以上。

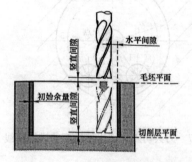 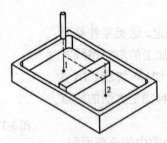 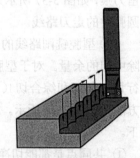

图 3-39　预钻孔示意图　　　　　　　　　图 3-40　插铣加工示意图

- 螺旋插补法：螺旋下刀，即在两个切削层之间，刀具从上一层的高度沿螺旋线以渐近的方式切入工件，直到下一层的高度，然后开始正式切削。螺旋插补法加工示意图如图 3-41 所示。

4) 铣削曲面的进给路线

对于边界敞开的直纹曲面，加工时常采用球头刀进行"行切法"加工，如图 3-42 所示的两种进给路线。对于发动机大叶片，当采用图 3-42 (a) 所示的加工方案时，每次沿直线加工，刀位点计算简单，程序少，加工过程符合直纹面的形成，可以准确保证母线的直线度。当采用图 3-42（b）所示的加工方案时，符合这类零件数据给出情况，便于加工后检验，叶形的准确度高，但程序较多。由于曲面零件的边界是敞开的，没有其他表面限制，所以曲面边界可以延伸，球头刀应由边界外开始加工。

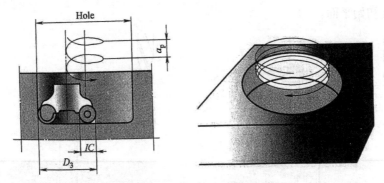

图 3-41 螺旋插补法加工示意图

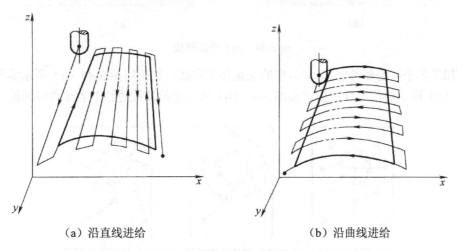

（a）沿直线进给　　　　　　　　　（b）沿曲线进给

图 3-42 铣曲面的两种进给路线

5）内、外轮廓零件 z 方向的确定

如图 3-43 所示，铣刀快速进给至 z'，再工作进给至 z''。这个 z' 值的确定很重要，设定的太高效率低，设定的太低，则快速下刀距离工件太近，容易出危险，很容易碰刀。

铣削外轮廓零件时，落刀点要选在工件外，距离工件一定的距离 L（$L>r+k$，r 为刀具半径，k 为余量），铣削内轮廓零件时，落刀点选在有空间下刀的地方，一般在内轮廓零件的中间，若没有空间的话，应先钻落刀孔。

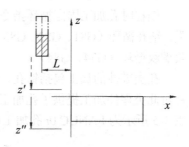

图 3-43 铣刀下刀路线

6）钻孔加工的进给路线

钻孔加工的进给路线，包括钻、扩、铰、攻螺纹、镗孔等孔的加工方法。这种进给路线包括两个方面：x、y 方向和 z 方向。如图 3-44 所示，进给路线是参照普通钻床钻孔的动作设计的，按 G81 固定循环动作。钻头（铰刀、镗刀、螺纹刀具）在 x、y 方向快速移动至孔的中心位置；钻头快速下刀至工件表面上方 3～5mm 的距离；钻头工作进给至指定深度；钻头快速返回初始平面。

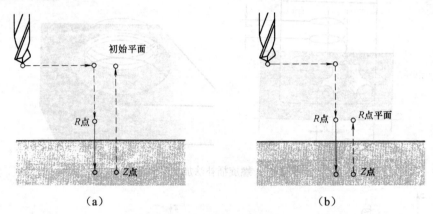

图 3-44 钻孔进给路线

若加工多个孔则要考虑 x、y 方向的最短加工路线，加工如图 3-45（a）所示零件。按图 3-45（c）所示进给路线进给比按图 3-45（b）所示进给路线进给节省定位时间近一半。

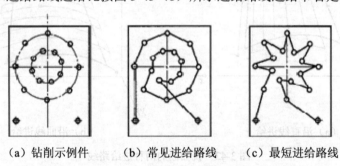

（a）钻削示例件　　（b）常见进给路线　　（c）最短进给路线

图 3-45 最短加工路线的设计

编程时孔加工固定循环指令有 G73、G74、G76 和 G81～G89，根据用途可将其分为 3 类：钻孔循环（G81、G82、G83、G73）、镗孔循环（G76、G85、G86、G87、G88、G89）、攻螺纹循环（G74、G84）。

孔类零件的加工包括钻孔、镗孔、铰孔、深孔钻削、攻螺纹等加工，FANUC 数控系统针对此类零件加工提供了孔加工循环指令。使用这些孔固定循环指令，可以大大简化编程。表 3-5 所示为 FANUC 0i 孔加工固定循环。

表 3-5　FANUC 0i 孔加工固定循环

G 代码	加工运动（Z 轴负向）	孔底动作	返回运动（Z 轴正向）	应　用
G73	分次切削进给	—	快速定位进给	高速深孔钻削
G74	切削进给	暂停-主轴正转	切削进给	左螺纹攻丝
G76	切削进给	主轴定向，让刀	快速定位进给	精镗循环

续表

G 代码	加工运动（Z 轴负向）	孔 底 动 作	返回运动（Z 轴正向）	应　用
G80	—	—	—	取消固定循环
G81	切削进给	—	快速定位进给	普通钻削循环
G82	切削进给	暂停	快速定位进给	钻削或粗镗削
G83	分次切削进给	—	快速定位进给	深孔钻削循环
G84	切削进给	暂停-主轴反转	切削进给	右螺纹攻丝
G85	切削进给	—	切削进给	镗削循环
G86	切削进给	主轴停	快速定位进给	镗削循环
G87	切削进给	主轴正转	快速定位进给	反镗削循环
G88	切削进给	暂停-主轴停	手动	镗削循环
G89	切削进给	暂停	切削进给	镗削循环

孔加工固定循环的动作包括 6 个动作，如图 3-46 所示。

（a）循环执行的动作　　（b）G90 绝对值指令　　（c）G91 增量值指令

------→ 表示定位（快速移动 G00）；　———→ 表示切削进给

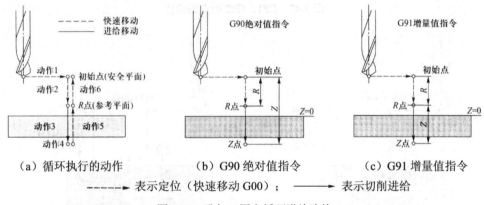

图 3-46　孔加工固定循环进给路线

孔加工通常由下述 6 个动作构成。

动作 1——刀具在 *X*、*Y* 平面快速定位到孔加工的位置。

动作 2——刀具从 Z 轴快速移动到 *R* 平面（*R* 点）。

动作 3——孔加工，以切削进给的方式执行孔加工的动作。

动作 4——在孔底的动作，包括暂停、主轴准停、刀具移位等动作。

动作 5——返回 *R* 平面，继续孔的加工而又可以安全移动刀具时选择 *R* 平面。

动作 6——快速返回初始平面，所有孔加工完成后一般返回初始平面。

R 平面又称为 *R* 参考平面，一般取 2～5mm。

图 3-47 分别为 G81、G82 指令的动作，图 3-48 所示分别为 G73、G83 指令的动作。

（1）粗镗孔循环指令。常用的粗镗孔循环指令有 G85、G86、G88、G89 4 种，如图 3-49 所示分别为 G85、G86、G88、G89 指令的动作。

指令格式：

G85 X__ Y__ Z__ R__ F__ K__;

G86 X__ Y__ Z__ R__ F__ K__;

G88 X__ Y__ Z__ R__ P__ F__ K__ ;
G89 X__ Y__ Z__ R__ P__ F__ K__ ;

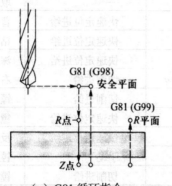
（a）G81 循环指令

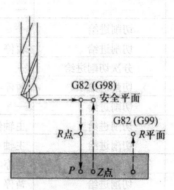
（b）G82 循环指令

P 表示暂停

图 3-47　G81、G82 指令的动作

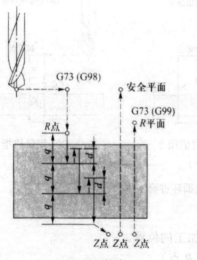
（a）G73 循环指令

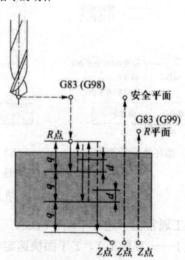
（b）G83 循环指令

图 3-48　G73、G83 指令的动作

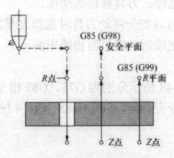
（a）G85 粗镗循环

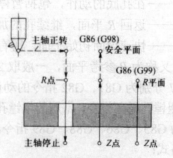
（b）G86 半精镗镗循环

图 3-49　G85、G86、G88、G89 指令的动作

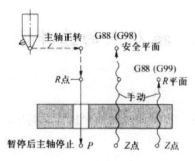
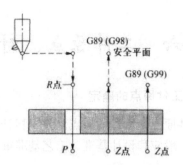

（c）G88 手动返回循环　　　　　　（d）G89 锪镗、镗台阶孔循环

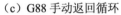　表示手动进给

图 3-49　G85、G86、G88、G89 指令的动作（续）

（2）精镗孔循环指令（G76）。图 3-50 所示为 G76 指令的动作。

指令格式：G76 X_Y_Z_R_Q_P_F_K_；

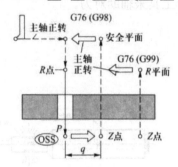

（a）循环动作　　　　　　　　　（b）Q 值底孔动作

⇨表示偏移（快速移动 G00）；　OSS 表示主轴定向停止（主轴停止在固定的旋转轴位置）

图 3-50　G76 指令的动作

（3）背镗镗孔循环指令（G87）。图 3-51 所示为 G76 指令的动作。

指令格式：G87 X_Y_Z_R_Q_P_F_K_；

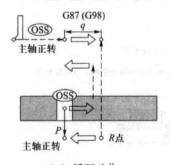
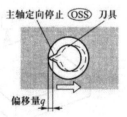

（a）循环动作　　　　　　　　　（b）Q 值孔顶动作

⇨表示偏移（快速移动 G00）；　OSS 表示主轴定向停止（主轴停止在固定的旋转轴位置）

图 3-51　G87 指令的动作

任务六 工件原点、对刀点、换刀点的选择

1. 工件原点的确定

工件原点是编程的原点，是坐标计算的基准，它的选择应使坐标计算简单，加工误差减小，一般应和设计基准、工艺基准重合。

2. 对刀点的确定

对刀是工件在机床上找正夹紧后，确定工件（编程）坐标原点的机床坐标。在工艺设计和程序编制时，应以操作简单、对刀误差最小为原则，合理设置对刀点，如图3-52所示。对刀点是工件在机床上找正夹紧后，用于确定工件坐标系在机床坐标系中位置的基准点。

对刀操作一定要认真仔细，对刀方法一定要与零件的加工精度要求相适应，生产中常使用百分表、中心规及寻边器（见图3-53）等工具来辅助对刀。

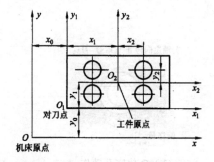
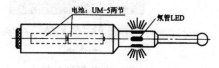

图3-52 工件原点、对刀点、换刀点的选择　　　　图3-53 寻边器

3. 对刀方法

杠杆百分表对刀、采用寻边器对刀、以定心锥轴找小孔中心对刀的对刀点都为圆柱孔，采用碰刀或试切方式对刀（对刀点为两相互垂直直线的交点）、采用寻边器对刀（对刀点为两相互垂直直线的交点），如图3-54所示。

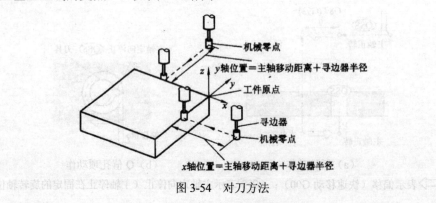

图3-54 对刀方法

（1）机上对刀。这种方法对刀效率高、精度较高，投资少，但若基准刀具磨损会影响

零件的加工精度，对刀工艺文件编写不便，对生产组织有一定影响。

（2）机外刀具预调+机上对刀。对刀精度高、效率高便于工艺文件的编写及生产组织，但投资较大。

4．换刀点的选择

换刀点应在换刀时工件、夹具、刀具、机床相互之间没有任何的碰撞和干涉的位置上。由于数控铣床采用手动换刀，换刀时操作人员的主动性较高，故换刀点只要设在零件或夹具的外面即可，以换刀时不与工件、夹具及其他部件发生碰撞和干涉为准。

任务七　数控铣削刀具的选择

1．数控铣刀的选择铣刀的种类

数控铣床上所采用的刀具要根据被加工零件的材料、几何形状、表面质量要求、热处理状态、切削性能及加工余量等，选择刚性好、耐用度高的刀具。应用于数控铣削加工的刀具主要有平底立铣刀、面铣刀、键槽铣刀、球头刀、环形刀、鼓形刀、锥形刀和成形铣刀等。下面仅对几种典型数控铣削刀具进行说明。

1）面铣刀

如图 3-55 所示，面铣刀的圆周表面和端面上都有切削刃，端部切削刃为副切削刃。面铣刀多制成套式镶齿结构，刀齿为高速钢或硬质合金，刀体为 40Cr。主要用于面积较大的平面铣削和较平坦的立体轮廓的多坐标加工。

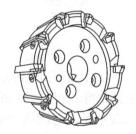

图 3-55　面铣刀

高速钢面铣刀按国家标准规定，直径 d_0=80～250mm，螺旋角 β=10°，刀齿数 Z=10～26。硬质合金面铣刀与高速钢铣刀相比，铣削速度较高、加工效率高、加工表面质量也较好，并可加工带有硬皮和淬硬层的工件，故得到广泛应用。合金面铣刀按刀片和刀齿的安装方式不同，可分为整体焊接式、机夹-焊接式和可转位式 3 种，如图 3-56 所示。

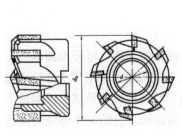 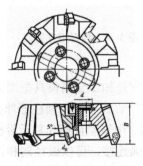 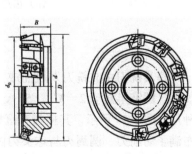

（a）整体焊接　　　　　　（b）机夹-焊接式　　　　　　（c）可转位式

图 3-56　硬质合金面铣刀

2) 立铣刀

（1）螺旋齿立铣刀。立铣刀也可称为圆柱铣刀，主要用在立式铣床上加工凹槽、阶台面等。如图 3-57 所示，立铣刀有硬质合金和高速钢两种，其圆柱表面的切削刃为主切削刃和端面上的切削刃为副切削刃，它们可同时进行切削，也可单独进行切削。主切削刃一般为螺旋齿，切削时一般不宜沿铣刀轴线方向进给。为了提高副切削刃的强度，应在端刃前面上磨出棱边。精铣削加工时，硬质合金生产效率可比同类型高速钢铣刀提高 2～5 倍。

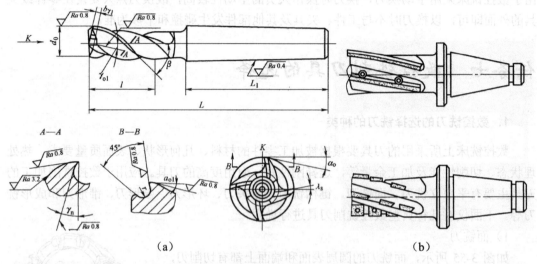

图 3-57　立铣刀

（2）波形刃立铣刀。波形刃立铣刀与普通立铣刀的最大区别是其刀刃为波形是一种先进的结构，如图 3-58 所示。其特点是排屑更流畅，切削厚度更大，利于刀具散热且提高了刀具寿命，刀具不易产生振动。采用这种立铣刀能有效降低铣削力，防止铣削时产生振动，并显著地提高铣削效率，适合于切削余量大的粗加工和孔的粗加工。

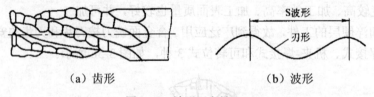

（a）齿形　　　　　　　　　（b）波形

图 3-58　波形刃立铣刀

3) 模具铣刀

模具铣刀由立铣刀发展而成，它是加工金属模具型面的铣刀的通称。可分为圆锥形立铣刀（圆锥半角 $\alpha/2=3°、5°、7°、10°$）、圆柱形球头立铣刀和圆锥形球头立铣刀 3 种，如图 3-59 所示，其柄部有直柄、削平型直柄和莫氏锥柄。其结构特点是球头或端面上布满了切削刃、圆周刃与球头刃圆弧连接，可以做径向和轴向进给。它的工作部分用高速钢或硬质合金制造，国家标准规定直径 $d=4～63mm$。图 3-60 所示为硬质合金制造的模具铣刀。直径较小的硬质合金铣刀多制成整体式结构，直径在 $\phi16mm$ 上的制成焊接式或机夹式刀片结构。主要用于空间曲面、模具型腔等曲面的加工。

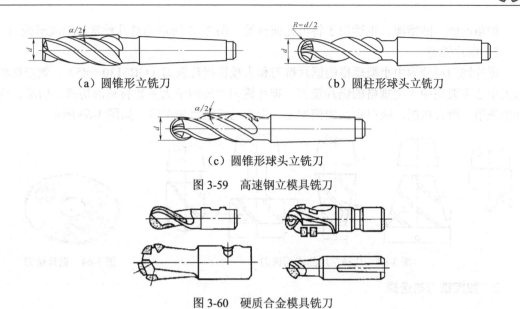

(a) 圆锥形立铣刀　　　　　　　　(b) 圆柱形球头立铣刀

(c) 圆锥形球头立铣刀

图 3-59　高速钢立模具铣刀

图 3-60　硬质合金模具铣刀

4) 键槽铣刀

如图 3-61 所示，用于加工封闭的键槽。它有两个刀齿，键槽铣刀圆周上的切削刃是副切削刃，端面上的切削刃是主切削刃并且延伸至中心，所以能沿铣刀轴线方向进给，既像立铣刀，又像钻头。用键槽铣刀铣削键槽时，先轴向进给达到槽深，然后沿键槽方向铣出键槽全长。由于切削力引起刀具和工件的变形，一次走刀铣出的键槽形状误差较大，槽底一般不是直角。为此，通常采用两步法铣削键槽，即先用小号铣刀粗加工出键槽，然后以逆铣方式精加工四周，可得到真正的直角。

5) 鼓形铣刀

图 3-62 所示的是一种典型的鼓形铣刀，它的切削刃分布在半径为 R 的圆弧面上，端面无切削刃。加工时控制刀具上下位置，相应改变刃的切削部位，可以在工件上切出从负到正的不同斜角。R 越小，鼓形刀所能加工的斜角范围越广，但所获得的表面质量也越差。这种刀具的缺点是刃磨困难，切削条件差，而且不适于加工有底的轮廓表面，主要用于对变斜角面的近似加工。

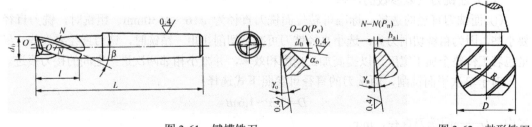

图 3-61　键槽铣刀　　　　　　　　　　　　图 3-62　鼓形铣刀

6) 成形铣刀

成形铣刀一般都是为特定的工件或加工内容的成形表面形状而专门设计制造切削刃廓形的专用成形刀具，如渐开线齿面、燕尾槽和 T 形槽等。适用于加工平面类零件的特定形状，如角度面、凹槽面，也适用于特形孔或台等。图 3-63 所示的是几种常用的成形铣刀。

7）锯片铣刀

锯片铣刀可分为中小型规格的锯片铣刀和大规格锯片铣刀（GB6130—85），数控铣和加工中心主要用中小型规格的锯片铣刀。锯片铣刀主要用于大多数材料的切槽、切断、内外槽铣削、组合铣削、缺口实验的槽加工、齿轮毛坯粗齿加工等，如图 3-64 所示。

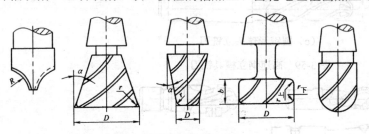

图 3-63　几种常用的成形铣刀

图 3-64　锯片铣刀

2. 数控铣刀的选择

1）铣刀类型的选择

加工较大的平面应选择面铣刀；加工平面零件周边轮廓、凹槽、较小的台阶面应选择立铣刀；加工空间曲面、模具型腔或凸模成形表面等多选用模具铣刀；加工封闭的键槽选用键槽铣刀；加工变斜角零件的变斜角面应选用鼓形铣刀；加工立体型面和变斜角轮廓外形常采用球头铣刀、鼓形刀；加工各种直的或圆弧形的凹槽、斜角面、特殊孔等应选用成形铣刀；铣削毛坯面时，尽量不选高速钢铣刀；高速钢立铣刀多用于加工凸台和凹槽；而硬质合金立铣刀或玉米铣刀常用于铣削毛坯表面、凹槽、凸台等粗加工；在数控机床上铣削平面时，应采用可转位式硬质合金刀片铣刀；在数控铣床上钻孔，一般不采用钻模，钻深度为孔直径的 5 倍左右的深孔加工容易折断钻头，可采用固定循环程序，多次自动进退，以利于冷却和排屑；加工精度要求较高的凹槽时，可采用直径比槽宽小一些的立铣刀，先铣槽的中间部分，然后利用刀具的半径补偿功能铣削槽的两边，直至达到精度要求为止。选取刀具时，要使刀具的尺寸与被加工工件的表面尺寸和形状相适应。

2）铣刀主要参数的选择

数控铣床上使用最多的是可转位面铣刀和立铣刀，下面介绍这两种铣刀参数的选择。

（1）面铣刀主要参数的选择

① 面铣刀直径的选择。标准可转位面铣刀直径为 $\phi16\sim\phi630$mm。粗铣时，铣刀直径要小些，因为粗铣切削力大，选小直径铣刀可减小切削扭矩。精铣时，铣刀直径要大些，尽量包容工件整个加工宽度，以提高加工精度和效率，并减小相邻两次进给之间的接刀痕迹。

对于单次平面铣削，面铣刀的直径可参照下式选择：

$$D=(1.3\sim1.6)B$$

式中：D——面铣刀直径，mm；

　　　B——铣削宽度，mm。

对于面积太大的平面，由于受到多种因素的限制，如机床的功率等级、刀具和可转位刀片几何尺寸、安装刚度、每次切削的深度和宽带以及其他加工因素等，面铣刀的直径不可能比平面宽带更大，这时可选择直径较小的面铣刀，采用多次铣削平面。

② 面铣刀齿数的选择。可转位面铣刀有粗齿、中齿和细齿3种,如表3-6所示。粗齿面铣刀容屑空间较大,适用于钢件的粗铣,中齿面铣刀适用于铣削带有断续表面的铸件或对钢件的连续表面进行粗铣及精铣,细齿面铣刀适宜于在机床功率足够的情况下对铸件进行粗铣或精铣。

表3-6 硬质合金面铣刀齿数

铣刀直径 D/mm		50	63	80	100	125	160	200	250	315	400	500	63
齿数	粗齿		3	4	5	6	8	10	12	16	20	26	32
	中齿	3	4	5	6	8	10	12	16	20	26	34	40
	细齿			8	10	12	18	24	32	40	52	64	80

③ 面铣刀刀刃几何角度的选择。面铣刀几何角度的标注如图3-65所示。前角的选择原则与车刀基本相同,只是由于铣削时有冲击,故前角数值一般比车刀略小,尤其是硬质合金面铣刀,前角数值减小得更多些。铣削强度和硬度都高的材料可选用负前角。前角的数值主要根据工件材料和刀具材料来选择,其具体数值如表3-7所示。

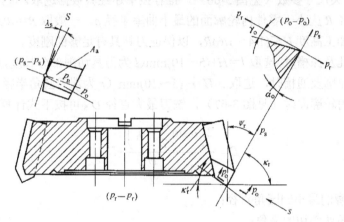

图3-65 面铣刀的标注角度图

表3-7 面铣刀的前角

刀具材料\工件材料	钢	铸铁	黄铜、青铜	铝合金
高速钢	10°～20°	5°～15°	10°	25°～30°
硬质合金	15°～15°	5°～5°	4°	15°

铣刀的磨损主要发生在后刀面上,因此适当加大后角,可减少铣刀磨损。常取 $\alpha_0=5°\sim12°$,工件材料软时取大值,工件材料硬时取小值;粗齿铣刀取小值,细齿铣刀取大值。

铣削时冲击力大,为了保护刀尖,硬质合金面铣刀的刃倾角常取 $\lambda_s=-5°\sim15°$。只有在铣削低强度材料时,取 $\lambda_s=5°$。

主偏角 κ_r 对径向切削力和切削深度影响较大。其值在45°～90°内选取,铣削铸铁常用45°,铣削一般钢材常用75°,铣削带凸肩的平面或薄壁零件时要用90°。

(2) 立铣刀主要参数的选择

立铣刀刀刃几何角度的选择。立铣刀主切削刃的前角、后角都为正值,分别根据工件材料和铣刀直径选取,其具体数值如表3-8和表3-9所示。

表 3-8　立铣刀的前角数值

工件材料		前角	工件材料		前角
钢	$\sigma_b<0.589$GPa	20°	铸铁	≤150HBS	15°
	0.589GPa$<\sigma_b<0.981$GPa	15°		>150HBS	10°
	$\sigma_b>0.981$GPa	10°			

表 3-9　立铣刀的后角数值

铣刀直径 d_0/mm	后角
≤10	25°
10～20	20°
20	16°

为使端面切削刃有足够的强度，在端面切削刃前刀面上一般磨有棱边，其宽度 br_1 为 0.4～1.2 mm，前角为 6°。

立铣刀的有关尺寸参数（见图 3-66），推荐按下述经验数据选取。

① 刀具半径 R 应小于零件内轮廓面的最小曲率半径 ρ，一般取 $R=(0.8\sim0.9)\rho$。

② 零件的加工高度 $H\leq(1/4\sim1/6)R$，以保证刀具具有足够的刚度。

③ 对不通孔及深槽时，选取 $l=H+(5\sim10)$mm（l 为刀具切削部分长度，H 为零件高度）。

④ 加工外轮廓及通槽时，选取 $l=H+r+(5\sim10)$mm（r 为端刃圆角半径）。

⑤ 粗加工内轮廓面时（见图 3-67），铣刀最大直径 $D_粗$ 可按下式计算：

$$D=\frac{2\left(\delta\sin\dfrac{\varphi}{2}-\delta_1\right)}{1-\sin\dfrac{\varphi}{2}}+D$$

式中：D——轮廓的最小凹圆角直径；

φ——圆角两邻边的夹角；

δ——圆角邻边夹角等分线上的精加工余量；

δ_1——精加工余量。

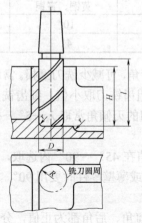

图 3-66　立铣刀的尺寸参数

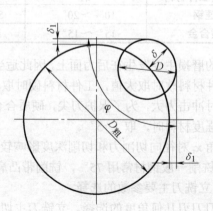

图 3-67　粗加工立铣刀直径计算

⑥ 加工筋时，刀具直径为 $D=(5\sim10)b$（b 为筋的厚度）。

3）铣刀结构选择

铣刀由刀片、定位元件、夹紧元件和刀体组成。刀片在刀体上有多种定位与夹紧方式，刀片定位元件的结构又有不同类型，因此铣刀的结构形式有多种。选用时，主要可根据刀片排列方式。刀片排列方式可分为平装结构和立装结构两大类，如图 3-68 和图 3-69 所示。平装结构的铣刀一般用于轻型和中量型的铣削加工。立装结构适用于重型和中量型的铣削加工。

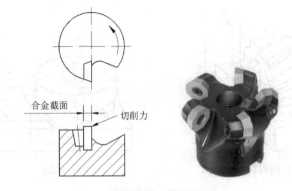

图 3-68 平装结构面铣刀

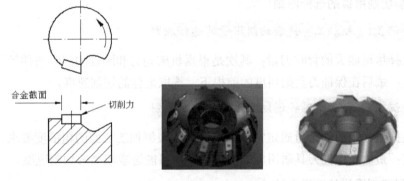

图 3-69 立装结构面铣刀

4）铣刀的安装

(1) 弹簧夹头。弹簧夹头用于装夹各种直柄立铣刀、键槽铣刀、直柄麻花钻头、中心钻等直柄刀具。

(2) 铣刀杆。铣刀杆可装夹套式端面铣刀、三面刃铣刀、角度铣刀、圆弧铣刀及锯片铣刀等。

(3) 镗刀杆。镗刀杆装夹镗孔刀。

(4) 2 号莫氏套筒。2 号莫氏套筒可装夹 2 号莫氏钻头、立铣刀、加速装置、攻螺纹夹头等。

(5) $\phi25mm$ 套筒。$\phi25mm$ 套筒，用于其他测量工具的套接。

任务八 切削用量的选择

如图 3-70 所示,铣削加工的切削参数包括切削速度、进给速度、背吃刀量和侧吃刀量。切削用量的选择标准是:保证零件加工精度和表面粗糙度的前提下,充分发挥刀具切削性能,保证合理的刀具耐用度并充分发挥机床的性能,最大限度地提高生产率,降低成本。

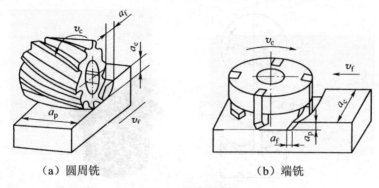

(a)圆周铣　　　　　　　　(b)端铣

图 3-70　铣削用量

1．铣削切削用量的选择原则

重要知识 3.3　粗加工时铣削切削用量的选择原则

首先选择尽可能大的背吃刀量;其次是根据机床动力和刚性的限制条件等,选取较大的进给速度;最后在保证刀具耐用度的前提下,选取最佳的切削速度。

重要知识 3.4　精加工时铣削切削用量的选择原则

首先根据粗加工后的余量确定背吃刀量;其次根据加工表面的粗糙度要求,选取较小的进给速度;最后在保证刀具耐用度的前提下,尽可能选取较高的切削速度。

2．铣削切削用量的选择方法

从保证刀具耐用度的角度出发,铣削切削用量的选择方法是:首先选择背吃刀量(或侧吃刀量),其次确定进给速度,最后确定切削速度。

具体数值应根据机床说明书、刀具切削手册,并结合经验而确定。常用铣削参数术语和公式如表 3-10 所示。影响切削用量的因素包括以下方面。

(1)机床:机床刚性、最大转速、进给速度等。

(2)刀具:刀具长度、刃长、刀具刃口、刀具材料、刀具齿数、刀具直径等。

(3)工件:毛坯材料、热处理性能等。

(4)装夹方式(工件紧固程度):牙板、台钳、托板等。

(5)冷却情况:油冷、气冷、水冷等。

表 3-10 铣削切削参数计算公式一览表

符 号	术 语	单 位	公 式
v_c	切削速度	m/min	$v_c = \dfrac{\pi \times D_c \times n}{1000}$
n	主轴转速	r/min	$n = \dfrac{v_c \times 1000}{\pi \times D_c}$
v_f	工作台进给量（进给速度）	mm/min	$v_f = f_z \times n \times z_n$
f_z	每齿进给量	mm	$v_f = f_n \times n$
f_n	每转进给量	mm/r	$f_z = \dfrac{v_f}{n \times z_n}$
D_e	有效切削直径	mm	$D_e = D_3 - d + \sqrt{d^2 - (d - 2 \times a_p)^2}$（$d$ 角立铣刀） $D_e = 2 \times \sqrt{a_p \times (D_e - a_p)}$（球头铣刀）
	金属去除率	cm³/min	

说明：a_p——切削深度（mm）；a_e——切削宽度（mm）；D_c——切削直径（mm）；Z_n——刀具上切削刃总数（个）；d——R 角立铣刀刀角直径（mm）。

重要知识 3.5　背吃刀量 a_p（端铣）或侧吃刀量 a_e（圆周铣）的选择

背吃刀量 a_p 为平行于铣刀轴线测量的切削层尺寸，单位为 mm。端铣时，a_p 为切削层深度；而圆周铣削时，a_p 为被加工表面的宽度，如图 3-70 所示。

侧吃刀量 a_e 为垂直于铣刀轴线测量的切削层尺寸，单位为 mm。端铣时，a_e 为被加工表面宽度；而圆周铣削时，a_e 为切削层深度，如图 3-70 所示。

背吃刀量或侧吃刀量的选取主要由加工余量和对表面质量的要求决定。

（1）粗铣。粗铣时一般一次进给应尽可能切除全部余量，在中等功率机床上，背吃刀量可达 8～10mm。在工件表面粗糙度 Ra 值要求为 12.5～25μm 时，如果圆周铣削的加工余量小于 5mm，端铣的加工余量小于 6mm，粗铣一次进给就可以达到要求。但在余量较大，工艺系统刚性较差或机床动力不足时，应分两次进给完成。

（2）半精铣。在要求工件表面粗糙度 Ra 值为 3.2～12.5μm 时，可分粗铣和半精铣两步进行。粗铣时背吃刀量或侧吃刀量选取同前。半精铣时，端铣的背吃刀量或周铣的侧吃刀量一般在 0.5～2mm 内选取，粗铣后留 0.5～1.0mm 余量，在半精铣时切除。

（3）精铣。在要求工件表面粗糙度 Ra 值为 0.8～3.2μm 时，可分粗铣、半精铣、精铣 3 步进行。半精铣时背吃刀量或侧吃刀量取 1.5～2mm；精铣时圆周铣侧吃刀量取 0.3～0.5mm，面铣刀背吃刀量取 0.5～1mm。

如果机床功率和刀具刚性允许，加工质量要求不高（Ra 值不小于 5μm），且加工余量又不大（一般不超过 6mm），a_p 可以等于加工余量，一次铣去全部余量。若加工质量要求较高或加工余量太大，铣削则应分多次进行。在数控机床上，精加工余量可以小于普通机床，一般取 0.2～0.5mm。在工件宽度方向上，一般应将余量一次切除。

重要知识 3.6　进给速度 v_f（mm/min）与进给量 f（mm/r）的选择

铣削加工的进给速度 v_f 是单位时间内工件与铣刀沿进给方向的相对位移，单位为 mm/min；进给量 f 是指铣刀转一周，工件与铣刀沿进给方向的相对位移，单位为 mm/r。对于多齿刀具，其进给速度 v_f、刀具转速 n、刀具齿数 z、进给量 f 及每齿进给量 f_z 的关系为

$$v_f = fn = znf_z \tag{3-1}$$

每齿进给量 f_z 的选取主要取决于刀具、工件材料性能料、工件表面粗糙度等因素。工件材料的强度和硬度越高，f_z 越小；反之则越大。硬质合金铣刀的每齿进给量高于同类高速钢铣刀。工件表面粗糙度要求越高，f_z 就越小。工件刚性差或刀具强度低时，应取小值。

进给速度 v_f 与进给量 f 主要根据零件的加工精度和表面粗糙度要求以及刀具、工件的材料性质选取，可参考常用切削用量手册或表 3-11。

表 3-11 铣刀每齿进给量参考值

工件材料	f_z/(mm/z)			
	粗 铣		精 铣	
	高速钢铣刀	硬质合金铣刀	高速钢铣刀	硬质合金铣刀
钢	0.08~0.12	0.10~0.20	0.03~0.05	0.05~0.12
铸铁	0.10~0.20	0.12~0.25		

选取进给速度 v_f 一般经验如下。

（1）当工件的质量要求能够得到保证时，为通过生产效率，可选择较高的进给速度，一般在 100~200mm/min 选取。

（2）在切断、加工深孔或用高速钢刀具加工时，宜选择较低的进给速度，一般在 20~50mm/min 选取。

（3）当加工精度、表面粗糙度要求较高时，进给速度应选小一些，一般在 20~50mm/min 选取。

（4）刀具空行程时，特别是远距离"回零"时，可以选择机床数控系统给定的最高进给速度，即 G00。

（5）行间连接速度即在曲面加工区域加工时，刀具从一个切削行转到下一个切削行之间刀具所具有的运动速度，该速度一般小于切削速度。

重要知识 3.7 切削速度 v_c 的选择

铣削的切削速度 v_c 与刀具的耐用度、每齿进给量、背吃刀量、侧吃刀量以及铣刀齿数成反比，而与铣刀直径成正比。为提高刀具耐用度允许使用较低的切削速度。但是加大铣刀直径则可改善散热条件，可以提高切削速度。

铣削加工的切削速度 v_c 可参考表 3-12 选取，也可参考有关切削用量手册中的经验公式通过计算选取。

表 3-12 铣削加工的切削速度参考值

工件材料	硬度（HBS）	v_c/(m/min)	
		高速钢铣刀	硬质合金铣刀
钢	<225	18~42	66~150
	225~325	12~36	54~120
	325~425	6~21	36~75

续表

工件材料	硬度（HBS）	v_c/(m/min)	
		高速钢铣刀	硬质合金铣刀
铸铁	<190	21～36	66～150
	190～260	9～18	45～90
	260～320	4.5～10	21～30

主轴转速 n 由切削速度 v_c 和切削直径 D_e 决定，切削速度 v_c 由刀具和工件材料决定，D_e 为刀具直径（mm）。对于圆柱立铣刀可以直接用 D_e 计算出主轴转速，但对于球头立铣刀或 R 角立铣刀，则必须应用"有效切削速度 v_c"这一概念，由于球头立铣刀或 R 角立铣刀的有效切削直径 D_e 和平底立铣刀不同，所以对于同样直径的球头立铣刀和圆柱立铣刀如果保持切削速度一致，那么意味着球头刀的主轴转速更大，进给速度也更大，计算的公式和计算对比实例如图 3-71 所示。

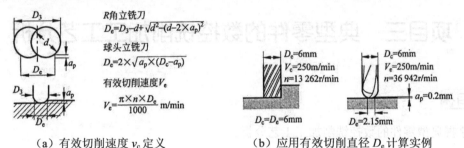

(a) 有效切削速度 v_c 定义　　　　(b) 应用有效切削直径 D_e 计算实例

图 3-71　主轴转速与有效切削速度的关系

实际应用时，计算好的主轴转速 n 最后要根据机床实际情况选取和理论值一致或较接近的转速，并填入工艺卡和程序单中。

（1）行距 L。如图 3-72 所示，行距表示相邻两行刀具轨迹之间的距离，一般 L 与刀具直径 D_c 成正比，与切削深度 a_p 成反比。经济数控加工中，一般 L 的经验取值范围为 $L=(0.6～0.9)D_c$。

（2）切削层高 H。层高如图 3-72 所示，粗加工时立铣刀在高度方向一层一层向下切削，每一层的切削厚度即为层高。对于平底立铣刀，层高=a_p；对于球头铣刀，层高和零件加工部位的表面陡峭程度有关，平坦表面层高要小于陡峭表面的。

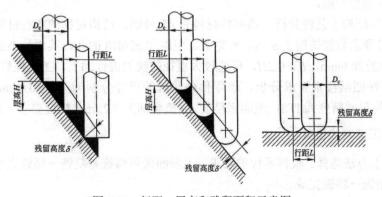

图 3-72　行距、层高和残留面积示意图

任务小结

掌握数控铣削加工工艺的制订。

每日一练

1. 制订零件数控铣削加工工艺的目的是什么？其主要内容有哪些？
2. 零件图工艺分析包括哪些问题？
3. 确定铣刀进给路线时，应考虑那些问题？简述铣削内轮廓的进给路线。
4. 如何确定逆铣、顺铣？
5. 立铣刀和键槽刀有何区别？
6. 铣削外轮廓的进给路线应注意什么？

项目三 典型零件的数控铣削加工工艺分析

能力目标

掌握典型零件的数控铣削加工工艺分析。

核心能力

能进行零件的数控铣削加工工艺分析、加工工艺文件编制；制订数控铣削加工工序。

任务一 带型腔的凸台零件的数控铣削加工工艺分析

1. 零件图工艺分析

（1）审查图纸。如图 3-1 所示，该案例零件图尺寸标注完整、正确，符合数控加工要求，加工部位清楚明确。

（2）零件结构工艺性分析。该零件材料为 45 号钢，结构对称的实心材料，部分工序已加工好，只要求数控铣削上表面、外轮廓、型腔和 $\phi 20H8$ 的孔，其中最小的内圆弧半径为 10mm，型腔深 6mm，$R>0.2H$，可选较大直径的铣刀进行加工，工艺性好。

（3）零件图纸技术要求分析。该零件外轮廓的尺寸分别为 72 ± 0.04mm 和 71.5 ± 0.04mm，孔的尺寸精度为 IT8，表面粗糙度 Ra 值全部为 3.2μm，精度要求一般。

2. 加工工艺路线设计

（1）加工方法选择。根据零件的要求，上表面采用端铣刀粗铣→精铣完成；其余表面采用立铣刀粗铣→精铣完成。

(2)加工顺序确定。由于该零件有内外轮廓的加工,因此,在安排加工顺序时应内外轮廓交替进行加工,并且先型腔后外轮廓,故加工顺序为铣上表面、粗铣型腔和孔、粗铣外外轮廓、精铣型腔和孔、精铣外轮廓,具体如表3-13所示。

表3-13 数控加工工序卡

单位名称			产品名称或代号		零件名称		材料		零件图号
							45钢		
工序号		程序编号	夹具名称		使用设备		车间		
			机用平口钳						
工步号		工步内容	刀具号	主轴转速/(r/min)	进给速度/(mm/min)	背吃刀量/mm	侧吃刀量/mm		备注
1		粗铣上表面	T01	180	140		80		
2		精铣上表面	T01	250	100		80		
3		粗铣型腔	T02	400	80				
4		粗铣φ20H8孔	T02	400	80				
5		粗铣外轮廓	T03	400	100				
6		精铣型腔至尺寸	T03	500	50				
7		精铣φ20H8孔至尺寸	T03	500	50				
8		精铣外轮廓至尺寸	T03	500	60				
编制		审核		批准		年 月 日	共 页		第 页

(3)机床选择。用于该工序的加工内容集中在水平面内,故选用立式数控铣床。

(4)确定装夹方案。由于该零件为单件生产,外形为正方形,形状规则,宽度方向的尺寸为80mm,在平口钳的夹持范围内,故采用平口钳装夹。在装夹时,工件上表面高出钳口11mm左右。

(5)刀具选择。加工上表面时,由于平面的尺寸有80mm×80mm,故选用φ125mm的面铣刀,齿数为8;加工外轮廓时,由于外轮廓没有内凹的轮廓,因此,可以选用较大的立铣刀来加工;加工型腔和孔时,最小的内凹圆弧为R10mm,因此,选用的刀具半径应小于10mm,同时,为了能够直接下刀,粗加工型腔和孔时选用φ16mm的键槽铣刀。为了减少换刀次数,在粗精加工外轮廓和精加工型腔和孔时选用φ16mm的3齿高速钢立铣刀。

(6)确定加工路线。

① 上表面加工路线。采用一次走刀把整个平面铣削一次,走刀路线略。

② 型腔粗、精加工走刀路线,如图3-73所示。

③ 外轮廓粗、精加工走刀路线,如图3-74所示。

④ 孔精加工走刀路线,如图3-75所示。

(7)选择切削参数,如表3-14所示。

(8)填写数控加工工艺文件。数控加工工序卡

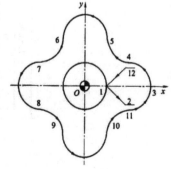

图3-73 型腔粗、精加工走刀路线

如表 3-13 所示；数控加工刀具卡如表 3-14 所示；数控加工走刀路线图略；数控加工工序简图如图 3-76 所示；数控加工程序单略。

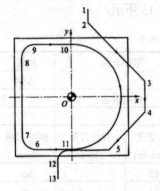

图 3-74 外轮廓粗、精加工走刀路线

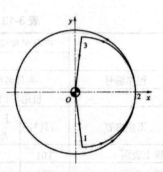

图 3-75 孔精加工走刀路线

表 3-14 数控加工刀具卡

单位名称		工序号		程序编号		产品名称		零件名称		材料	零件图号
										45 钢	
序号	刀具号	刀具名称	刀具规格		补偿值/mm			刀补号		备注	
			直径/mm	长度/mm	半径	长度		半径	长度		
1	T01	面铣刀（8 齿）	$\phi125$	实测					80	硬质合金	
2	T02	键槽铣刀	$\phi16$	实测					80	高速钢	
3	T03	立铣刀	$\phi16$	实测						高速钢	
编制		审核		批准		年 月 日		共 页		第 页	

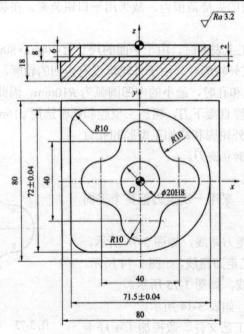

图 3-76 数控加工工序简图

任务二 平面槽形凸轮零件的数控铣削加工工艺

平面凸轮零件是数控铣削加工中常见的零件之一,其轮廓曲线组成不外乎直线—圆弧、圆弧—圆弧、圆弧—非圆曲线及非圆曲线等几种。多用两轴以上联动的数控铣床。加工工艺过程也大同小异。以图 3-77 所示的平面槽形凸轮为例分析其小批生产数控铣削加工工艺。

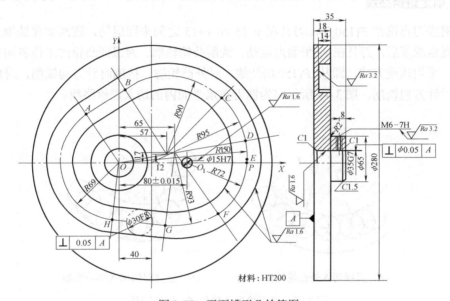

图 3-77 平面槽形凸轮简图

1. 零件图纸工艺分析

本例零件是一种平面槽形凸轮,其轮廓由圆弧 HA、BC、DE、FG 和直线 AB、HG 以及过渡圆弧 CD、EF 所组成,需要两轴联动的数控铣床。

材料为铸铁,切削加工性较好。该零件在数控铣削加工前,工件是一个经过加工、含有两个基准孔、直径为 $\phi280mm$、厚度为 18mm 的圆盘。圆盘底面 A 及 $\phi35G7$ 和 $\phi12H7$ 两孔可用作定位基准,无须另作工艺孔定位。

凸轮槽组成几何元素之间关系清楚,条件充分,编程时,所需基点坐标很容易求得。

凸轮槽内外轮廓面对 A 面有垂直度要求,只要提高装夹精度,使 A 面与铣刀轴线垂直,即可保证;$\phi35G7$ 对 A 面的垂直度要求已由前工序保证。

2. 确定装夹方案

如图 3-78 所示凸轮的结构特点,采用"一面两孔"定位,设计"一面两削"专用夹具。用一块 320mm×320mm×40mm 的垫块,在垫块上分别精镗 $\phi35mm$ 和 $\phi12mm$ 两个定位销安装孔,孔距为 80±0.015mm,垫块平面度为 0.05mm,加工前先固定垫块,使两定位销孔的中心连线与机床的 x 轴平行,垫块的平面要保证与工作台面平行,并用百分表检查。

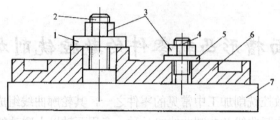

图 3-78 凸轮装夹示意图

3. 确定进给路线

本例进刀点选在 $P(150,0)$，刀具在 $y-15$ 和 $y+15$ 之间来回运动，逐渐加深铣削深度，当达到既定深度后，刀具在 xy 平面内运动，铣削凸轮轮廓。为保证凸轮的工作表面有较好的质量，采用顺铣方式，即从 $P(150,0)$ 开始，对外凸轮廓，按顺时针方向铣削，对内凹轮廓按逆时针方向铣削。图 3-79 所示即为铣刀在水平面内的切入进给路线。

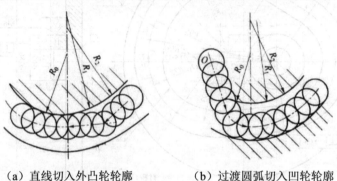

(a) 直线切入外凸轮轮廓　　(b) 过渡圆弧切入凹轮轮廓

图 3-79 平面槽形凸轮的切入进给路线

4. 选择刀具及切削用量

本例零件材料铸铁属一般材料，切削加工性较好，选用 $\phi18mm$ 硬质合金立铣刀，主轴转速取 15～235r/min，进给速度取 30～60mm/min。槽深 14mm，铣削余量分 3 次完成，第一次背吃刀量 8mm，第二次背吃刀量 5mm，剩下的 1mm 随同轮廓精铣一起完成。凸轮槽两侧面各留 0.5～0.7mm 精铣余量。在第二次进给完成之后，检测零件几何尺寸，依据检测结果决定进刀深度和刀具半径偏置量，分别对凸轮槽两侧面精铣一次，达到图样要求的尺寸。

任务三　曲面零件的数控铣削加工工艺

如图 3-80 所示的曲面零件，材料为 45 钢，毛坯尺寸（长×宽×高）为 120mm×120mm×30mm，单件生产，本工序的任务是加工曲面和凹槽。其数控铣削加工工艺分析如下。

1. 零件图样工艺分析

零件主要由平面、球面及平面凹槽等组成，其中球面的表面粗糙度要求最高，Ra 为 0.8μm，其余表面要求 Ra 为 1.6μm。整体尺寸精度要求不高，毛坯余量较大，零件材料为

45钢，切削加工性较好。

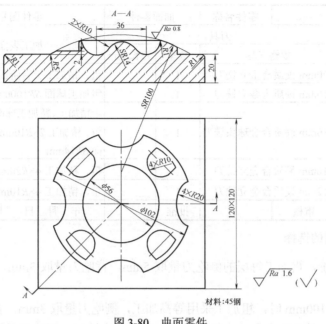

图 3-80　曲面零件

根据上述分析，球面 SR100mm 要分粗加工、半精加工和精加工 3 个阶段进行，以保证表面粗糙度要求，其余凹槽表面也要粗、精分开加工。

2．确定装夹方案

零件外形规则，又是单件生产，因此选用平口虎钳夹紧，以底面和侧面定位，用等高块垫起，注意工件高出虎钳钳口的高度要足够。

3．确定加工顺序及进给路线

按照先粗后精的原则确定加工顺序。先加工出上台阶面，及在毛坯上半部分先加工出一个高 10mm、直径 ϕ102mm 的圆柱台阶，再以圆柱台阶为毛坯加工球面 SR100mm、2×R10mm 凸球面 SR14mm，最后加工 4×R10mm、4×R20mm 凹槽轮廓。为了保证表面质量，球面 SR100mm 加工采曲面用粗加工—半精加工—精加工—抛光的方案，其他表面采用粗加工—精加工方案。在铣削球面 SR100mm 和 2×R10mm 环槽时，粗加工采用螺旋下刀，精加工采用垂直下刀，进给采用顺铣平行切削。在铣削圆柱台阶和凸球面 SR14mm 时，加入切入、切出过渡圆弧，刀具从毛坯外沿轮廓切线方向切入、切出，采用垂直下刀。在铣削 4×R10mm、4×R20mm 凹槽轮廓时，刀具从轮廓延长线切入、切出，采用垂直下刀。圆柱台阶和凹槽轮廓在平面进给和深度进给方向均采用顺铣方式分层铣削。

4．刀具的选择

根据零件的材料和结构特点，在铣削圆柱台阶、凹槽轮廓和粗加工球面 SR100mm，采用硬质合金立铣刀，半精铣、精铣球面 SR100mm 以及粗、精铣 2×R10mm 环槽、凸球面 SR14mm 时，采用硬质合金球头立铣刀。所选刀具及其加工表面如表 3-15 所示。

表 3-15　曲面零件数控加工刀具卡片

产品名称或代号		零件名称		曲面零件	零件图号		
序号	刀具号	刀具			加工表面		备注
		规格名称	数量	刀长/mm			
1	T01	φ20mm 硬质合金立铣刀	1		粗、精加工上台阶面		
2	T02	φ10mm 硬质合金立铣刀	1		粗加工球面 SR100mm		
3	T03	φ10mm 硬质合金球头铣刀	1		半精加工、精加工球面 SR100mm，粗、精加工 2×R10mm 环槽、凸球面 SR14mm		
4	T04	φ16mm 硬质合金立铣刀	1		粗、精加工 4×R20mm 凹槽		
5	T05	φ12mm 硬质合金立铣刀	1		粗、精加工 4×R10mm 凹槽		
编制		审核		批准	年　月　日	共　页	第　页

5. 切削用量的选择

铣削圆柱台阶，粗加工每层的侧吃刀量取 5mm，背吃刀量取 3mm，留 0.5mm 精加工余量。

铣削球面 SR100mm 时，粗加工采用等高加工，侧吃刀量取 3mm，背吃刀量取 2mm，留 1.5 半精加工、精加工余量；半精加工时，选用球头铣刀，背吃刀量取 0.6mm，留精加工余量 0.3mm；精加工时，背吃刀量取 0.25mm 留 0.05mm 抛光余量。

铣削 2×R10mm 环槽及凸球面 SR14mm 时，采用球头铣刀，粗加工时，背吃刀量取 3mm，精加工时，背吃刀量取 0.5mm。铣削 4×R10mm、4×R20mm 凹槽轮廓时，侧吃刀量取 5mm，背吃刀量取 3mm，留 0.5mm 精加工余量。

切削速度和进给量查切削用量手册选取，再计算主轴转速和进给速度。具体数值如表 3-16 所示。

6. 填写数控加工工序卡

将各工步的加工内容、所选刀具和切削用量填入如表 3-16 所示的曲面零件数控加工工序卡片中。

表 3-16　曲面数控加工工序卡片

单位名称		产品名称或代号		零件名称		零件图号	
				曲面零件			
工序号	程序编号	夹具名称		使用设备		车间	
		平口虎钳		XK5034		数控中心	
工步号	工步内容	刀具号	刀具规格/mm	主轴转速/(r·min^{-1})	进给速度/(mm·min^{-1})	背吃刀量/mm	备注
1	粗加工上台阶面	T01	φ20	630	60	3	
2	精加工上台阶面	T01	φ20	800	40	0.5	
3	粗加工 SR100	T02	φ10	700	50	2	
4	半精加工 SR100	T03	φ10	800	40	0.6	
5	精加工 SR100	T03	φ10	1000	30	0.25	

续表

工步号	工步内容	刀具号	刀具规格/mm	主轴转速/(r·min⁻¹)	进给速度/(mm·min⁻¹)	背吃刀量/mm	备注
7	精加工 2×R10、SR14	T03	φ10	1000	30	0.5	
8	粗加工 4×R20 凹槽	T04	φ10	600	50	3	
9	精加工 4×R20 凹槽	T04	φ16	800	30	0.5	
10	粗加工 4×R10 凹槽	T05	φ12	700	40	3	
11	精加工 4×R10 凹槽	T05	φ12	900	30	0.5	
编制		审核		批准	年 月 日	共 页	第 页

*任务四 支架零件的数控铣削加工工艺

图 3-81 所示为薄板状的支架，结构形状较复杂，是适合数控铣削加工的一种典型零件。下面简要介绍该零件的工艺分析过程。

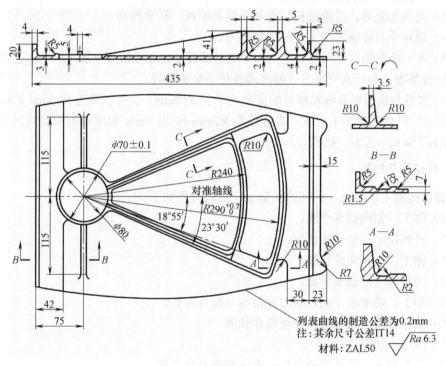

图 3-81 支架零件简图

1. 零件图样工艺分析

如图 3-81 所示，该零件的加工轮廓由列表曲线、圆弧级直线构成，形状复杂，加工、检验都较困难，除底平面宜在普通铣床上铣削外，其余各加工部位均需采用数控机床铣削加工。

该零件尺寸公差为 IT14，表面粗糙度 Ra 值均为 6.3μm，不难保证。但其腹板厚度只有

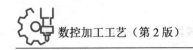

2mm，且面积较大，加工时极易产生振动，可能会导致其壁厚公差及表面粗糙度要求难以达到。

支架的毛坯与零件相似，各处均有单边加工余量5mm（毛坯图略）。零件在加工后各处厚薄尺寸悬殊，除扇形框外，其他各处刚性较差，尤其是腹板两面切削余量相对值较大，故该零件在铣削过程中及铣削后都将产生较大变形。

该零件被加工轮廓表面的最大高度 H=41mm-2mm=39mm，转接圆弧为 R10mm，R 略小于 $0.2H$，故该处的铣削工艺性尚可。全部圆角为 R10mm、R5mm、R2mm 及 R1.5mm，不统一，故需多把不同刀尖圆角半径的铣刀。

零件尺寸的标注基准（对称轴线、底平面、ϕ70mm 孔中心线）较统一，且无封闭尺寸；构成该零件轮廓形状的各几何元素条件充分，无相互矛盾之处，有利于编程。

分析其定位基准，只有底面及 ϕ70mm 孔（可先制成 ϕ20H7 的工艺孔）可做定位基准，尚缺一孔，需要在毛坯上制作一辅助工艺基准。

根据上述分析，针对提出的主要问题，采取如下工艺措施。

（1）安排粗、精加工及钳工矫形。

（2）先铣加强筋，后铣腹板，有利于提高刚性，防止振动。

（3）采用小直径铣刀加工，减小切削力。

（4）在毛坯右侧对称轴线处增加一个工艺凸耳，并在该凸耳上加工一个工艺孔，解决缺少的定位基准；设计真空夹具，提高薄板件的装夹刚性。

（5）腹板与扇形框周缘相接处的底圆角半径 R10mm，采用底圆为 R10mm 的球头成型铣刀（带 7°斜角）补加工完成；将半径为 R2mm 和 R1.5mm 的圆角利用圆角制造公差统一为 $R1.5_0^{+0.5}$mm，省去一把铣刀。

2. 制订工艺过程

根据前述的工艺措施，制订的支架加工工艺过程如下。

（1）钳工：划两侧宽度线。

（2）普通铣床：铣两侧宽度。

（3）钳工：划底面铣切线。

（4）普通铣床：铣底平面。

（5）钳工：矫平底平面、划对称轴线、制订位孔。

（6）数控铣床：粗铣腹板厚度型面轮廓。

（7）钳工：矫平底面。

（8）数控铣床：精铣腹板厚度、型面轮廓及内外形。

（9）普通铣床：铣去工艺凸耳。

（10）钳工：矫平底面、表面光整、尖边倒角。

（11）表面处理。

3. 确定装夹方案

在数控铣削加工工序中，选择底面、ϕ70mm 孔位置上预制的 ϕ20H7 工艺孔以及工艺孔

凸耳上的 $\phi20H7$ 工艺孔为定位基准，即"一面两孔"定位。相应的定位元件为"一面两销"。如图 3-82 所示的即为数控铣削工序中使用的专用过渡真空平台。利用真空吸紧工件，夹紧面积大，刚性好，铣削时不易产生振动，尤其适用于薄板件装夹。为防抽真空装置发生故障或漏气，使夹紧力消失或下降，可另加辅助夹紧装置，避免工件松动。图 3-83 所示为数控铣床加工装夹示意图。

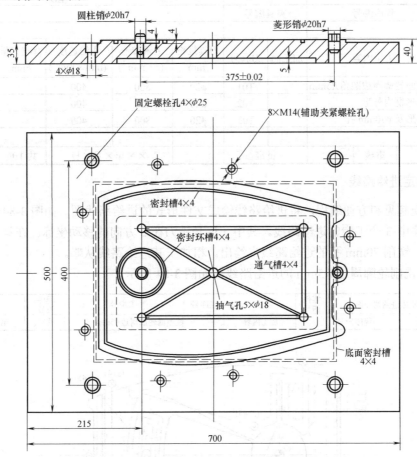

图 3-82 支架零件专用过渡真空平台简图

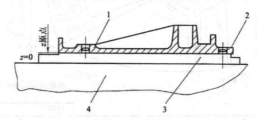

1—支架　2—工艺凸耳及定位　3—真空夹具平台　4—机床真空平台

图 3-83 支架零件数控铣削加工装夹示意图

4．划分数控铣削加工工步和安排加工顺序

支架在数控机床上进行铣削加工的工序共两道，即粗铣工序和精铣工序。按同一把铣

刀的加工内容来划分工步，其中数控精铣工序可划分为三个工步，具体的工步内容及工步顺序如表 3-17 所示的数控加工工序卡片（粗铣工序这里从略）。

表 3-17 数控加工工序卡片

（工厂）	数控加工工序卡	产品名称或代号		零件名称		材料	零件图号
				支架		LD5	
工序号	程序编号	夹具编号		使用设备			车间
工步号	工步内容	加工面	刀具号	刀具规格/mm	主轴转速/(r·min⁻¹)	进给速度/(mm·min⁻¹)	背吃刀量/mm	备注
1	铣型面轮廓周边圆角 R5mm		T01	φ20	800	400		
2	铣扇形框内外形		T02	φ20	800	400		
3	铣外形及 φ70mm 孔		T03	φ20	800	400		
编制		审核		批准		××年×月×日	共1页	第1页

（表头"刀具规格/mm"等列应对应各自字段，见原表。）

5. 确定进给路线

为直观起见和方便编程，将进给路线绘成文件形式的进给路线图。如图 3-84～图 3-86 为精铣工序中 3 个工步的进给路线。其中 z 值是铣刀在 z 方向的移动坐标。在第三工步进给路线中，铣削 70mm 孔的进给路线未绘出。粗加工其进给路线从略。

（1）铣削轮廓周边 R5mm 的进给路线，如图 3-84 所示。

数控机床进给路线图		零件图号		工序号		工步号	1	程序编号	
机床型号	程序段号		加工内容		铣型面轮廓周边 R5mm			共3页	第1页

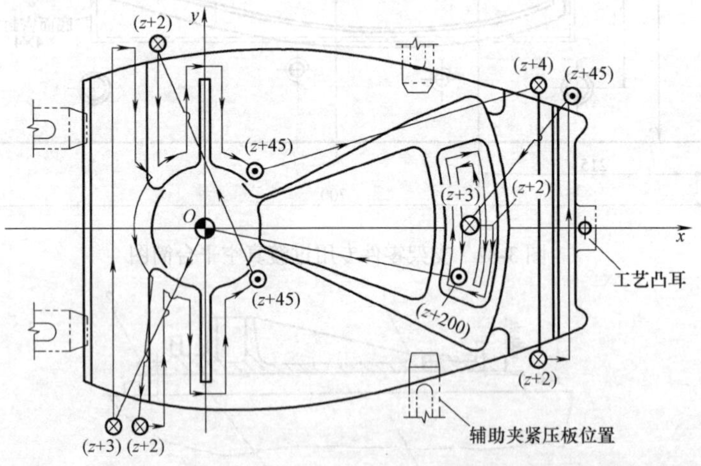

符号	⊙	⊗	⊛	→	⇢	⇝	∿∿	⌇	⇌	⇋
含义	抬刀	下刀	程编原点	起始	进给方向	进给线相交	爬斜坡	钻孔	行切	轨迹重迭	回切

图 3-84 铣支架零件型面轮廓周边 R5mm 进给路线

（2）铣削扇形框内外形进给路线，如图 3-85 所示。

（3）铣削外形进给路线，如图 3-86 所示。

数控机床进给路线图		零件图号		工序号		工步号	2	程序编号	
机床型号		程序段号		加工内容		铣扇形框内外形		共3页	第2页

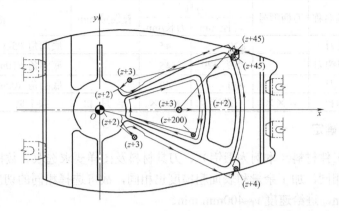

符号	⊙	⊗	●	→	←	⤓	----	•••	⇌	↓		编程		校对		审批
含义	抬刀	下刀	程编原点	起始	进给方向	进给线相交	爬斜坡	钻孔	行切	轨迹重选	回切					

图 3-85 铣支架零件扇形内框外形进给路线

数控机床进给路线图		零件图号		工序号		工步号	3	程序编号	
机床型号		程序段号		加工内容		铣削外形及内孔ϕ70mm		共3页	第3页

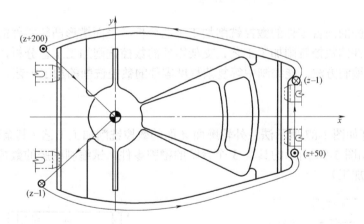

符号	⊙	⊗	●	→	←	⤓	----	•••	⇌	↓		编程		校对		审批
含义	抬刀	下刀	程编原点	起始	进给方向	进给线相交	爬斜坡	钻孔	行切	轨迹重选	回切					

图 3-86 铣支架零件外形进给路线

6．选择刀具

铣刀种类及几何尺寸根据被加工表面的形状和尺寸选择。本例数控精铣工序选用铣刀为例先导和成型铣刀，刀具材料为高速钢，所选铣刀及其几何尺寸见表 3-18 所示的数控加工刀具卡片。

表 3-18 数控加工刀具卡片

产品名称或代号				零件名称	支架	零件图号	
工步号	刀具号	刀具名称	刀柄型号	刀具		补偿量/mm	备注
				直径/mm	刀长/mm		
1	T01	立铣刀		$\phi 20$	45		底圆角 R5mm
2	T02	成型铣刀		小头 $\phi 20$	45		底圆角 R10mm 带 7°斜角
3	T03	立铣刀		$\phi 20$	40		底圆角 R0.5mm
编制	×××	审核	×××	批准	×××	年 月 日	共 1 页　第 1 页

7. 切削用量的确定

切削用量根据工件材料（本例为锻铝）、刀具材料及图样要求选取。数控精铣的 3 个工步所用铣刀直径相同，加工余量和表面粗糙度也相同，故可选相同的切削用量。所选主轴转速 $n=800$r/min，进给速度 $v_f=400$mm/min。

任务实施

通过分析图样并选择加工内容、选择数控铣削加工方法的选择、加工顺序的确定、装夹方案的确定和夹具的选择、刀具的选择、进给路线的确定、切削用量的选择，最终能编制中等复杂程度零件的数控铣削的加工工艺。

任务小结

通过带型腔的凸台零件的数控铣削加工工艺分析、平面槽形凸轮零件的数控铣削加工工艺、曲面零件的数控铣削加工工艺、支架零件的数控铣削加工工艺分析，掌握数控铣削的加工工艺的编制方法，能编制中等复杂程度零件的数控铣削的加工工艺。

每日一练

1. 试制订如图 3-87 所示法兰外轮廓面 A 面的数控铣削加工工艺（其余表面已加工）。
2. 加工如图 3-88 所示的具有 3 个台阶的槽腔零件。试编制槽腔的数控铣削加工工艺（其余表面已加工）。

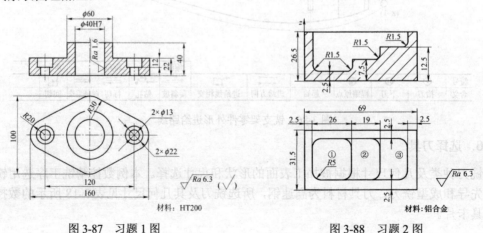

图 3-87 习题 1 图　　　　图 3-88 习题 2 图

3. 如图 3-89 所示的零件加工，工件毛坯尺寸为 160mm×120mm×12mm，除上表面以外的其他表面均已加工完成，并符合尺寸与表面粗糙度的要求，工件材料为 45 钢。试编制加工工艺。

4. 如图 3-90 所示，毛坯为 100mm×80mm×27mm 的方形坯料，材料为 45 钢，且底面和 4 个轮廓面均已加工好，要求在立式加工中心上加工顶面、孔及沟槽。试编制加工工艺。

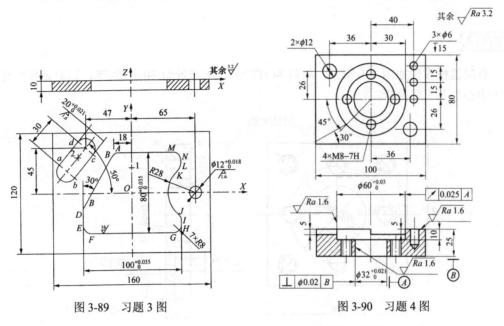

图 3-89 习题 3 图   图 3-90 习题 4 图

5. 图 3-91 所示为泵盖零件图，试编制泵盖类零完整数控铣削加工工艺。

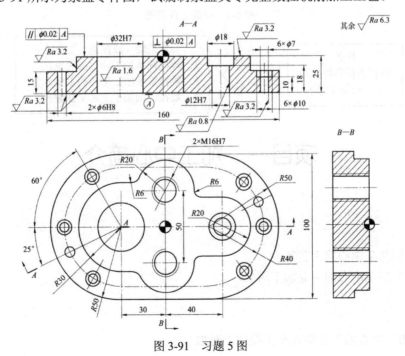

图 3-91 习题 5 图

模块四　加工中心的加工工艺

案例引入

典型盖板零件如图 4-1 所示，材料为 HT200，年产量为 5000 件/年，试对该零件进行加工中心加工工艺分析。

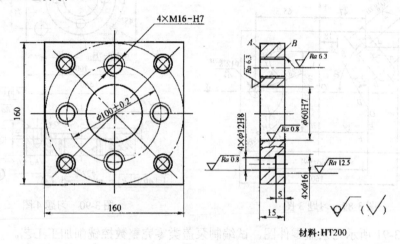

图 4-1　盖板零件简图

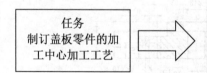

本模块（或技能）要点
1. 数控铣削加工的主要对象。
2. 数控铣削加工工艺的主要内容。
3. 数控铣削加工工艺文件编制。

项目一　加工中心简介

能力目标

1. 掌握加工中心的工艺特点。
2. 掌握加工中心的主要加工对象。

核心能力

掌握加工中心的工艺特点及主要加工对象。

任务一 加工中心概述

1. 加工中心的含义

加工中心（Machining Center，MC）是高效、高精度的数控机床。它集铣削、镗削、钻削、螺纹加工等多项功能于一身，配备有几十甚至上百把刀具的刀库和自动换刀装置，在一次装夹下可实现多工序（甚至全部工序）加工的数控机床。目前主要有镗铣类加工中心和车削类加工中心两大类。通常所说的加工中心是指镗铣类加工中心，本模块主要讨论镗铣类加工中心。

2. 加工中心的分类

1）按照加工中心的结构方式分类

（1）立式加工中心，是指主轴轴线为垂直状态设置的加工中心，如图4-2所示。

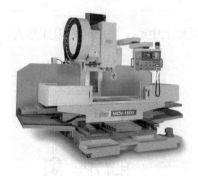 

（a）带刀库和机械手的加工中心　　　　（b）无机械手的加工中心

图4-2　立式加工中心

（2）卧式加工中心，是指主轴轴线为水平状态设置的加工中心，如图4-3所示。

（3）龙门式加工中心，如图4-4所示。

 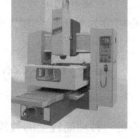

图4-3　卧式加工中心　　　　图4-4　龙门式加工中心

（4）万能加工中心，如图4-5所示。

（5）虚轴加工中心，如图4-6所示。

图 4-5 万能加工中心

2) 按换刀形式分类

（1）带刀库、机械手的加工中心。加工中心的换刀装置（Automatic TOOl Changer，ATC）是由刀库和机械手组成，换刀机械手完成换刀工作。这是加工中心最普遍采用的形式，如图 4-2（a）所示。

（2）无机械手的加工中心。这种加工中心的换刀是通过刀库和主轴箱的配合动作来完成的，如图 4-2（b）所示。

（3）转塔刀库式加工中心。一般在小型立式加工中心上采用转塔刀库形式，主要以孔加工为主，如图 4-7 所示。

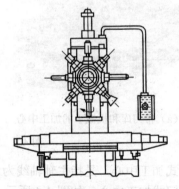

图 4-6　虚轴加工中心　　　　图 4-7　转塔刀库式加工中心

3) 按工作台数量和功能分类

加工中心可分为单工作台加工中心、双工作台加工中心和多工作台加工中心。

任务二　加工中心的工艺特点

加工中心是一种功能较全的数控机床，它集铣削、钻削、铰削、镗削、攻螺纹和切螺纹于一身，使其具有多种工艺手段，与普通机床加工相比，加工中心具有许多显著的工艺特点。

1. 加工精度高

在加工中心上加工，其工序高度集中，一次装夹即可加工出零件上大部分甚至全部表面，避免了工件多次装夹所产生的误差，因此，加工表面之间能获得较高的相互位置精度。与普通机床相比，能获得较高的尺寸精度。

2．精度稳定

整个加工过程由程序自动控制，不受操作者人为因素的影响，机床的位置补偿功能和较高的定位精度和重复定位精度，加工出的零件尺寸一致性好。质量相对稳定，故检验工作量小，只需首件检验，中间抽检即可。

3．效率高

一次装夹能够完成较多表面的加工，减少了多次装夹工件所需的辅助时间。同时，减少了工件在机床与机床之间、车间与车间之间的周转次数和运输工作量，缩短生产周期。

4．表面质量好

加工中心转速和各轴进给量均是无级调速，有的甚至具有自适应控制功能，能随刀具和工件材质及刀具参数的变化，把切削参数调整到最佳数值，从而提高了各加工表面的质量。

5．软件适应性大

零件每个工序的加工内容、切削用量、工艺参数都可以编入程序中，以软件的形式出现，可以随时修改，这给新产品试制，实行新的工艺流程和试验提供了方便。

6．减少机床数量

减少机床数量、操作工人，节省占用的车间面积，简化了生产计划和生产组织工作。

但与普通机床上加工相比，还有一些不足之处。例如，刀具应具有更高的强度、硬度和耐磨性；悬臂切削孔时，无辅助支承，刀具还应具备很好的刚性；在加工过程中，切屑易堆积，会缠绕在工件和刀具上，影响加工顺利进行，需要采取断屑措施和及时清理切屑；一次装夹完成从毛坯到成品的加工，无时效工序，工件的内应力难以消除；使用、维修管理要求较高，要求操作者应具有较高的技术水准等。加工中心机床价格一般都在几十万到几百万元，一次性投资大，零件的加工成本高等。

任务三 加工中心的主要加工对象

针对加工中心的工艺特点，加工中心适宜于加工形状复杂、加工内容多、要求较高、须用多种类型的普通机床和众多的工艺装备，且经多次装夹和调整才能完成加工的零件。

1．既有平面又有孔系的零件

加工中心具有自动换刀装置，在一次安装中，可以完成零件上平面的铣削、孔系的钻削、镗削、铰削、铣削及攻螺纹等多工步加工。加工的部位可以在一个平面上，也可以在不同的平面上。如万能加工中心一次安装可以完成除装夹面以外的5个面加工。因此，既有平面又有孔系的零件是加工中心的首选加工对象，这类零件常见的有箱体类零件和盘、套、板类零件。

（1）箱体类零件。一般是指具有孔系和平面，内有一个定型腔，在长、宽、高方向有比例的零件。如汽车的发动机缸体、变速器箱体，机床的床头箱、主轴箱（见图 4-8 和图 1-81）、齿轮泵壳体等。箱体类零件一般都要进行多工位孔系及平面加工，精度要求较高，特别是形状精度和位置精度要求较严格，通常要经过铣、钻、扩、镗、铰、锪、攻螺纹等工步，需要刀具较多，在普通机床上加工难度大，工装套数较多，须多次装夹找正，手工测量次数较多，精度不易保证。在加工中心上一次安装可完成普通机床的 60%~95%的工序内容，零件各项精度一致性较好，质量稳定，生产周期较短。

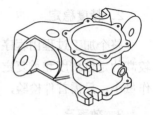

图 4-8 热电机车主轴箱体

（2）盘、套、板类零件。这类零件端面上有平面、曲面和孔系，径向也常分布一些径向孔，如图 4-9 和图 4-10 所示分别为十字盘和板类零件。加工部位集中在单一端面上的盘、套、板类零件宜选择立式加工中心，加工部位不位于同一方向表面上的零件宜选择卧式加工中心。

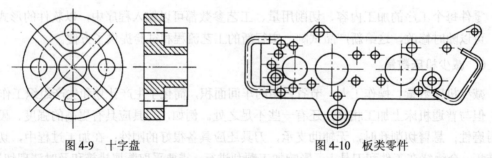

图 4-9 十字盘　　　　　　　　　图 4-10 板类零件

2. 结构形状复杂、普通机床难加工的零件

主要表面由复杂曲线、曲面组成的零件加工时，需要多坐标联动，这在普通机床上是难以甚至无法完成的，加工中心是加工这类零件最有效的设备。常见的典型零件有以下几类。

（1）凸轮类。这类零件有各种曲线的盘形凸轮、圆柱凸轮、圆锥凸轮和端面凸轮等，加工时，可根据凸轮表面的复杂程度，选用三轴、四轴或五轴联动的加工中心。

（2）整体叶轮类。常见于航空发动机的压气机、空气压缩机、船舶水下推进器等，它除具有一般曲面加工的特点外，还存在许多特殊的加工难点，如通道狭窄，刀具很容易与加工表面和邻近曲面产生干涉。如图 4-11（a）所示是轴向压缩机涡轮，它的叶面是一个典型的三维空间曲面，加工这样的型面，可采用四轴以上联动的加工中心，如图 4-11（b）所示。

（3）模具类。常见的有锻压模具、铸造模具、注塑模具及橡胶模具等。如图 4-12 所示为连杆锻压模具。采用加工中心加工模具，工序高度集中，动模、静模等关键件的精加工基本上是在一次安装中完成全部机加工内容，尺寸累积误差及修配工作量小。模具的可复制性强，互换性好。

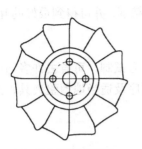
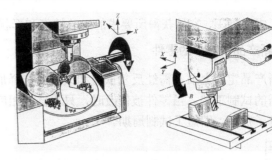

（a）轴向压缩机涡轮　　　　　　　（b）叶轮加工

图 4-11　整体叶轮类

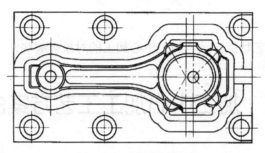

图 4-12　连杆锻压模具

3. 外形不规则的异性零件

异性零件是指支架、拨叉、基座、样板、靠模等这一类外形不规则的零件，大多要点、线、面多工位混合加工。由于外形不规则，在普通机床上只能采取工序分散的原则加工，需用工装较多，周期较长。利用加工中心工序集中的特点，采用合理的工艺措施，一次或两次装夹，可以完成大部分甚至全部工序内容。如图 4-13 和图 4-14 所示分别为支架和异形支架。

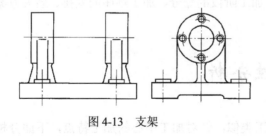
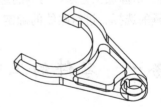

图 4-13　支架　　　　　　　　　　　图 4-14　异形零件

4. 周期性投产的零件

用加工中心加工零件时，所需工时主要包括基本时间和准备时间，其中，准备时间占很大比例。例如工艺准备、程序编制、零件首件试切等，这些时间往往是单件基本时间的几十倍。采用加工中心可以将这些准备时间的内容储存起来，供以后反复使用。这样，对周期性投产的零件，生产周期就可以大大缩短。

5. 加工精度要求较高的中小批量零件

针对加工中心加工精度高，尺寸稳定的特点，对加工精度要求较高的中小批量零件，选择加工中心加工，容易获得所要求的尺寸精度和形状位置精度，并可得到很好的互换性。

6．新产品试制中的零件

在新产品定型之前，需经反复试验和改进。选择加工中心试制，可省去许多通用机床加工所需的试制工装。当零件被修改时，只需修改相应的程序及适当地调整夹具、刀具即可，节省了费用，缩短了试制周期。

任务小结

熟练掌握加工中心的工艺特点及加工中心的主要加工对象。

每日一练

加工中心有哪些工艺特点？适合加工中心加工的对象有哪些？

项目二　加工中心加工工艺方案的制订

能力目标

1．掌握加工中心的选用。
2．掌握零件的工艺设计。

核心能力

1．掌握加工中心规格、精度、功能、刀库容量、刀柄、刀具预调议的选择。
2．掌握加工方法、刀具的选择、加工阶段的划分、加工顺序的安排、装夹方案的确定和夹具的选择、进给路线的确定。

任务一　零件的工艺性分析

零件图的工艺分析与数控铣削加工类似，针对加工中心的加工特点，下面分析介绍加工内容的选择和零件结构工艺性。

1．加工中心加工内容的选择

这里所述的加工内容选择是指在零件选定之后，选择零件上适合加工中心加工的表面。
（1）尺寸精度要求较高的表面。
（2）相互位置精度要求较高的表面。
（3）不便于普通机床加工的复杂曲线、曲面或难以通过测量调整进给的不够敞开的复杂型腔表面。

(4) 能够集中在一次装夹中合并完成的多工序（或工步）表面。

(5) 反复加工相同结构元素的表面。

(6) 镜像对称加工的表面。

在选择和决定加工中心的加工内容时，还要考虑生产批量、生产周期以及工序间的周转情况等，要合理利用加工中心，以达到产品质量、生产率及综合经济效益都为最佳的目的。

2．加工中心加工零件的结构工艺性分析

结构工艺性除应符合模块五数控铣削结构工艺性外，还应具备以下几点要求。

(1) 切削余量要小，以便减少切削时间，降低加工成本。

(2) 零件上光孔和螺纹的尺寸规格尽可能少，以减少钻头、绞刀及丝锥等相应刀具的数量和换刀时间，同时防止刀库容量不够。

(3) 零件尺寸规格尽量标准化，以便采用标准刀具。

(4) 零件尺寸加工表面应具有加工的方便性和可能性。

(5) 零件结构应具有足够的刚性，以减少夹紧变形和切削变形。

表 4-1 列出了部分零件的孔加工工艺性对比实例。

表 4-1 部分零件的孔加工工艺性对比实例

序号	A 工艺性差的结构	B 工艺性好的结构	说明
1	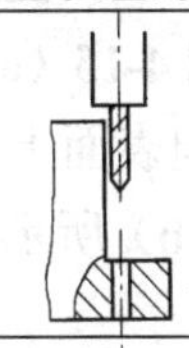	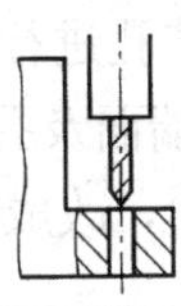	A 结构不便引进刀具，难以实现孔的加工
2	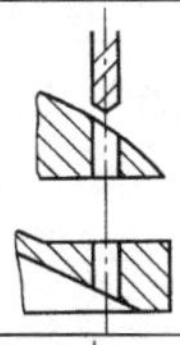	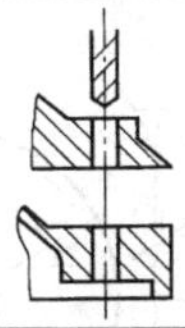	B 结构可避免钻头钻入和钻出时因工件表面倾斜而造成引偏或断损
3	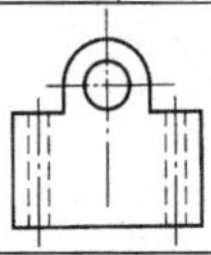	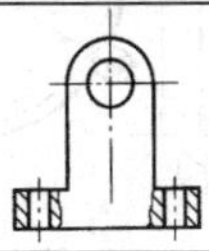	B 结构节省材料，减少了质量，还避免了深孔加工
4	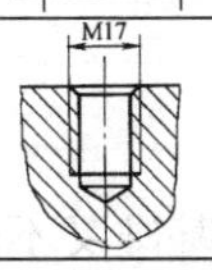 M17	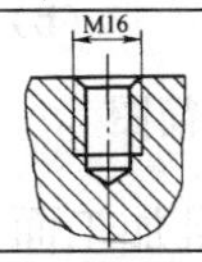 M16	A 结构不能采用标准丝锥攻螺纹
5	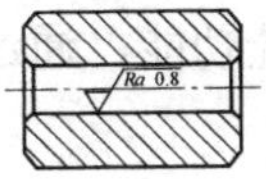 Ra 0.8	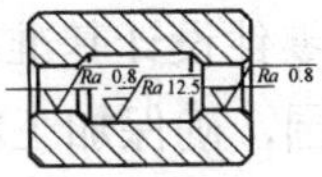 Ra 0.8 Ra 12.5	B 结构减少配合孔的加工面积
6	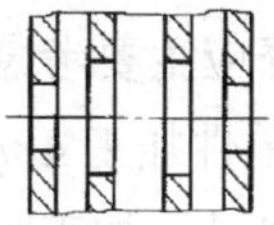	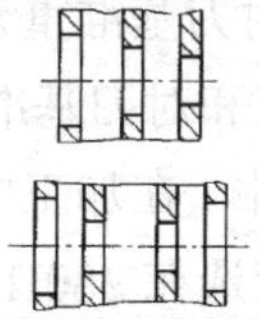	B 结构孔径从一个方向递减或从两个方向递减，便于加工

续表

序号	A 工艺性差的结构	B 工艺性好的结构	说明
7			B 结构可减少深孔的螺纹加工
8			B 结构刚性好

任务二　装夹方案的确定和夹具的选择

1. 定位基准的选择

定位基准最好是零件上已有的面或孔。加工中心定位基准的选择，主要注意以下几方面。

（1）尽量选择零件上的设计基准为定位基准，可避免基准不重合误差，提高零件的加工精度。

（2）保证一次装夹中完成尽可能多的加工内容须考虑便于各个表面都能被加工的定位方式，如对箱体类零件加工，最好采用"一面两销（孔）"的定位方案，以便刀具对其他表面进行加工，若工件上没有合适的孔，可增加工艺孔进行定位。如图 4-15（a）所示的电动机端盖，在加工中心上一次安装可完成所有加工端面及孔的加工。但表面上无合适的定位基准，因此，在分析零件图时，可向设计部门提出，改成如图 4-15（b）所示的结构，增加 3 个工艺凸台，一次作为定位基准。

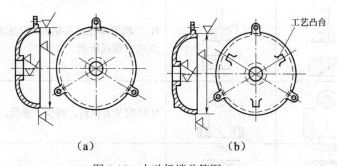

图 4-15　电动机端盖简图

（3）当零件的定位基准与设计基准不能重合，且加工面与其设计基准又不能在一次装夹中同时加工时，应认真分析装配图样，确定该零件设计基准的设计功能，通过尺寸链的计算，严格规定定位基准与设计基准间的公差范围，确保加工精度。

（4）批量生产时，零件定位基准应尽可能与对刀基准重合，以减少对刀误差。在单件加工时（每加工一件对一次刀），工件坐标系原点和对刀基准的选择应主要考虑便于编程和测量，可不与定位基准重合。如图 4-16 所示零件，在加工中心上单件加工 4×φ25H7 孔。4×φ25H7 孔都以 φ80H7 孔为设计基准，编程原点应选在 φ80H7 孔中心上，加工时以 φ80H7

孔中心为对刀基准建立工件坐标系,而定位基准为 A、B 两面,定位基准与对刀基准和编程原点不重合,这样的加工方案同样能保证各项精度。但批量加工时,工件采用 A、B 面为定位基准,即使将编程原点选在 ϕ80H7 孔中心上并按 ϕ80H7 孔中心对刀,仍会产生基准不重合误差。因为再安装的工件 ϕ80H7 孔中心的位置是变动的。

(5) 必须多次装夹时应遵从基准统一原则。如图 4-17 所示的铣头体,其中 ϕ80H7、ϕ80K6、ϕ90K6、ϕ95H7、ϕ140H7 孔及 D-E 孔两端面要在卧式加工中心上加工须经两次装夹才能完成上述孔和面加工。第一次装夹加工 ϕ80K6、ϕ90K6、ϕ80H7 孔及 D-E 孔两端面;第二次装夹加工 ϕ95H7 及 ϕ140H7 孔。为保证孔与孔之间、孔与面之间的相互位置精度,应选用同一定位基准。根据该零件的结构及技术要求,选在前面工序中加工出 A 面和 A 面上另外再专门设置两个定位用的工艺孔 2×ϕ16H6 作为一面两孔的定位基准,这样两次装夹都以 A 面和 2×ϕ16H6 孔定位,可减少因定位基准转换而引起的定位误差。

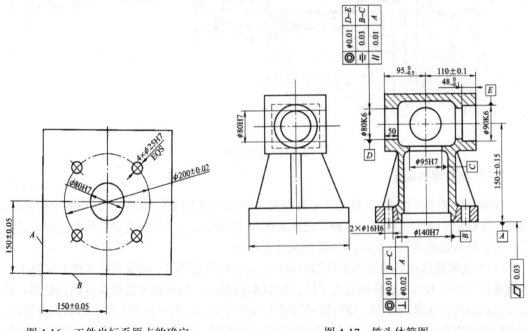

图 4-16 工件坐标系原点的确定　　　图 4-17 铣头体简图

(6) 一次安装完成零件上多表面的加工。图 4-18 所示为机床变速机构中的拨叉。选择在卧式加工中心上加工的表面为 ϕ16H8 孔、16A11 槽、14A11 槽及 8 处 R7mm 圆弧,其中 8 处 R7mm 圆弧位置精度要求较低。为在一次安装中能加工出上述表面,并保证 16A11 槽对 ϕ16H8 孔的对称度要求和 14H11 槽对 ϕ16H8 孔的垂直度要求,可用 R28mm 圆弧中心线及 B 面作主要定位基准。因为 R28mm 圆弧中心线是 ϕ16H8 孔及 16A11 槽的设计基准,符合"基准重合"原则,B 面尽管不是 14H11 槽的设计基准(14H11 槽的设计基准是尺寸 $12_{-0.059}^{-0.016}$mm 的对称中心面),但它能限制 3 个自由度,定位稳定,基准不重合误差只有 0.0215mm,比设计尺寸(67.5±0.15)mm 的允差小得多,加工中心精度完全能保证。因此,在前道工序中先加工好 R28mm 圆弧(加工至 ϕ56H7)和 B 面。

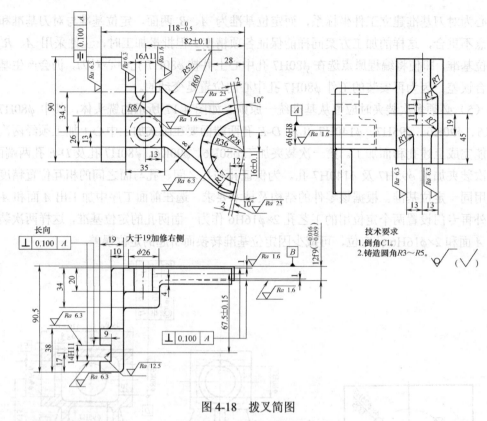

图 4-18 拨叉简图

2. 装夹方案的确定

在零件的工艺分析中，已确定了零件在加工中心上加工的部位和加工时用的定位基准，因此，在确定装夹方案时，只需根据已选定的加工表面和定位基准确定工件的定位夹紧方式，并选择合适的夹具。此时，主要考虑以下几点。

（1）夹紧机构或其他组件不得影响进给，加工部位要敞开。要求夹持工件后夹具上一些组成件不能与刀具运动轨迹发生干涉。如图 4-19 所示，用立铣刀铣削零件的六边形，若用压板机构压住工件的 A 面，则压板易与铣刀发生干涉，若夹压 B 面，就不影响刀具进给。对有些箱体零件加工可以利用内部空间来安装夹紧机构，将其加工表面敞开，如图 4-20 所示。当在卧式加工中心上对工件的四周进行加工时，若很难安排夹具的定位和夹紧装置，则可以通过减少加工表面来留出定位夹紧元件的空间。

（2）必须保证最少的夹紧变形，夹紧力应力求靠近切削部位并在刚性较好的地方。工件在粗加工时，切削力大，需要夹紧力大，但又不能把工件夹压变形。否则，松开夹具后零件发生变形。因此，必须慎重选择夹具的支撑点、定位点和夹紧点。有关夹紧点得选择原则见模块二。如果采用了相应措施仍不能控制工件变形，只能将粗、精加工分开，或者粗、精加工使用不同的夹紧力。

（3）装卸方便，辅助时间尽量短，装夹工件的辅助时间对加工效率影响较大，所以要求配套夹具在使用中也要装卸快而方便。

（4）对小型零件或工序不长的零件，可以考虑在工作台上同时装夹几件进行加工，以提高加工效率。例如，在加工中心工作台上安装一块与工作台大小一样的平板，如图 4-21（a）所示。该平板既可以作为大工件的基础板，也可以作为多个小工件的公共基础板。又如在卧式加工中心分度工作台上安装一块如图 4-21（b）所示的四周都可以装夹一件或多件工件的立方基础板，可依次加工装夹在各面上的工件。当一面在加工位置进行加工的同时，另外三面都可以装卸工件，因此能显著减少换刀次数和停机时间。

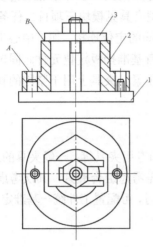

1—定位装置　2—工件　3—夹紧装置

图 4-19　不影响进给的装夹示例

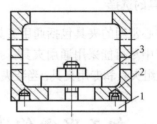

1—定位装置　2—工件　3—夹紧装置

图 4-20　敞开加工表面的装夹示例

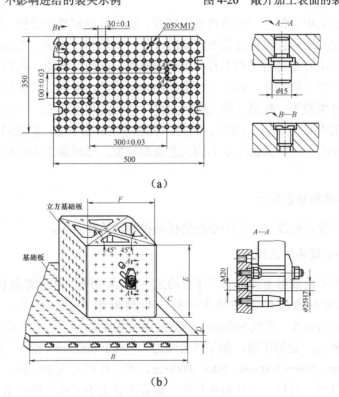

（a）

（b）

图 4-21　新型数控夹具元件

（5）夹具结构应力求简单。由于零件在加工中心上加工都采用工序集中原则，加工的部位较多，同时批量较小，零件更换周期短，夹具的标准化、通用化和自动化对加工效率的提高及加工费用的降低有很大影响。因此，对小批量的零件应优先选用组合夹具。对形状简单的单件小批量生产的零件，可选通用夹具，如三爪卡盘、台虎等。对批量较大，且周期性投产，加工精度要求较高的关键工序才设计专用夹具，以保证加工精度和提高装夹效率。加工中心用夹具与数控铣床用夹具相同，典型夹具见模块三项目二任务四。

（6）夹具应便于与机床工作台面及工件定位面间的定位连接。加工中心工作台面上一般都有基准T形槽，转台中心有定位圆、台面侧面有基准挡板定位元件。固定方式一般用T形槽螺钉或工作面上的紧固螺孔，用螺栓或压板压紧。夹具上用于紧固的孔和槽的位置必须与工作台上的T形槽和孔的位置相对应。

3. 夹具的选择

加工中心常用的夹具包括通用夹具、组合夹具和专用夹具等。一般夹具的选择顺序是：在单件生产中尽可能采用通用夹具；批量生产时优先考虑组合夹具，其次考虑可调夹具，最后考虑成组夹具和专用夹具；当装夹精度要求很高时，可配置工件统一基准定位装夹系统。

任务三 加工中心的选用

任何一台加工中心都有一定的规格、精度、加工范围和使用范围。卧式加工中心适用于能够需多工位加工和位置精度要求较高的零件，如箱体、泵体、阀体和壳体等；多坐标联动的卧式加工中心还可用于加工各种复杂的曲线、曲面、叶轮、模具等。立式加工中心适用于需单工位加工的零件，如箱盖、端盖和平面凸轮、样板、形状复杂平面或立体零件以及模具的内外型腔等。规格（指工作台宽度）相近的加工中心，一般卧式加工中心的价格要比立式加工中心贵50%～100%。因此，从经济性角度考虑，完成同样的工艺内容，宜选用立式加工中心。但卧式加工中心的工艺范围较宽。选用加工中心时还应重点考虑以下方面。

1. 生产零件的复杂程度

生产零件的复杂程度与加工中心的坐标轴和联动轴数有关。

2. 加工中心规格的选择

选择加工中心的规格主要考虑工作台的大小、坐标行程、坐标数量和主电动机功率等。所选工作台台面应比零件稍大一些，以便安装夹具。例如，零件外形尺寸是450mm×450mm的箱体，选取500mm×500mm的工作台即可。加工中心工作台面尺寸与x、y、z三坐标行程有一定的比例，如工作台面为500mm×500mm，则x、y、z坐标行程分别为700～800mm、550～700mm、500～600mm。若工件尺寸大于坐标行程，则加工区域必须在坐标行程以内。另外，工件和夹具的总重量不能大于工作台的额定负载，工件移动轨迹不能与机床防护罩干涉，交换刀具时，不得与工件相碰等。

加工中心的坐标数根据加工对象选择。加工中心有 x、y、z 三向直线移动坐标，尚有 A、B、C 回转坐标和 U、V、W 附加坐标。

主轴电动机功率反映了机床的切削功率和切削刚性。加工中心一般配置功率较大的交流或直流调速电机，调速范围比较宽，可满足高速切削的要求。但在用大直径盘铣刀铣削平面和粗镗大孔时，转速较低，输出功率较小，扭矩受限制。因此，必须对低速转矩进行校核。

3．加工中心精度的选择

根据零件关键部位的加工精度选择加工中心的精度等级。国产加工中心按精度分为普通型和精密型两种。表 4-2 列出了加工中心所有精度项目当中的几项关键精度。

表 4-2 加工中心精度等级

（单位：mm）

精度项目	普通型	精密型
单轴定位精度	±0.01/300 全长	0.005/全长
单轴重复定位精度	±0.006	±0.003
铣圆精度	0.03～0.04	0.02

加工中心的定位精度和重复定位精度反映了各轴运动部件的综合精度，尤其是重复定位精度，反映该控制轴在行程内任意点的定位稳定性，是衡量控制轴能否可靠工作的基本指标。因此，所选加工中心应有必要的误差补偿功能，如螺旋误差补偿功能、反向间隙补偿功能等。

加工中心的定位精度是指在控制轴行程内任意一个点的定位误差，它反映了在控制系统控制下的伺服执行机构的运动精度。定位精度基本反映了加工精度。一般来说，在普通型加工中心上加工，孔距精度可达 IT8 级；在精密型加工中心上加工，孔距精度可达 IT6～IT7 级。

4．加工中心功能的选择

选择加工中心的功能主要考虑数控系统功能，应根据实际需要选择数控系统的功能，加工精度要求越高，工艺要求越精细，就该选配越高档次的数控系统。坐标轴控制功能主要从零件本身的加工要求来选择。如平面凸轮需两轴联动，复杂曲面的叶轮、模具等需三轴或四轴以上联动。工作台自动分度功能，当零件在卧式加工中心上需经多任务位加工时，机床的工作台应具有分度功能。普通型的卧式加工中心多采用鼠齿盘定位的工作台自动分度，分度定位精度较高，根据零件的加工要求选择相应的分度定位间距。立式加工中心也可配置数控分度头。

5．刀库容量的选择

根据零件的工艺分析，算出工件一次安装所需刀具数，来确定刀库容量。刀库容量需留有余地，但不宜太大。因为容量太大刀库成本和故障率高、结构和刀具管理复杂。表 4-3 所示是在中小型加工中心典型零件时所得的统计数据。一般来说，在立式加工中心上选用 20

把左右刀具容量的刀库，在卧式加工中心上选用40把左右刀具容量的刀库即可满足使用要求。

表 4-3　中小型加工中心所需刀具数量

所需刀具数	<10	<20	<30	<40	>40
所需刀具数加工零件数占加工全部零件数的百分比/%	18	50	17	10	5

6. 加工中心刀具系统刀柄的选择

加工中心和数控铣床上使用的刀具由刃具和刀柄组成，刃具包括铣刀、钻头、扩孔钻、镗刀、铰刀和丝锥等，连接器连接刀柄本体和刀具，如钻夹头、弹簧夹头、螺纹刀具夹头等。刀柄是机床主轴与刀具之间的连接工具，应满足机床主轴的自动松开和夹紧定位，准确安装各种切削刃具，适应机械手的夹持和搬运、储存和识别刀库各种刀具的要求。是加工中心必备的辅具。刀具的系统组成如图 4-22 所示。

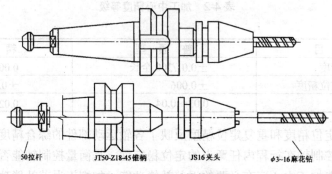

图 4-22　刀具系统的组成

1）刀柄的结构

现已系列化、标准化，其标准有很多种，如表 4-4 所示。加工中心和数控铣床上一般采用 7∶24 圆锥刀柄，并采用相应形式的拉钉拉紧。这类刀柄不自锁，换刀比较方便，比直柄相比具有较高的定心精度与刚度。我国规定的刀柄的结构 GB/T 10944—2006 与国际标准 ISO 7388/I 规定的结构几乎一致，如图 4-23 所示。相应的拉钉结构 ISO 7388 和 GB/T 10945—2006 有 A 型和 B 型两种型式。A 型和 B 型拉钉分别用于不带钢球和带钢的拉紧装置，如图 4-24 和图 4-25 所示。柄部及拉钉的有关尺寸查阅相应标准。

表 4-4　工具柄部型式代号

代号	工具柄部型式	类别	标准	柄部尺寸
JT	加工中心锥柄，带机械手爪拿槽	刀柄	GB/T 10944—2006	ISO 锥度号
XT	一般镗铣床用工具柄部	刀柄	GB/T 3837—2001	ISO 锥度号
ST	数控机床用锥柄，无机械手爪拿槽	刀柄	GB/T 3837—2001	ISO 锥度号
MT	带扁尾莫氏圆锥工具柄	接杆	GB/T 1443—1996	莫氏锥度号
MW	无带扁尾莫氏圆锥工具柄	接杆	GB/T 1443—1996	莫氏锥度号
XH	7∶24 锥度的锥柄接杆	接杆		锥柄锥度号
ZB	直柄工具柄	接杆	GB/T 6131.1—2006	直径尺寸

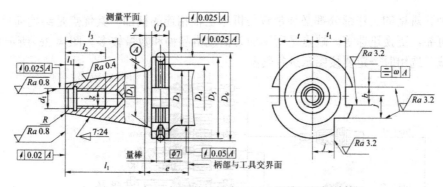

图 4-23 加工中心/数控铣床 7∶24 圆锥工具柄结构

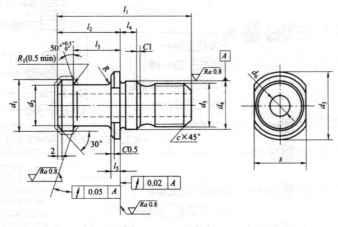

图 4-24 A 形拉钉

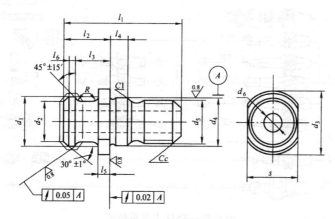

图 4-25 B 形拉钉

2) 镗铣类工具系统

由于在加工中心数控铣床上要适应多种形式零件不同的部位加工，故刀具装夹部分结构、形式、尺寸也是多种多样的。通用性较强的几种装夹工具（例如装夹铣刀、镗刀、扩铰刀、钻头和丝锥等）系列化、标准化可发展成为不同结构的镗铣类工具系统。镗铣类工具系统一般分为整体式结构（TSG）和模块式结构（TMG）两大类。

(1) 整体式工具系统。整体式工具系统把工具柄部和装夹刀具的工作部分连成一体。

不同品种和规格的工作部分都必须带有与机床主轴相连的柄部。其优点是结构简单，使用方便、可靠，更换迅速等。缺点是所用的刀柄规格品种和数量较多。图 4-26 所示为 TSG 工具系统，选用时一定要按图示进行装配。

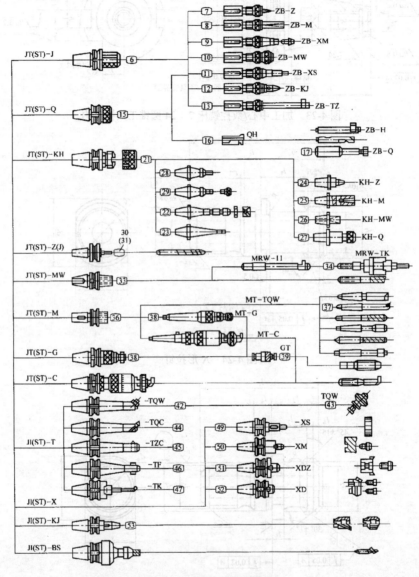

图 4-26　TSG 工具系统图

工具系统型号由 5 个部分组成，其表示方法如下：

$$\underset{①}{\square}\underset{②}{\square}-\underset{③}{\square}\underset{④}{\square}-\underset{⑤}{\square}$$

①表示工具柄部形式。常用的工具柄部形式有 JT、BT 和 ST 3 种，它们可直接与机床主轴连接。镗刀类刀柄自己带有刀头，可用于粗、精镗。有的刀柄则需要接杆或标准刀具，才能组装成一把完整的刀具；KH、ZB、MT 和 MTW 为 4 种接杆，接杆的作用是改变刀具

长度。工具柄部形式如表 4-4 所示。

②表示柄部尺寸。对锥柄表示相应的 ISO 锥度号，对圆柱柄表示直径。7∶24 锥柄的锥度号有 25、30、40、45、50 和 60 等。如 50 和 40 分别代表大端直径为 ϕ69.85mm 和 ϕ44.45mm 的 7∶24 锥度。大规格 50、60 号锥柄适用于重型切削机床，小规格 25、30 号锥柄适用于高速轻切削机床。

③表示工具用途代码。如 XP 表示装削平型铣刀刀柄。TSG82 工具系统的用途代码和意义如表 4-5 所示。

表 4-5 TSG82 工具系统用途的代码和意义

代　号	代号的含义	代　号	代号的含义
J	装接长刀杆用锥柄	TZ	直角镗刀
Q	弹簧夹头	TQW	倾斜型微调镗刀
KH	7∶24 锥柄快换夹头	TQC	倾斜型粗镗刀
Z(J)	用于装钻夹头（莫氏锥度注 J）	TZC	直角型粗镗刀
MW	装无扁尾莫氏锥柄刀具	TF	浮动镗刀
M	装有扁尾莫氏锥柄刀具	TK	可调镗刀头
G	攻螺纹夹头	X	用于装铣削刀具
C	切内槽刀具	XS	装三面刃铣刀
KJ	用于装扩、铰刀	XM	装面铣刀
BS	倍速夹头	XDZ	装直角端铣刀
H	倒锪端面刀	XD	装端铣刀
T	镗孔刀具	XP	装削平型直柄刀具

④表示工具规格。其含义随工具不同而异，有些工具该数字为其轮廓尺寸 D 或 L；有些工具该数字表示应用范围。

⑤表示工具的设计工作长度（锥柄大端直径处到端面的距离）。

例如，编号为 JT45-Q32-120 的刀辅具，表示自动换刀机床 7∶24 圆锥工具柄（GB/T10944—2006），锥柄为 45 号，前部为弹簧夹头，最大加持直径 32mm，刀柄工作长度（锥柄大端直径 ϕ57.15mm 处到弹簧夹头前端面的距离）为 120mm。

（2）模块式工具系统（TMG）。模块式结构是把工具的柄部和工作部分分开，制成系统化的主柄模块、中间模块和工作模块，每类模块中又分为若干小类和规格，然后用不同规格的中间模块，组装成不同用途、不同规格的模块式工具。这样既方便了制造，也方便了使用和保管，大大减少了用户的工具储备。目前，模块式工具系统已成为数控加工刀具发展的方向。图 4-27 所示为 TMG 工具系统的示意图。工具系统的代号可查阅有关手册。

国内镗铣类模块式工具系统可用汉语"镗铣类""模块式""工具系统" 3 个词组的大写拼音字头 TMG 来表示，为了区别各种结构不同的模块式工具系统，在 TMG 之后加上两位数字，以表示结构特征。

前面的一位数字（即十位数字）表示模块连接的定心方式：1—短圆锥定心；2—单圆柱面定心；3—双键定心；4—端齿啮合定心；5—双圆柱面定心。

后面的一位数字（即个位数字）表示模块连接的锁紧方式：0—中心锁紧方式；1—径向销钉锁紧；2—径向楔块锁紧；3—径向双头螺栓锁紧；4—径向单侧螺钉锁紧；5—径向

两螺钉垂直方向螺钉锁紧；6—螺纹连接螺钉锁紧。

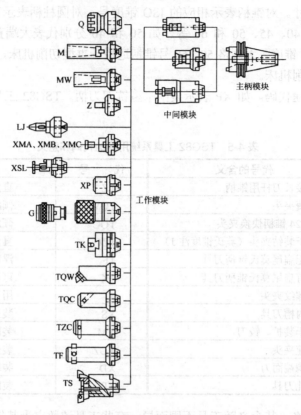

图 4-27 TMG 工具系统的示意图

国内常见的镗铣类模块式工具系统有 TMG10、TMG21 和 TMG28 等。TMG10 主要用于工具组合后不经常拆卸或加工工具一定批量的情况。TMG21 主要用于重型机械、机床等各种行业。TMG28 主要适用于高效切削刀具（如可转位浅孔钻、扩孔钻和双刃镗刀等）。

工具系统的代号可查阅有关手册。TMG 模块式工具系统型号的表示方法如下：

$$\square\square\square\cdot\square\square\cdot-\square$$
$$①\ ②\ ③\ \ ④\ ⑤\ \ \ ⑥\ \ ⑦$$

①表示模块连接的定心方式，即 TMG 类型代号的十位数字（0~5）。

②表示模块连接的锁紧方式，即 TMG 类型代号的个位数字（一般为 0~6，TMG28 锁紧方式代号为 8）。

③表示模块类别，一共有 5 种：A 表示标准主柄模块，AH 表示带冷却环的主柄模块，B 表示中间模块，C 表示普通工作模块，CD 表示带刀具的工作模块。

④表示锥柄型式，如 JT、BT 和 ST 等。

⑤表示柄部尺寸（锥度号）。

⑥表示主柄模块和刀具模块接口处外径。

⑦表示装在主轴上悬伸长度，指主柄圆锥大端直径至前端面的距离或者是中间模块前端到其与主柄模块接口处的距离。

TMG 模块型号示例：

28A.ISOJT50.80-70，表示 TMG28 工具系统的主柄模块，主柄柄部符合 ISO 标准，规格为 50 号 7∶24 锥度，主柄模块接口外径为 80mm，装在主轴上悬伸长度 70mm。

3）选择刀柄的注意事项

选择加工中心用刀柄需要注意的问题较多，主要应注意以下几点。

（1）刀柄结构形式的选择，需要考虑多种因素。对一些长期反复使用，不需要装拼的简单刀柄，如在零件外廓上加工用的装面铣刀刀柄、弹簧夹头刀柄及钻夹头刀柄等以配备整体式刀柄为宜。当加工孔径、孔深经常变化的多品种、小批量零件时，以选用模块式工具为宜。当应用的加工中心较多时，应选用模块式工具。

（2）刀柄数量应根据要加工零件的规格、数量、复杂程度以及机床的负荷等配置。一般是所需刀柄的 2~3 倍。只有当机床负荷不足时，才取 2 倍或不足 2 倍。一般加工中心刀库只用来装载正在加工零件所需的刀柄。典型零件的复杂程度与刀库容量有一定关系，所以配置数量也大约为刀库容量的 2~3 倍。

（3）刀柄的柄部应与机床相配。加工中心的主轴孔多选定为不自锁的 7∶24 锥度。在选刀柄时，应弄清楚选用的机床应配用符合哪个标准的工具柄部，要求工具的柄部应与机床主轴孔的规格（40 号、45 号还是 50 号）相一致；工具柄部抓拿部位要能适应机械手的形态位置要求；拉钉的形状、尺寸要与主轴里的拉紧机构相匹配。

7．刀具预调仪的选择

刀具预调仪是用来调整或测量刀具尺寸的。刀具预调仪结构有许多种，其对刀精度有：轴向 0.01~0.1mm，径向 ±0.005~±0.01mm。从结构上来讲，有直接接触式测量和光屏投影放大测量两种。读数方法也各不相同，有的用圆盘刻度或游标读数，有的则用光学读树头或数字显示器。

图 4-28 所示是两种预调仪，图 4-28（a）是将刀具装在刀座之中后用千分表或高度尺测量，而图 4-28（b）则是将刀具安装在刀座上之后，调整镜头，就可以在屏幕上见到放大的刀具刃口部分的影像，调整屏幕可以使米字刻线与刃口重合，同时在数字显示器上读出相应的直径和轴向尺寸值。

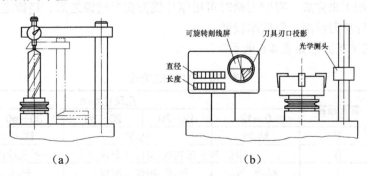

图 4-28　刀具预调仪

选择刀具预调仪必须根据零件加工精度来考虑。预调仪测得的刀具尺寸是在没有承受切削力的动静下测得的，与加工后的实际尺寸不一定相同。例如，国产镗刀刀柄加工之后的孔径要比预调仪上尺寸小 0.01～0.02mm。加工过程中要经过试切后现场修调刀具。为了提高刀具预调仪的利用率，多台机床可共用一台刀具预调仪。

任务四 零件的工艺设计

在保证零件质量的前提下，要充分发挥机床的加工效率。其内容主要包括以下几个方面。

1. 加工方法的选择

加工中心加工零件的表面不外乎平面、平面轮廓、曲面、孔和螺纹等。所选加工方法要与零件的表面特征、所要求达到的精度及表面粗糙度相适应。

1) 平面、平面轮廓及曲面

平面、平面轮廓及曲面在镗铣类加工中心上唯一的加工方法是铣削。经粗铣尺寸精度可达 IT12～IT14 级（指两平面之间的尺寸），表面粗糙度 Ra 值可达 12.5～50μm。经粗、精铣的平面，尺寸精度可达 IT7～IT9，表面粗糙度 Ra 值可达 1.6～3.2μm。铣削方法详见模块五。

2) 孔加工的方法

孔加工方法比较多，有钻削、扩削、铰削、铣孔和镗削等。大直径孔还可采用圆弧插补方式进行铣削加工。钻削、扩削、铰削及镗削所能达到的精度和表面粗糙度如表 1-14 所示。孔的具体加工方案可按下述方法确定。

(1) 对于直径小于 ϕ30mm 无预制孔的孔加工，通常采用锪平端面→打中心孔→钻→扩→孔口倒角→铰加工方案，对有同轴度要求的小孔，须采用锪平端面→打中心孔→钻→半精镗→孔口倒角→精镗（或铰）加工方案。为了提高孔的位置精度，在钻孔工序前必须安排锪平端面和打中心孔工步。孔口倒角安排在半精加工之后、精加工之前，以防止孔内产生毛刺。

(2) 对于直径大于 ϕ30mm 的已铸出或锻出的毛坯孔的孔加工，一般采用粗镗→半精镗→孔口倒角→精镗的加工方案；孔径较大的可采用立铣刀或键槽铣刀以圆弧插补方式通过粗铣→精铣加工来完成。有空刀槽时可用锯片铣刀在半精镗之后、精镗之前铣削完成，也可用镗刀进行单刀镗削，但效率较低。

(3) 孔的加工方法如表 4-6 所示。

表 4-6 孔的加工方法

孔的精度	有无预孔	孔尺寸/mm				
		0～12	12～20	20～30	30～60	60～80
IT11～IT9	无	钻-铰	钻-扩		钻-扩-镗（或铰）	
	有	粗扩-精扩或粗镗-精镗（余量少可一次性扩孔或镗孔）				
IT8	无	钻-扩-铰	钻-扩-精镗（或铰）		钻-扩-粗镗-精镗	
	有	粗镗-半精镗-精镗（或精铰）				
IT7	无	钻-粗铰-精铰	钻-扩-粗镗-精铰或钻-扩-粗镗-半精镗-精镗			
	有	粗镗-半精镗-精镗（如仍达不到精度还可进一步采用精细镗）				

(4) 对于同轴孔系，若相距较近，用穿镗法加工；若跨距较大，采用调头镗的方法加工。

(5) 在孔系加工中，先加工大孔，再加工小孔。

(6) 螺纹的加工根据孔径大小，一般情况下，直径在 M6～M20mm 的螺纹，通常采用攻螺纹方法加工。直径在 M6mm 以下的螺纹，在加工中心上完成底孔加工，通过其他手段攻螺纹。因为在加工中心上攻螺纹不能随机控制加工状态，小直径丝锥容易折断。直径在 M20mm 以上的螺纹，可采用镗刀片削镗加工。

3）孔加工余量的选择

在确定了孔加工方案后，就要确定孔加工中各工序（或工步）余量的大小。在加工 IT7、IT8 级精度的孔时可参看表 4-7 和表 4-8 来确定。

表 4-7 在实体材料上的孔加工方式及加工余量

（单位：mm）

加工孔的直径	直径							
	钻		粗加工		半精加工		精加工	
	第一次	第二次	粗镗	扩孔	粗铰	半精镗	精铰	精镗
3	2.9	—	—	—	—	—	3	—
4	3.9	—	—	—	—	—	4	—
5	4.8	—	—	—	—	—	5	—
6	5.0	—	—	5.85	—	—	6	—
8	7.0	—	—	7.85	—	—	8	—
10	9.0	—	—	9.85	—	—	10	—
12	11.0	—	—	11.85	11.95	—	12	—
13	12.0	—	—	12.85	12.95	—	13	—
14	13.0	—	—	13.85	13.95	—	14	—
15	14.0	—	—	14.85	14.95	—	15	—
16	15.0	—	—	15.85	15.95	—	16	—
18	17.0	—	—	17.85	17.95	—	18	—
20	18.0	—	19.8	19.8	19.95	19.90	20	20
22	20.0	—	21.8	21.8	21.95	21.90	22	22
24	22.0	—	23.8	23.8	23.95	23.90	24	24
25	23.0	—	24.8	24.8	24.95	24.90	25	25
26	24.0	—	25.8	25.8	25.95	25.90	26	26
28	26.0	—	27.8	27.8	27.95	27.90	28	28
30	15.0	28.0	29.8	29.8	29.95	29.90	30	30
32	15.0	30.0	31.7	31.75	31.93	31.90	32	32
35	20.0	33.0	34.7	34.75	34.93	34.90	35	35
38	20.0	36.0	37.7	37.75	37.93	37.90	38	38
40	25.0	38.0	39.7	39.75	39.93	39.90	40	40
42	25.0	40.0	41.7	41.75	41.93	41.90	42	42
45	30.0	43.0	44.7	44.75	44.93	44.90	45	45
48	36.0	46.0	47.7	47.75	47.93	47.90	48	48
50	36.0	48.0	49.7	49.75	49.93	49.90	50	50

表 4-8 已预先铸出或热冲出孔的工序间加工余量

(单位：mm)

加工孔的直径	直径					加工孔的直径	直径				
	粗镗		半精镗	粗铰或二次精镗	精镗		粗镗		半精镗	粗铰或二次精镗	精镗
	第一次	第二次					第一次	第二次			
30	—	28.0	29.8	29.93	30	85	80	83.0	84.3	84.85	85
32	—	30.0	31.7	31.93	32	88	83	86.0	87.3	87.85	88
35	—	33.0	34.7	34.93	35	90	85	88.0	89.3	89.85	90
38	—	36.0	37.7	37.93	38	92	87	90.0	91.3	91.85	92
40	—	38.0	39.7	39.93	40	95	90	93.0	94.3	94.85	95
42	—	40.0	41.7	41.93	42	98	93	96.0	97.3	97.85	98
45	—	43.0	44.7	44.93	45	100	95	98.0	99.3	99.85	100
48	—	46.0	44.7	47.93	48	105	100	103.0	104.3	104.8	105
50	45	48.0	49.7	49.93	50	110	105	108.0	109.3	109.8	110
52	47	50.0	51.5	51.93	52	115	110	113.0	114.3	114.8	115
55	51	53.0	54.5	54.92	55	120	115	118.0	119.3	119.8	120
58	54	56.0	57.7	57.92	58	125	120	123.0	124.3	124.8	125
60	56	58.0	59.5	59.92	60	130	125	128.0	129.3	129.8	130
62	58	60.0	61.5	61.92	62	135	130	133.0	134.3	134.8	135
65	61	63.0	64.5	64.92	65	140	135	138.0	139.3	139.8	140
68	64	66.0	67.5	67.90	68	145	140	143.0	144.3	144.8	145
70	66	68.0	69.5	69.90	70	150	140	148.0	149.3	149.8	150
72	68	70.0	71.5	71.90	72	155	150	153.0	154.3	154.8	155
75	71	73.0	74.5	74.90	75	160	155	158.0	159.3	159.8	160
78	74	76.0	77.5	77.90	78	165	160	163.0	164.3	164.8	165
80	75	78.0	79.5	79.90	80	170	165	168.0	169.3	169.8	170
82	77	80.0	81.3	81.85	82	175	170	173.0	174.3	174.8	175
180	175	178.0	179.3	179.3	180	220	214	217.0	219.3	219.8	220
185	180	183.0	184.3	184.3	185	250	244	247.0	249.3	249.8	250
190	185	188.0	189.3	189.3	190	280	274	277.0	279.3	279.8	280
195	190	193.0	194.3	194.3	195	300	294	297.0	299.3	299.8	300
200	194	197.0	199.3	199.3	200	320	314	317.0	319.3	319.8	320
210	204	207.0	209.3	209.3	210	350	342	347.0	349.3	349.8	350

2. 加工阶段的划分

在加工中心上加工的零件，其加工阶段的划分主要根据零件精度要求确定同时还考虑毛坯质量、生产批量的、加工中心的加工条件等因素。

一般情况下，在加工中心上加工的零件已经过粗加工，加工中心只是完成精加工，所以不必划分加工阶段。只有在加工中心加工之前未经过粗加工，且加工质量要求较高的零件，其主要表面才将粗、精加工分开进行。

对加工精度要求不高，而毛坯质量较高，加工余量不大，生产批量很小时的零件或新产品试制中的零件，则可在加工中心上利用加工中心的良好的冷却系统，把粗、精加工合并进行，完成加工工序的全部内容，但粗、精加工应划分成两道工序分别完成。在加工过程中，对于刚性较差的零件，可采取相应的工艺措施，如粗加工后安排暂停指令，由操作者将压板等夹紧元件（装置）稍稍放松一些，以恢复零件的弹性变形，然后再用较小夹紧力将零件夹紧，最后再进行精加工。

3．加工顺序的安排

在加工中心上加工零件，一般都有多个工步，使用多把刀具，因此加工顺序安排得是否合理，直接影响到加工精度、加工效率、刀具数量和经济效益。在安排加工顺序是同样要遵循"基面先行""先粗后精""先主后次"即"先面后孔"的一般工艺原则。还应考虑以下方面。

（1）刀具集中的原则。在不影响精度的前提下，为了减少换刀次数、空行程和不必要的定位误差，应采取刀具集中的原则安排加工顺序。以相同装夹方式或用同一刀具加工的工序，最好连续进行，以减少重复定位次数和换刀次数。但对于同轴度要求很高的孔系，不能采取刀具集中原则。应在一次定位后，通过顺序连续换刀，顺序连续加工完该同轴孔系的全部孔后，再加工其他坐标位置孔，以提高孔系同轴度。

（2）最短路线。每道工序尽量减少刀具的空行程移动量，按最短路线安排加工表面的加工顺序。安排加工工序时可参照采用粗铣大平面—粗镗孔、半精镗孔—立铣刀加工—加工中心孔—钻孔—攻螺纹—平面和孔精加工（精铣、铰、镗等）的加工顺序。

（3）若零件的尺寸精度要求较高，考虑零件尺寸精度、零件刚性和变形等因素，则采用同一表面粗加工—半精加工—精加工顺序完成。

（4）若零件的加工位置公差要求较高，则全部加工表面按先粗加工，然后半精加工、最后精加工的顺序分开进行。

（5）在同一次装夹中进行的多道工序，应先安排对工件刚性破坏小的工序。

（6）对既有铣面又有镗孔的零件应先铣后镗，以提高孔的加工精度。因铣削时，切削力较大，工件易发生变形。先铣面后镗孔，使其有一段时间恢复，减少由变形引起的对孔的精度的影响。反之，如果先镗孔后铣面，则铣削时，必然在孔口产生飞边、毛刺，从而破坏孔的精度。

4．刀具的选择

各种铣刀及其选择已在模块三中述及，这里只介绍孔加工刀具及其选择。

1）对刀具的基本要求

在模块一中介绍了对数控机床刀具的要求，这里针对加工中心刀具的结构特点，再提一下几点基本要求。

（1）刀具的长度在满足使用要求的前提下尽可能短。因为在加工中心上加工时无辅助装置支撑刀具，刀具本身具有较高的刚性。

（2）同一把刀具多次装入机床主轴锥孔时，切削刃的位置应重复不变。

（3）切削刃相对于主轴的一个固定点的轴向和径向位置应能准确调整，即刀具必须能够以快速简单的方法准确地预调到一个固定的几何尺寸。

2）钻孔刀具及其选择

钻孔刀具较多，有普通麻花钻、可转位浅孔钻及扁钻等。应根据工件材料、加工尺寸及加工质量要求等合理选用。

在加工中心和数控铣床上钻孔,大多采用普通麻花钻。麻花钻有高速钢和硬质合金两种。麻花钻的组成如图 4-29 所示。它主要由工作部分和柄部分组成。工作部分包括切削部分和导向部分,麻花钻导向部分起导向、修光、排屑和输送切削液的作用,也是切削部分的后备。

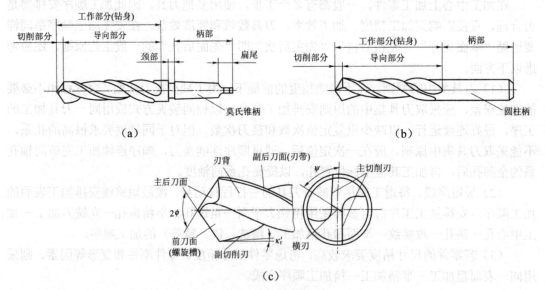

图 4-29 麻花钻的组成

麻花钻的切削部分有两个主切削刃、两个副切削刃和一个横刃。横刃与主切削刃在端面上投影之间的夹角称为横刃斜角,横刃斜角 $\psi=50°\sim55°$;主切削刃上各点的前角,后角是变化的,外缘处前角约为 $30°$,钻心处前角接近 $0°$,甚至是负值;两条主切削刃在与其平行的平面内的投影之间的夹角为顶角,标准麻花钻的顶角 $2\phi=118°$。

根据柄部不同,麻花钻有莫氏锥柄和圆柱锥柄两种。直径为 $8\sim80$mm 的麻花钻多为莫氏锥柄,可直接装在带有莫氏锥孔的刀柄内,刀具长度不能调节。直径为 $0.1\sim20$mm 的麻花钻多为圆柱柄,可装在钻头刀柄上。中等尺寸麻花钻两种形式均可选用。

麻花钻有标准型和加长型,为了提高钻头刚性,应尽量选用较短的钻头,但麻花钻的工作部分应大于孔深,以排屑和输送切削液。在加工中心上钻孔,因无夹具钻模导向,受两切削刃力不对称的影响,容易引起钻孔偏斜,故要求钻头的两切削刃必须有较高的刃磨精度(两刃长度一致,顶角 2ϕ 对称于钻头中心线)。

钻削直径在 $\phi20\sim\phi60$mm、孔的深径比小于等于 5 的中等浅孔时,可选用图 4-30 所示的可转位浅孔钻。这种钻头具有切削效率高、加工质量好的特点,最适用于箱体零件的钻孔加工。为了提高刀具的使用寿命,可以在刀片上涂渡碳化钛涂层。使用这种钻头钻箱体孔,比普通麻花钻提高效率 $4\sim6$ 倍。

对深径比大于 5 而小于 100 的深孔,因其加工中散热差,排屑困难,钻杆刚性差,易使刀具损坏和引起孔的轴线偏斜,影响加工精度和生产率,故应选用深孔刀具加工。

钻削大直径孔时,可采用刚性较好的硬质合金扁钻。如图 4-31 所示为装配式扁钻。扁钻切削部分磨成一个扁平体,主切削刃磨出顶角、后角,并形成横刃,副切削刃磨出后角与副偏角并控制钻孔的直径。扁钻没有螺旋槽，制造简单、成本低。

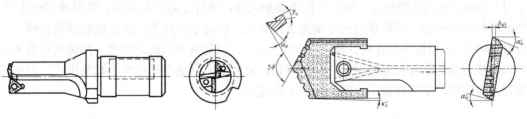

图 4-30　可转位浅孔钻　　　　　　图 4-31　装配式扁钻

3）扩孔刀具及其选择

扩孔多采用扩孔钻，也有采用镗刀扩孔的。标准扩孔钻通常有 3～4 条主切削刃及棱带，主切削刃较短因而容削槽浅、刀体的强度和刚度较好，没有横刃，前、后角沿切削刃变化小，因此扩孔时导向好，加工质量和生产效率都比麻花钻高。轴向力小，一般能到达 IT10～IT11 级精度，表面粗糙度值可达 $Ra6.3$～$3.2\mu m$。切削部分的材料为高速钢或硬质合金，其结构形式有直柄式、锥柄式和套式等。如图 4-32 所示分别为锥柄式高速钢扩孔钻、套式高速钢扩孔钻和套式硬质合金扩孔钻。在小批量生产时，常用麻花钻改制。

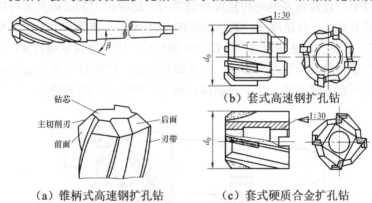

（a）锥柄式高速钢扩孔钻　　　　（c）套式硬质合金扩孔钻

图 4-32　扩孔钻

扩孔直径较小时，可选用直柄式扩孔钻，扩孔直径中等时，可选用锥柄式扩孔钻，扩孔直径较大时，可选用套式扩孔钻。

扩孔直径在 $\phi 20$～$\phi 60mm$ 且机床刚性好、功率大时，可选用如图 4-33 所示的可转位扩孔钻。这种扩孔钻的两个可转位刀片的外刃位于同一个外圆直径上，并且刀片径向可做微量（±0.1mm）调整，以控制扩孔直径。

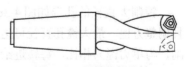

图 4-33　可转位扩孔钻

4）镗孔刀具及其选择

镗孔能精确地保证孔系的尺寸精度和形位精度，并纠正上道工序的误差。加工中心用的镗刀，就其切削部分而言，与外圆车刀没有本质区别，但在加工中心上进行镗孔加工通常是采用悬臂方式，因此要求镗刀有足够的刚性和较好的精度。镗孔加工精度一般可达 IT7～IT6，表面粗糙度值可达 $Ra6.3$～$0.8\mu m$。为适应不同的切削条件，镗刀有多种类型。按镗刀的切削刃数量可分为单刃镗刀和双刃镗刀。

镗削通孔、阶梯孔和盲孔可分别选用如图 4-34 所示的单刃镗刀。单刃镗刀头结构类似车刀，用螺钉装夹在镗杆上。螺钉 1 用于调整尺寸，螺钉 2 起锁紧作用。单刃镗刀刚性差，切削时易引起振动，所以镗刀的主偏角选得较大，以减小径向力。镗铸铁孔或精镗时，一般取 $\kappa_r=90°$；粗镗工件孔时，取 $\kappa_r=60°\sim75°$，以提高刀具的耐用度。所镗孔径的大小要靠调整刀具的悬伸长度来保证，调整麻烦，效率低，只能用于单件小批量生产。但单刃镗刀结构简单，使用性较广，粗、精加工都适用。

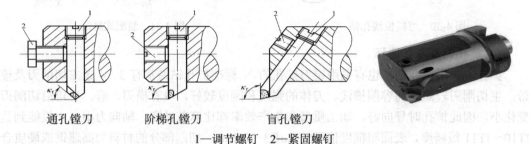

通孔镗刀　　阶梯孔镗刀　　盲孔镗刀

1—调节螺钉　2—紧固螺钉

图 4-34　单刃镗刀

在孔的精镗中，目前较多地选用精镗微调镗刀，这种镗刀的径向尺寸可以在一定范围内进行微调，调节方便，且精度高，其结构如图 4-35 所示。调整尺寸时，先松开拉紧螺钉 6，然后转动带刻度盘的调整螺母 3，等调至所需尺寸，再拧紧拉紧螺钉 6，与它相配合的螺杆（即刀头）就会沿其轴线方向移动。尺寸调整好后，把螺杆尾部的螺钉 6 紧固，即可使用。键与键槽配合间隙不能太大，否则微调时就不能达到较高的精度。

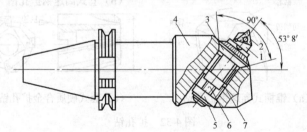

1—刀体　2—刀片　3—调整螺母　4—刀杆　5—螺母　6—拉紧螺钉　7—导向键

图 4-35　微调镗刀

镗削大直径的孔选如图 4-36 所示的双刃镗刀。该镗刀头部可以在较大范围内进行调整，且调整方便，最大镗孔直径可达 1000mm。双刃镗刀的两端有一对对称的切削刃同时参加切削，与单刃镗刀相比，每转进给量可提高一倍左右，同时，可以消除切削力对镗杆的影响。

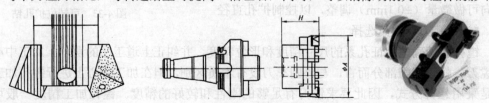

图 4-36　双刃镗刀

选择镗孔（内孔）刀具的要考虑尽可能选择短的刀臂（工作长度），当工作长度小于 4 倍刀杆直径时可用钢制刀杆，加工要求高的孔时最好采用硬质合金制刀杆。尽可能选择大的刀杆直径，接近镗孔直径。择主偏角（切入角 κ_r）接近 90°，大于 75°。选择正确的、快速的镗刀柄夹具。镗深的不通孔时，采用压缩空气（气冷）或切削液（排屑和冷却）。选择无涂层的刀片品种（切削刃圆弧小）和小的刀尖圆弧半径（r_ε=0.2mm）。精加工采用正前角刀片和刀具，粗加工采用负前角刀片和刀具。

5）铰孔刀具及其选择

铰孔是对孔进行精加工，也可用于磨孔或研孔前的预加工。铰孔只能提高孔的尺寸精度、形状精度及表面质量，而不能提高孔的位置精度，也不能纠正孔的轴心线歪斜。一般铰孔的尺寸精度可达 IT7～IT9 级，表面粗糙度可达 Ra1.6～0.8μm。在加工中心上铰孔时，一般采用通用的标准铰刀。此外，也可采用机夹硬质合金刀片的单刃铰刀和浮动铰刀等。

（1）标准铰刀

加工精度为 IT8～IT9 级、表面粗糙度 Ra 为 0.8～1.6μm 的孔时，多选用通用标准铰刀。通用标准铰刀如图 4-37 所示，有直柄、锥柄和套式 3 种。锥柄铰刀直径为 10～32mm，直锥铰刀直径为 6～20mm，小孔直锥铰刀直径为 1～6mm，套式铰刀直径为 25～80mm。

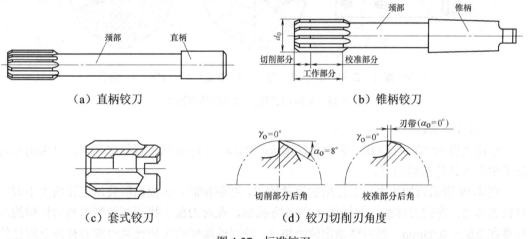

(a) 直柄铰刀　　(b) 锥柄铰刀
(c) 套式铰刀　　(d) 铰刀切削刃角度

图 4-37　标准铰刀

铰刀工作部分包括切削部分与校准部分。切削部分为锥形，担负主要切削工作。切削部分的主偏角为 5°～15°，前角一般为 0°，后角一般为 5°～8°。校准部分的作用是校正孔径、修光孔壁和导向。为此，这部分带有很窄的刃带（γ_o=0°，α_o=0°）。校准部分包括圆柱部分和倒锥部分。圆柱部分保证铰刀直径和便于测量，倒锥部分可减少铰刀与孔壁的摩擦和减小孔径扩大量。

校准铰刀有 4～12 齿。铰刀的齿数除了与铰刀直径有关，主要根据加工精度的要求选择。齿数对加工表面粗糙度的影响并不大。齿数过多，铰孔获得的精度较高，但刀具制造重磨都比较麻烦，易崩刃，会因齿间容屑槽减小，而造成切削堵塞和划伤孔壁以致使铰刀折断的后果。齿数过少，则铰削时稳定性差，刀齿的切削负荷增大，且容易产生几何形状误差。铰刀齿数如表 4-9 所示。

表 4-9 铰刀齿数的选择

铰刀直径/mm		1.5～3	3～14	14～40	>40
齿数	一般加工精度	4	4	6	8
	高加工精度	4	6	8	10～12

（2）机夹硬质合金刀片的单刃铰刀

加工 IT5～IT7 级、表面粗糙度 Ra 为 0.7μm 的孔时，可采用机夹硬质合金刀片的单刃铰刀。其结构如图 4-38 所示，刀片 3 通过锲套 4 用螺钉 1 固定在刀体 5 上，通过螺钉 7、销子 6 可调节铰刀尺寸。导向块 2 可采用粘结和铜焊固定。镗铸铁或精镗时，一般取主偏角 $\kappa_r=90°$；粗镗钢件孔时，取主偏角 $\kappa_r=60°～75°$，用于粗镗或单件小批生产零件的粗、精镗。

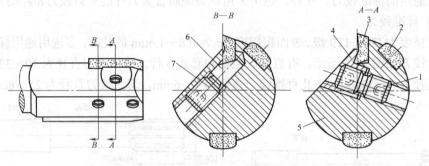

1、7—螺钉　2—导向块　3—刀片　4—锲套　5—刀体　6—销子

图 4-38　使用机夹硬质合金的单刃铰刀

（3）浮动铰刀

铰削精度为 IT6～IT7 级、表面粗糙度 Ra 为 0.8～1.6μm 的大直径通孔时，可选用专为加工中心设计的浮动铰刀。

图 4-39 所示为加工中心上使用的浮动铰刀。在装配时，先根据所要加工孔的大小调节好铰刀体 2，在铰刀体插入刀杆体 1 的长方孔后，在对刀仪上找正两切削刃与刀杆轴的对称度在 0.02～0.05mm，然后移动定位滑块 5，使圆锥端螺钉 3 的锥端对准刀杆体上的定位窝，拧紧螺钉 6 后，调整圆锥端螺钉，使铰刀体有 0.04～0.08mm 的浮动量（用对刀仪观察），调整好后，将螺母 4 拧紧。

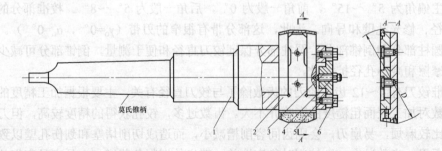

1—刀杆体　2—可调式浮动铰刀体　3—圆锥端螺钉　4—螺母　5—定位滑块　6—螺钉

图 4-39　加工中心上使用的浮动铰刀

浮动铰刀既能保证在换刀和进刀过程中刀具的稳定性，又能较准确地定心，加工精度稳定。浮动铰刀的寿命比高速钢铰刀高 8～10 倍，且具有直径调整的连续性。

6）螺纹孔加工刀具及其选择

（1）丝锥。对于小直径的螺纹孔应选择攻螺纹的加工方法。攻螺纹加工精度可达 6～7 公差等级，表面粗糙度 Ra 值可达 1.6μm。攻螺纹用的刀具为丝锥。丝锥是数控机床加工内螺纹的一种常用刀具，它能直接获得螺纹的尺寸。丝锥的结构如图 4-40 所示，它由工作部分和尾柄组成。工作部分实际上是一个轴向开槽的外螺纹，分切削和校准两部分。切削部分担负着整个丝锥的切削工作，为使切削负荷能分配在各个齿上，切削部分一般可做成圆锥形；校准部分由完整的廓形，用以校准螺纹廓形和起导向作用。柄部用以传递转矩，通过夹头或标准锥柄与机床联接。

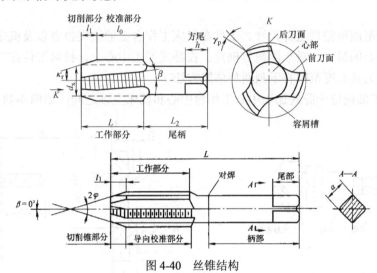

图 4-40　丝锥结构

数控机床有时还使用一种叫成组丝锥的刀具，其工作部分相当于 2～3 把丝锥串联，依次分别承担着粗精加工，它适用于高强度。高硬度材料或大尺寸、高精度的螺纹加工。

对于大直径的螺纹孔无相应的丝锥可选用时，可选镗刀片镗削加工。

（2）攻螺纹刀柄。刚性攻螺纹中通常使用浮动攻螺纹刀柄，如图 4-41 所示，这种攻螺纹刀柄采用棘轮机构来带动丝锥，当攻螺纹扭矩超过棘轮机构的扭矩时，丝锥在棘轮机构中打滑，从而防止丝锥折断。

图 4-41　浮动攻螺纹刀柄

5．刀具尺寸的确定

刀具尺寸包括直径尺寸和长度尺寸。孔加工刀具的直径尺寸根据被加工孔直径确定，特别是定尺寸刀具（如钻头、铰刀）的直径，完全取决于被加工孔直径。面加工用铣刀直径的确定已在模块五中述及，这里不再赘述。因此，这里介绍镗刀直径、伸出长度和刀具长度的确定。

镗刀刀杆的截面积通常为内孔截面积的 1/4。因此，为了增加刀杆的刚性，应根据所加工孔的直径和预孔的直径，尽可能选择截面积大的刀杆。

通常情况下，孔径在 30～120mm，镗刀杆直径一般为孔径的 0.7～0.8 倍。孔径小于 30mm 时，镗刀杆直径取孔径的 0.8～0.9 倍。

刀杆的伸出长度尽可能短。镗刀刀杆伸得太长，会降低刀杆刚性，容易引起振动。因此，为了增加刀杆的刚性，选择刀杆长度时，只需刀杆伸出长度略大于孔深即可。

在加工中心上，刀具长度一般是指主轴端面至刀尖的距离，包括刀柄和刃具两部分，如图 4-42 所示。

刀具长度的确定原则是：在满足各个部位加工要求的前提下，尽量减少刀具长度，以提高工艺系统刚性。

制订工艺时，一般不必准确确定刀具长度，只需初步估算出刀具长度范围，以方便刀具准备。

刀具长度范围可根据工件尺寸、工件在机床工作台上的装夹位置以及机床主轴端面距工作台面或中心的最大、最小距离等确定。在卧式加工中心上，针对工件在工作台上的装夹位置不同，刀具长度范围有下列两种估算方法。

（1）加工部位位于卧式加工中心工作台中心和机床主轴之间，如图 4-43 所示。

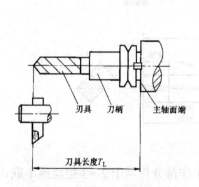

图 4-42　加工中心刀具长度

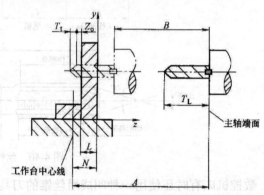

图 4-43　加工中心刀具长度的确定（一）

为减小刀具的悬伸长度，提高工艺系统的刚性，刀具最小长度为

$$T_L = A - B - N + L + Z_o + T_t \tag{4-1}$$

式中：T_L——刀具长度；

　　　A——主轴端面至工作台中心最大距离；

　　　L——工件的加工深度尺寸；

　　　B——主轴在 z 向的最大行程；

　　　N——加工表面距工作台中心距离；

　　　T_t——钻头尖端锥度部分长度，一般 $T_t = 0.3d$（d 为钻头直径）；

　　　Z_o——刀具切出工件长度。

刀具的长度范围为

$$T_L > A - B - N + L + Z_o + T_t \tag{4-2}$$
$$T_L < A - N \tag{4-3}$$

（2）加工部位位于卧式加工中心工作台中心和机床主轴两者之外，如图 4-44 所示。刀具最小长度为

$$T_L = A - B - N + L + Z_o + T_t \tag{4-4}$$

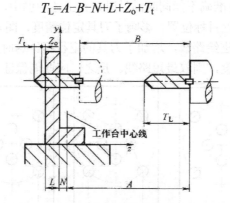

图 4-44　加工中心刀具长度的确定（二）

刀具长度范围为

$$T_L > A - B + N + L + Z_o + T_t \tag{4-5}$$

$$T_L < A + N \tag{4-6}$$

满足式（4-2）或式（4-5）可避免机床负 z 向超程，满足式（4-3）或式（4-6）可避免机床正 z 向超程。

在确定刀具长度时，还应考虑工件其他凸出部分及夹具、螺钉对刀具运动轨迹的干涉。主轴端面至工作台中心的最大、最小距离由机床样本提供。

6．进给路线的确定

加工中心上加工，刀具的加工路线包括铣削加工路线和孔加工路线。下面介绍孔加工路线。

1）孔加工时进给路线的确定

孔加工时，一般首先将刀具在 xOy 平面内快速定位运动到孔的中心上，然后刀具再沿 z 向（轴向）进行加工。所以孔加工进给路线的确定包括以下内容。

（1）确定 xOy 平面内的进给路线。孔加工时，刀具在 xOy 平面内的运动属点位运动，确定进给路线时，主要考虑以下方面。

① 定位要迅速，也就是刀具空行程最短。例如，加工图 4-45（a）所示零件。按图 4-45（b）所示进给路线进给比按图 4-45（c）所示进给路线进给节省定位时间近一半。这是因为在点位运动情况下，刀具由一点运动到另一点时，通常是沿 x、y 坐标轴方向同时快速移动，当 x、y 轴各自移动距离不同时，短移动距离方向的运动先停，待长移动方向的运动停止后刀具才到达目标位置。如图 4-45（b）所示方案使沿两轴方向的移距接近，所以定位过程迅速。

② 定位要准确。安排进给路线时，要避免机械进给系统反向间隙对孔位置精度的影响。例如，镗削如图 4-46（a）所示零件上的 4 个孔。按图 4-46（b）所示进给路线加工，由于 4 孔与 1、2、3 孔定位方向相反，y 向反向间隙会使定位误差增加，从而影响 4 孔与其他孔的定位精度。按图 4-46（c）所示进给路线，加工完 3 孔后往上多移动一段距离至 P 点，然

后再折回来在 4 孔处进行定位加工，这样方向一致，就可避免反向间隙的引入，提高了 4 孔的定位精度。

③ 当定位迅速与定位准确不能同时满足时，在上述两例中，图 4-45（b）是按最短路线，但不是从同一方向趋近目标位置，影响了刀具定位精度，图 4-45（c）是从同一方向趋近目标位置，但不是最短进给路线，增加了刀具的空行程。这时应抓住主要矛盾，若按最短进给路线能保证定位精度，则取最短路线。反之，应取能保证定位准确的路线。

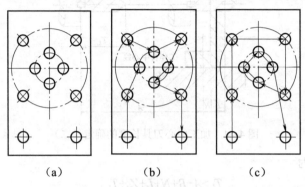

图 4-45　最短进给路线设计示例

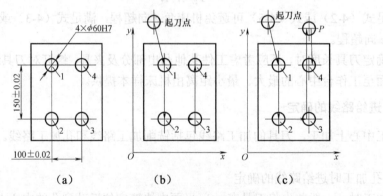

图 4-46　准确定位进给路线设计示例

（2）确定 z 向（轴向）的进给路线。刀具在 z 向的进给路线分为快速移动进给路线和工作进给路线。刀具先从初始平面快速运动刀具工件加工表面一定距离的 R 平面（距工件加工表面一切入距离的平面）上，然后按工作进给速度运动进行加工。确定 Z 向的进给路线时，主要考虑孔加工时的导入量和超越量。

孔加工导入量（见图 4-47 中 Δz）是指在孔加工过程中，刀具自快进转为工进时，刀尖点位置与孔上表面间的距离。孔加工导入量可参照表 4-10 选取。一般情况下取 2～10mm。当孔上表面为已加工表面时，导入量取较小值（约 2～5mm）。

孔加工超越量（见图 4-47 中的 $\Delta z'$），当钻通孔时，超越量通常取 z_p+（1～3）mm，z_p 为钻尖高度（通常

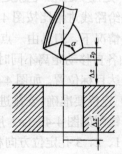

图 4-47　通孔加工导入量与超越量

取0.3倍钻头直径）；铰通孔时，超越量通常取3～5mm；镗通孔时，超越量通常取1～3mm；如图4-48所示的不通孔螺纹底孔螺纹时，超越量通常取5～8mm。

表4-10 孔加工导入量

（单位：mm）

加工方式	表面状态		加工方式	表面状态	
	已加工表面	毛坯表面		已加工表面	毛坯表面
钻孔	2～3	5～8	铰孔	3～5	5～8
扩孔	3～5	5～8	铣削	3～5	5～8
镗孔	3～5	5～8	攻螺纹	5～10	5～10

不通孔螺纹底孔长度的确定：攻不通孔螺纹时，由于丝锥切削部分有锥角，端部不能切出完整的牙型，所以钻孔深度要大于螺纹的有效深度如图4-48所示。一般取

$$H_{钻} = h_{有效} + 0.7D$$

式中：$H_{钻}$——底孔深度（mm）；

$h_{有效}$——螺纹有效深度（mm）；

D——螺纹大经（mm）。

在数控机床上攻螺纹时，沿螺距方向的Z向进给应合理的导入距离δ_1和导出距离δ_2，即越程量如图4-49所示。一般δ_1取2～3P，对大螺距和高精度的螺纹则取较大值；δ_2一般取1～2P。此外加工通孔螺纹时，导出量还要考虑丝锥前端切削锥角的长度。

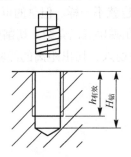
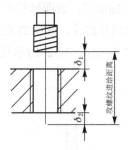

图4-48 不通孔加工导入量与超越量　　图4-49 攻螺纹轴向起点和终点尺寸

如图4-50（a）所示为加工单个孔时刀具的进给路线。对多孔加工为减少刀具空行程进给时间，加工中间孔时，刀具不必退回到初始平面，只要退到R平面上即可，其进给路线如图4-50（b）所示。

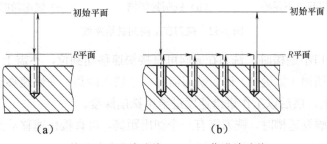

→快速移动进给路线　　---工作进给路线

图4-50 刀具z向进给路线设计示例

在工作进给路线中，工作进给距离 Z_F 包括被加工孔的深度 H、刀具的切入距离 Z_a 和切出距离 Z_o（加工通孔），如图 4-51 所示。加工不通孔时，工作进给距离为

$$Z_F = Z_a + H + T_t \qquad (4-7)$$

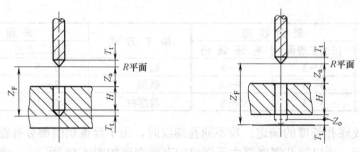

（a）加工不通孔时的工作进给距离　　　（b）加工通孔时的工作进给距离

图 4-51　工作进给距离计算图

加工通孔时，工作进给距离为

$$Z_F = Z_a + H + Z_o + T_t \qquad (4-8)$$

式中刀具切入、切出距离的经验数据如表 4-10 所示。

2）铣削加工时进给路线的确定

铣削加工进给路线比孔加工进给路线要复杂些，因为铣削加工的表面有平面、平面轮廓、各种槽及空间曲面等，表面形状不同，进给路线也就不一样。但总的可分为切削进给和 z 向快速移动进给两种路线。铣削加工切削进给路线在模块五已介绍，切削进给 z 向快速移动进给路线常见的有如图 4-52 所示几种情况。有关切入、切出距离的经验数据如表 4-10 所示。

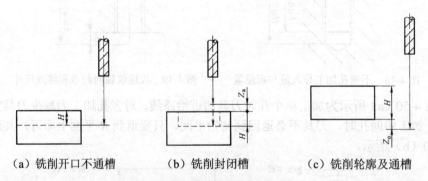

（a）铣削开口不通槽　　　（b）铣削封闭槽　　　（c）铣削轮廓及通槽

图 4-52　铣刀在 z 向的进给路线

（1）铣削开口不通槽时，铣刀在 z 向可直接快速移动到位，不需工作进给。

（2）铣削封闭槽（如键槽）时，铣刀需有一个切入距离，先快速移动到距工件表面一切入距离的位置上，然后以工作进给速度进给至铣削深度。

（3）铣削轮廓及通槽时，铣刀需有一个切出距离，可直接快速移动到距工件加工表面一切出距离的位置上。

7. 切削用量的选择

切削用量应根据模块一项目三任务三和模块三项目二任务八中所述的原则、方法和注意事项，在机床说明书允许的范围之内，查阅手册并结合经验确定。孔加工切削参数的计算方法同铣削加工。表 4-11~表 4-15 列出了部分孔和攻螺纹加工切削用量，供选择时参考。

表 4-11 高速钢钻头加工铸铁的切削用量

钻头直径/mm	材料硬度					
	160~200HBS		200~400HBS		300~400HBS	
	切削用量					
	v_c/(m·min^{-1})	f/(mm·r^{-1})	v_c/(m·min^{-1})	f/(mm·r^{-1})	v_c/(m·min^{-1})	f/(mm·r^{-1})
1~6	16~24	0.07~0.12	10~18	0.05~0.1	5~12	0.03~0.08
6~12	16~24	0.12~0.2	10~18	0.1~0.18	5~12	0.08~0.15
12~22	16~24	0.2~0.4	10~18	0.18~0.25	5~12	0.15~0.2
22~50	16~24	0.4~0.8	10~18	0.25~0.4	5~12	0.2~0.3

注：采用硬质合金钻头加工铸铁时取 v_c=20~30m/min。

表 4-12 高速钢钻头加工钢件的切削用量

钻头直径/mm	材料强度					
	σ_b=520~700MPa（35、45 钢）		σ_b=700~900MPa（15Cr、20Cr）		σ_b=1000~1100MPa（合金钢）	
	切削用量					
	v_c/(m·min^{-1})	f/(mm·r^{-1})	v_c/(m·min^{-1})	f/(mm·r^{-1})	v_c/(m·min^{-1})	f/(mm·r^{-1})
1~6	8~25	0.05~0.1	12~30	0.05~0.1	8~15	0.03~0.08
6~12	8~25	0.1~0.2	12~30	0.1~0.2	8~15	0.08~0.15
12~22	8~25	0.2~0.3	12~30	0.2~0.3	8~15	0.15~0.25
22~50	8~25	0.3~0.45	12~30	0.3~0.45	8~15	0.25~0.35

表 4-13 高速钢铰刀铰孔的切削用量

铰刀直径/mm	工件材料					
	铸铁		钢及钢合金		铝钢及其合金	
	切削用量					
	v_c/(m·min^{-1})	f/(mm·r^{-1})	v_c/(m·min^{-1})	f/(mm·r^{-1})	v_c/(m·min^{-1})	f/(mm·r^{-1})
6~10	2~6	0.3~0.5	1.2~5	0.3~0.4	8~12	0.3~0.5
10~15	2~6	0.5~1.0	1.2~5	0.4~0.5	8~12	0.5~1.0
15~25	2~6	0.8~1.5	1.2~5	0.5~0.6	8~12	0.8~1.5
25~40	2~6	0.5~1.5	1.2~5	0.4~0.6	8~12	0.8~1.5
40~60	2~6	1.2~1.8	1.2~5	0.5~0.6	8~12	1.5~2.0

注：采用硬质合金铰刀加工铸铁时取 v_c=8~10mm/min，铰削铝材时 v_c=8~10mm/min。

表4-14 镗孔切削用量

工序	刀具	工件材料					
		铸铁		钢及钢合金		铝铜及其合金	
		切削用量					
		v_c/(m·min^{-1})	f/(mm·r^{-1})	v_c/(m·min^{-1})	f/(mm·r^{-1})	v_c/(m·min^{-1})	f/(mm·r^{-1})
粗镗	高速钢	20~25	0.4~1.5	15~30	0.35~0.7	100~150	0.5~1.5
	硬质合金	35~50		50~70		100~250	
半精镗	高速钢	20~35	0.15~0.45	15~50	0.15~0.45	100~200	0.2~0.5
	硬质合金	50~70		95~135			
精镗	高速钢	70~90	D1级<0.08D级 0.12~0.15	100~135	0.12~0.15	150~400	0.06~0.1
	硬质合金						

注：当采用高精度的镗头镗孔时，由于余量较小，直径余量不大于0.2mm，因此切削速度可提高一些，铸铁件为100~150m/min，钢件为150~250m/min，铝合金为200~400m/min，巴氏合金为250~500m/min，进给量为0.03~0.1mm/r。

表4-15 攻螺纹切削用量

加工材料	铸铁	钢及其合金	铝及其合金
v_c/(m·min^{-1})	2.5~5	1.5~5	5~15

孔加工工作进给速度根据选择的进给量和主轴转速按式（1-2）计算。铣削加工工作进给速度按表3-9计算。

（1）钻头直径。钻头直径由工艺尺寸确定。孔径不大时，可将一次钻出。工件孔径大于35mm时，若仍一次钻出孔径，往往由于受机床刚度的限制，必须大大减小进给量。若两次钻出，可取大的进给量，既不降低生产效率，又提高了孔的加工精度。先钻后扩时，钻孔直径取孔径的50%~70%。

（2）进给量。小直径钻头主要受钻头的刚性及强度限制，大直径钻头主要受机床进给机构强度及工艺系统刚性限制。在条件允许的情况下，应取较大的进给量，以降低加工成本，提高生产效率。普通麻花钻钻削进给量按经验公式估算：

$$f=(0.01\sim 0.02)d_0$$

式中：d_0为孔的直径。加工条件不同时，进给量可查阅切削用量手册。

（3）钻削速度。钻削的背吃刀量（即钻头半径）、进给量及切削速度都会对钻头耐用度产生影响，但背吃刀量对钻头耐用度的影响与车削不同。当钻头直径增大时，尽管增大了切削力，但钻头体积也显著增加，因而使散热条件明显改善。实践证明，钻头直径增大时，切削温度有所下降。因此，钻头直径较大时，可选取较高的切削速度。根据经验，钻削速度如表4-16所示。目前有不少高性能材料制作的整体钻头或组合钻头，其切削速度可取更高值，可由有关资料查取。

表4-16 普通高速钢钻头钻削速度参考值

（单位：m/min）

工件材料	低碳钢	中、高碳钢	合金钢	铸铁	铝合金	铜合金
钻削速度	25~30	20~25	15~20	20~25	40~70	20~40

攻螺纹时进给量的选择决定于螺纹的导程，由于使用了带有浮动功能的攻螺纹夹头，攻螺纹是工作进给速度 v_f（单位为 mm/min）可略小于理论计算值，即

$$v_f \leqslant P_h n \tag{4-9}$$

式中：P_h——加工螺纹的导程，单位为 mm。

攻螺纹底孔直径的确定：攻螺纹时，丝锥在切削金属的同时还伴随较强的挤压作用，因此，金属产生塑性变形形成凸起挤向牙尖，使攻出的螺纹的小径小于底孔直径。

攻螺纹前的底孔直径应稍大于螺纹小径，否则攻螺纹时因挤压作用，使螺纹牙顶与丝锥牙底之间没有足够的容屑空间，将丝锥箍住，甚至折断丝锥。这种现象在攻塑性较大的材料时将更为严重。但底孔值不易过大，否则会使螺纹牙型高度不够，降低强度。

底孔直径大小，通常根据经验公式决定，其公式如下。

$$D_底 = D - P \qquad 加工钢件等塑性金属$$

$$D_底 = D - 1.05P \qquad 加工铸铁等脆性金属$$

式中：$D_底$——钻螺纹底孔用钻头直径（mm）；

D——螺纹大径（mm）；

P——螺距（mm）。

在确定工作进给速度时，要注意一些特殊情况。例如在高速进给的轮廓加工中，由于工艺系统的惯性在拐角处易产生"超程"和"过切"现象，因此在拐角处应选择变化的进给速度，接近拐角时减速，过了拐角后加速，如图 4-53 所示。

又如当加工圆弧（半径为 R）段时，注意圆弧半径对进给速度的影响，切削点的实际进给速度 v_T 并不等于选定的刀具中心（半径为 r）进给速度 v_f。由图 4-54 所示可知，加工外圆弧时，切削点的实际进给速度为

$$v_T = \frac{R}{R+r} v_f$$

即 $v_T < v_f$；而加工内圆弧切削点的实际进给速度

$$v_T = \frac{R}{R-r} v_f$$

即 $v_T > v_f$；如果 R_r 时，则切削点的实际进给速度将变得非常大，有可能损伤刀具或工件。所以要考虑到圆弧半径对工作进给速度的影响。

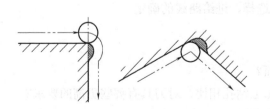

图 4-53 拐角处的超程和过切

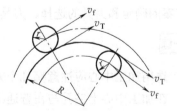

图 4-54 切削圆弧的进给速度

8. 对刀点与换刀点的确定

加工中心有刀库和自动换刀装置，根据程序的需要可以自动换刀。换刀点应在换刀时

工件、夹具、刀具、机床相互之间没有任何的碰撞和干涉的位置上，往往是固定的。

如图 4-55 所示为数控镗铣削加工中的对刀、换刀，对刀点、刀具相关点 C、起刀点 A、机床原点 M、工件原点 W、机床参考点 R、换刀点等。

9. 对刀方法

（1）机上对刀。如图 4-56 所示，这种方法对刀效率高、精度较高，投资少，但若基准刀具磨损会影响零件的加工精度，对刀工艺文件编写不便，对生产组织有一定影响。

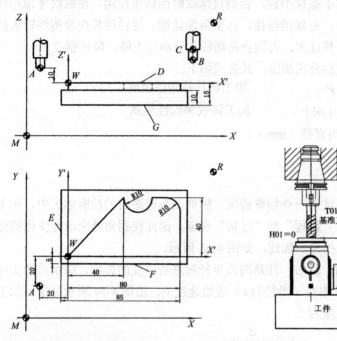

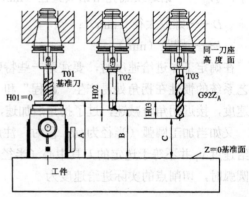

图 4-55　数控镗铣削加工中的对刀、换刀　　　　图 4-56　机上对刀

（2）机外刀具预调+机上对刀。这种方法对刀精度高、效率高便于工艺文件的编写及生产组织，但投资较大。

<u>任务小结</u>

掌握加工中心的选用，零件的工艺设计。尤其是加工阶段的划分、加工顺序的安排、装夹方案的确定和夹具的选择、刀具的选择、进给路线的确定。

<u>每日一练</u>

1. 选用加工中心应注意哪几个方面？
2. 在加工中心上钻孔与在普通机床上钻孔相比，对刀具有哪些更高的要求？
3. 如何确定立式加工中心刀具长度范围？
4. 简述镗孔（内孔）刀具的选择。
5. 如何确定加工中心的进给路线？

项目三　典型零件的加工中心加工工艺分析

> **能力目标**

1. 掌握盖板零件加工中心的加工工艺。
2. 掌握支承套零件铣床变速箱体零件中心的加工工艺。
3. 掌握异形支架中心的加工工艺。
4. 掌握铣床变速箱体零件中心的加工工艺。

> **核心能力**

掌握中等复杂程度零件的中心的加工工艺。

任务一　盖板零件加工中心加工工艺

盖板是机械加工中常见的零件，加工表面有平面和孔，通常需要铣平面、钻孔、扩孔、镗孔、铰孔及攻螺纹等工步才能完成。下面以图 4-1 所示盖板为例介绍加工中心加工工艺。

1. 分析图样，选择加工内容

该盖板的材料为铸铁，故毛坯为铸件。由零件图可知，盖板的 4 个侧面为不加工表面，全部加工表面都集中在 A、B 面上。最高精度为 IT7 级。从工序集中和便于定位两个方面考虑，选择 B 面及位于 B 面上的全部孔在加工中心上加工，将 A 面作为主要定位基准，并在前道工序中先加工好。

2. 选择加工中心

由于 B 面及位于 B 面上的全部孔，只需单工位加工即可完成，故选择立式加工中心。加工表面不多，只有粗铣、精铣、粗镗、半精镗、精镗、钻、扩、锪、铰及攻螺纹等工步，所需刀具不超过 20 把。选用国产 XH714 型立式加工中心即可满足上述要求。该机床工作台尺寸为 400mm×800mm，x 轴行程为 600mm，y 轴行程为 400mm，z 轴行程为 400mm，主轴端面至工作台台面距离为 125～525mm，定位精度和重复定位精度分别为 0.02mm 和 0.01mm，刀库容量为 18 把，工件一次装夹后可自动完成铣、钻、镗、铰及攻螺纹等工步的加工。

3. 设计工艺

1) 选择加工方法

B 平面用铣削方法加工，因其表面粗糙度 Ra 为 6.3μm，故采用粗铣—精铣方案；ϕ60H7

孔为已铸出毛坯孔,为达到IT7级精度和 $Ra0.8\mu m$ 的表面粗糙度,需经3次镗削,即采用粗镗—半精镗—精镗方案;对 $\phi12H8$ 孔,为防止钻偏和达到IT8级精度,按钻中心孔—钻孔—扩孔—铰孔方案进行; $\phi16mm$ 孔在 $\phi12mm$ 孔基础上锪至尺寸即可;M16mm 螺纹孔采用先钻底孔后攻螺纹的加工方法,即按钻中心孔—钻底孔—倒角—攻螺纹方案加工。

2)确定加工顺序

按照先面后孔、先粗后精的原则确定。具体加工顺序为粗、精铣 B 面—粗、半精、精镗 $\phi60H7$ 孔—钻各光孔和螺纹孔的中心孔—钻、扩、锪、铰 $\phi12H8$ 及 $\phi16mm$ 孔—M16mm 螺孔钻底孔、倒角和攻螺纹,如表 4-17 所示。

表 4-17 数控加工工序卡片

(工厂)	数控加工工序卡片		产品名称或代号		零件名称	材料	零件图号
					盖板	HT200	
工序号	程序编号	夹具名称	夹具编号		使用设备		车间
		台钳			XH714		
工步号	工步内容		加工面	刀具号	刀具规格尺寸/mm	主轴转速/(r/min)	进给速度/(mm/min)	背吃刀量/mm	备注
1	粗铣 B 平面留余量 0.5mm			T10	100	300	70	3.5	
2	精铣 B 平面至尺寸			T13	100	350	50	0.5	
3	粗镗 $\phi60H7$ 至 $\phi58$ 尺寸			T02	58	400	60		
4	半精镗 $\phi60H7$ 至 $\phi59.95$ 尺寸			T03	59.95	450	50		
5	精镗 $\phi60H7$ 尺寸			T04	60H7	500	40		
6	钻 $4\times\phi12H8$ 及 $4\times M16mm$ 的中心孔			T05	3	1000	50		
7	钻 $4\times\phi12H8$ 至 $\phi10mm$			T06	10	600	60		
8	扩 $4\times\phi12H8$ 至 $\phi11.85mm$			T07	11.85	300	40		
9	锪 $4\times\phi16mm$ 至尺寸			T08	16	150	30		
10	铰 $4\times\phi12H8$ 至尺寸			T09	12H8	100	40		
11	钻 $4\times M16mm$ 底孔至 $\phi14mm$			T10	14	450	60		
12	倒 $4\times M16mm$ 底孔端角			T11	18	300	40		
13	攻 $4\times M16mm$ 螺纹			T12	16	100	200		
编制		审核		批准			共1页	第1页	

3)确定装夹方案和选择夹具

该盖板零件形状简单,4 个侧面较光整,加工面与不加工面之间的位置精度要求不高,故可选用通用台虎钳,以盖板底面 A 和两个侧面定位,用台虎钳钳口从侧面夹紧。

4)选择刀具

所需刀具有面铣刀、镗刀、中心钻、麻花钻、铰刀、立铣刀(锪 $\phi16mm$ 孔)及丝锥等,其规格根据加工尺寸选择。B 面粗铣铣刀直径应选小一些,以减小切削力矩,但也不能太小,以免影响加工效率;B 面精铣铣刀直径应选大一些,以减少接刀痕迹,但要考虑到刀库允许装刀直径(XH714 型加工中心的允许装刀直径:无相邻刀具为 $\phi150mm$,有相邻刀

具为 ϕ80mm）也不能太大。刀柄柄部根据主轴锥孔和拉紧机构选择。XH714 型加工中心主轴锥孔为 ISO40，适用刀柄为 BT40（日本标准 JISB6339），故刀柄柄部应选择 BT40 型式。具体所选刀具及刀柄如表 4-18 所示。

表 4-18 数控加工刀具编号

产品名称或代号			零件名称	盖板	零件图号		程序编号	
工步号	刀具号	刀具名称	刀柄型号	刀具		补偿值 /mm	备注	
				直径/mm	长度/mm			
1	T01	面铣刀 ϕ100mm	BT40-XM32-75	ϕ100				
2	T13	面铣刀 ϕ100mm	BT40-XM32-75	ϕ100				
3	T02	镗刀 ϕ58mm	BT40-TQC50-180	ϕ58				
4	T03	镗刀 ϕ59.95mm	BT40-TQC50-180	ϕ59.95				
5	T04	镗刀 ϕ60H7	BT40-TW50-140	ϕ60H7				
6	T05	中心钻 ϕ3mm	BT40-Z10-45	ϕ3				
7	T06	麻花钻 ϕ10mm	BT40-M1-45	ϕ10				
8	T07	扩孔钻 ϕ11.85mm	BT40-M1-45	ϕ11.85				
9	T08	阶梯铣刀 ϕ16mm	BT40-MW2-55	ϕ16				
10	T09	铰刀 ϕ12H8	BT40-M1-45	ϕ12H8				
11	T10	麻花钻 ϕ14mm	BT40-M1-45	ϕ14				
12	T11	麻花钻 ϕ18mm	BT40-M2-50	ϕ18				
13	T12	机用丝锥 M16mm	BT40-G12-130	ϕ16				
编制		审核		批准		共 1 页	第 1 页	

5）确定进给路线

B 面的粗、精铣削加工进给路线根据铣刀直径确定，因所选铣刀直径为 ϕ100mm，故安排沿 x 方向两次进给（见图 4-57）。所有孔加工进给路线均按最短路线确定，因为孔的位置精度要求不高，机床的定位精度完全能保证，图 4-58～图 4-61 所示为各孔加工工步的进给路线。

铣削 B 面进给路线如图 4-57 所示。

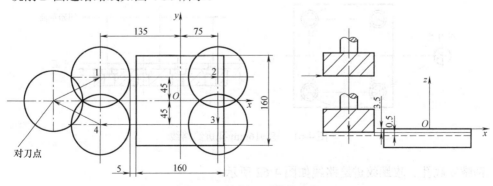

图 4-57 铣削 B 面进给路线

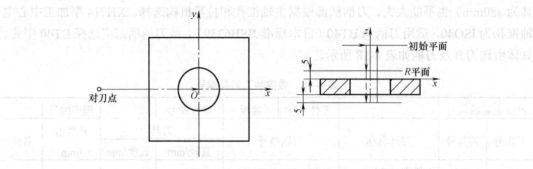

图 4-58 镗 ϕ60H7 孔进给路线

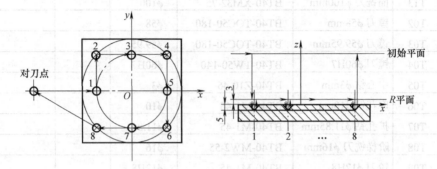

图 4-59 钻中心孔进给路线

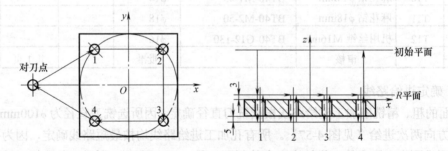

图 4-60 钻、扩、铰 ϕ12H8 孔进给路线

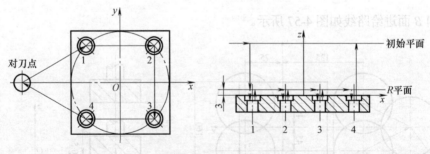

图 4-61 锪 ϕ16mm 孔进给路线

钻螺纹底孔、攻螺纹进给路线如图 4-62 所示。

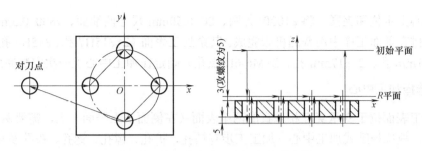

图 4-62 钻螺纹底孔、攻螺纹进给路线

任务二 支承套零件加工中心的加工工艺

如图 4-63 所示为升降台铣床的支承套,在两个互相垂直的方向上有多个孔要加工,若在普通机床上加工,则需多次安装才能完成,且效率低,在加工中心上加工,只需一次安装即可完成,现将其工艺介绍如下。

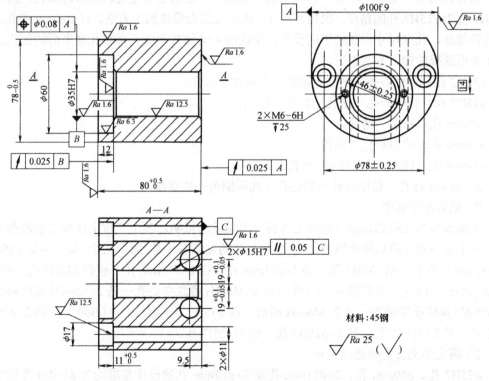

图 4-63 支承套简图

1. 分析图样并选择加工内容

支承套的材料为 45 钢,毛坯选棒料。支承套 $\phi35H7$ 孔对 $\phi100f9$ 外圆、$\phi60mm$ 孔底平面对 $\phi35H7$ 孔、$2\times\phi15H7$ 孔对端面 C 及端面 C 对 $\phi100f9$ 外圆均有位置精度要求。为便于

在加工中心上定位和夹紧，将 ϕ100f9 外圆、80+0.50mm 尺寸两端面、7800-0.5mm 尺寸上平面均安排在前面工序中由普通机床完成。其余加工表面（2×ϕ15H7 孔、ϕ35H7 孔、ϕ60mm 孔、2×ϕ11mm 孔、2×ϕ17mm 孔、2×M6-6H 螺孔）确定在加工中心上一次安装完成。

2．选择加工中心

因加工表面位于支承套互相垂直的两个表面（左侧面及上平面）上，需要两工位加工才能完成，故选择卧式加工中心。加工工步有钻孔、扩孔、镗孔、锪孔、铰孔及攻螺纹等，所需刀具不超过 20 把。国产 XH754 型卧式加工中心可满足上述要求。该机床工作台尺寸为 400mm×400mm，x 轴行程为 500mm，z 轴行程为 400mm，y 轴行程为 400mm，主轴中心线至工作台距离为 100～500mm，主轴端面至工作台中心线距离为 150～550mm，主轴锥孔为 ISO40，定位精度和重复定位精度分别为 0.02mm 和 0.01mm，工作台分度精度和重复分度精度分别为 7″和 4″。

3．工艺设计

1）选择加工方法

所有孔都是在实体上加工，为防钻偏，均先用中心钻钻引正孔，然后再钻孔。为保证 ϕ35H7 及 2×ϕ15H7 孔的精度，根据其尺寸，选择铰削为最终加工方法。对 ϕ60mm 的孔，根据孔径精度，孔深尺寸和孔底平面要求，用铣削方法同时完成孔壁和孔底平面的加工。各加工表面选择的加工方案如下。

ϕ35H7 孔：钻中心孔—钻孔—粗镗—半精镗—铰孔。

ϕ15H7 孔：钻中心孔—钻孔—扩孔—铰孔。

ϕ60mm 孔：粗铣—精铣。

ϕ11mm 孔：钻中心孔—钻孔。

ϕ17mm 孔：锪孔（在 ϕ11mm 底孔上）。

2×M6-6H 螺孔：钻中心孔—钻底孔—孔端倒角—攻螺纹。

2）确定加工顺序

为减少变换工位的辅助时间和工作台分度误差的影响，各个工位上的加工表面在工作台一次分度下按先粗后精的原则加工完毕。具体的加工顺序是：第一工位（B0°）：钻 ϕ35H7、2×ϕ11mm 中心孔—钻 ϕ35H7 孔—钻 2×ϕ11mm 孔—锪 2×ϕ17mm 孔—粗镗 ϕ35H7 孔—粗铣、精铣 ϕ60mm×12 孔—半精镗 ϕ35H7 孔—钻 2×M6-6H 螺纹中心孔—钻 2×M6-6H 螺纹底孔—2×M6-6H 螺纹孔端倒角—攻 2×M6-6H 螺纹—铰 ϕ35H7 孔；第二工位（B90°）：钻 2×ϕ15H7 中心孔—钻 2×ϕ15H7 孔—扩 2×ϕ15H7 孔—铰 2×15H7 孔。

3）确定装夹方案和选择夹具

ϕ35H7 孔、ϕ60mm 孔、2×ϕ11mm 孔及 2×ϕ17mm 孔的设计基准均为 ϕ100f9 外圆中心线，遵循基准重合原则，选择 ϕ100f9 外圆中心线为主要定位基准。因 ϕ100f9 外圆不是整圆，故用 V 形块定位元件。在支承套长度方向，若选右端面定位，则难以保证 ϕ17mm 孔深尺寸 $11_0^{+0.5}$ mm（因工序尺寸 80～11mm 无公差），故选择左端面定位。所用夹具为专用夹具，工件的装夹如图 4-64 所示。在装夹时应使工件上平面在夹具中保持垂直，以消除转动自由度。

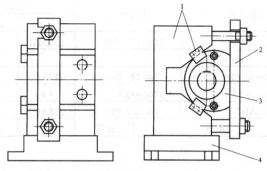

1—定位元件　2—夹紧机构　3—工件　4—夹具体

图 4-64　支撑套装夹

4）选择刀具

各工步刀具直径根据加工余量和孔径确定，详见表 4-19 所示的数控加工刀具卡片。刀具长度与工件在机床工作台上的装夹位置有关，在装夹位置确定之后，再计算刀具长度。限于篇幅，这里只介绍 ϕ35H7 孔钻刀具的长度计算。为较小刀具的悬伸长度，将工件装夹在工作台中心线与机床主轴之间，因此，刀具的长度用式（4-2）和式（4-3）计算，计算式中

A=550mm　　B=150mm　　N=180mm　　L=80mm

Z_O=3mm　　T_f=0.3d=0.3×31mm=9.3mm

所以

T_L＞(550−150−180+80+3+9.3)mm≈312mm

T_L＜(550−180)mm=370mm

取 T_L=330mm。其余刀具的长度参照上述算法一一确定，如表 4-19 所示。

表 4-19　数控加工刀具卡片

产品名称或代号			零件名称	盖板	零件图号		程序编号	
工步号	刀具号	刀具名称	刀柄型号		刀具		补偿值/mm	备注
				直径/mm	长度/mm			
1	T01	中心钻 ϕ3	JT40-Z6-45	ϕ3	280			
2	T13	锥柄麻花钻 ϕ31	JT40-M3-75	ϕ31	330			
3	T02	锥柄麻花钻 ϕ11	JT40-M1-35	ϕ11	330			
4	T03	锥柄麻花钻 ϕ17×11	JT40-M2-50	ϕ17	300			
5	T04	粗镗刀 ϕ34	JT40-TQC30-165	ϕ34	320			
6	T05	硬质合金立铣刀 ϕ32	JT40-MW4-85	ϕ32	300			
7	T05							
8	T06	镗刀 ϕ34.85	JT40-TZC30-165	ϕ34.5	320			
9	T01							
10	T07	直柄麻花钻 ϕ5	JT40-Z6-45	ϕ5	300			
11	T02							
12	T08	机用丝锥 M6	JT40-G1JT3	M6	280			

续表

工步号	刀具号	刀具名称	刀柄型号	刀具直径/mm	刀具长度/mm	补偿值/mm	备注
13	T09	套式铰刀 φ35AH7	JT40-K19-140	φ35AH7	330		
14	T01						
15	T10	锥柄麻花钻 φ14	JT40-M1-30	φ14	320		
16	T11	扩孔钻 φ14.85	JT40-M2-50	φ14.85	320		
17	T12	铰刀 φ15AH7	JT40-M2-50	φ15AH7	320		
编制		审核		批准		共1页	第1页

5）选择切削用量

在机床说明书允许的切削用量范围内查表选取切削速度和进给量，然后算出主轴转速和进给速度，其值详见表 4-20 所示的数控加工工序卡片。

表 4-20 数控加工工序卡片

（工厂）	数控加工工艺卡片		产品名称或代号		零件名称 支承套	材料 45钢	零件图号	
工序号	程序编号		夹具名称 专用夹具		夹具编号	使用设备 XH754	车间	
工步号	工步内容		加工面	刀具号	刀具规格/mm	主轴转速/(r·min^{-1})	进给速度/(mm·min^{-1})	背吃刀量/mm	备注
	B0°								
1	钻 φ35H 孔、2×φ17×11 孔中心孔			T01	φ3	1200	40		
2	钻 φ35H 孔至 φ31			T13	φ31	150	30		
3	钻 φ11 孔			T02	φ11	500	70		
4	锪 2×φ17			T03	φ17	150	15		
5	粗镗 φ35H7 孔至 φ34			T04	φ34	400	30		
6	粗铣 φ60×12 至 φ59×11.5			T05	φ32T	500	70		
7	精铣 φ60×12			T05	φ32T	600	45		
8	半精镗 φ35H7 孔至 φ34.85			T06	φ34.85	450	35		
9	钻 2×M6-6H 螺纹中心孔			T01		1200	40		
10	钻 2×M6-6H 底孔至 φ5			T07	φ5	650	35		
11	2×M6-6H 孔端倒角			T02		500	20		
12	攻 2×M6-6H 螺纹			T08	M6	100	100		
13	铰 φ35H7 孔			T09	φ35AH7	100	50		
	B90°								
14	钻 2×φ15H7 至中心孔			T01		1200	40		
15	钻 2×φ15H7 至 φ14			T10	φ14	450	60		
16	扩 2×φ15H7 至 φ14.85			T11	φ14.85	200	40		
17	铰 2×φ15H7 孔			T12	φ15AH7	100	60		
编制			审核		批准		共1页	第1页	

注："B0°" 和 "B90°" 表示加工中心上两个互成 90°的工位。

*任务三 异形支架的加工工艺

图 4-65 所示为异形支架简图,现将其工艺介绍如下。

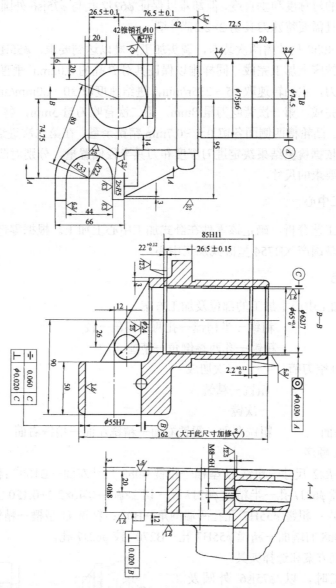

图 4-65 异形支架零件简图

1. 零件工艺分析

如图 4-65 所示,该异形支架的材料为铸铁,毛坯为铸件。该工件结构复杂,精度要求较高,各加工表面之间有较严格的位置度和垂直度等要求,毛坯有较大的加工余量,零件的工艺刚性差,特别是加工 40h8 部分时,如用常规加工方法在普通机床上加工,很难达到图纸要求。原因是假如先在车床上一次加工完成 ϕ75js6 外圆、端面和 ϕ62J7 孔、2×2.2$_0^{+0.12}$ 槽，然后在镗床上加工 ϕ55H7 孔，要求保证对 ϕ62J7 孔之间的对称度 0.06mm 及垂直度 0.02mm，就需要高精度机床和高水平操作工，一般是很难达到上述要求的。如果先在车床上加工 ϕ75js6 外圆及端面，再在镗床上加工 ϕ62J7 孔，2×2.2$_0^{+0.12}$ 槽及 ϕ55H7 孔，这样虽然较易保证上述的对称度和垂直度，但却难以保证 ϕ62J7 孔与 ϕ75js6 外圆之间 ϕ0.03mm 的同轴度要求，而且需要特殊刀具切 2×2.2$_0^{+0.12}$ 槽。

另外，完成 40h8 尺寸需两次装卡，调头加工，难以达到要求，ϕ55H7 孔与 40h8 尺寸需分别在镗床和铣床上加工完成，同样难以保证其对 B 孔的 0.02mm 垂直度要求。

质合金立铣刀，主轴转速取 15～235r/min，进给速度取 30～60mm/min。槽深 14mm，铣削余量分 3 次完成，第一次背吃刀量 8mm，第二次背吃刀量 5mm，剩下的 1mm 随同轮廓精铣一起完成。凸轮槽两侧面各留 0.5～0.7mm 精铣余量。在第二次进给完成之后，检测零件几何尺寸，依据检测结果决定进刀深度和刀具半径偏置量，分别对凸轮槽两侧面精铣一次，达到图样要求的尺寸。

2．选择加工中心

通过零件的工艺分析，确定该零件在卧式加工中心上加工。根据零件外形尺寸及图纸要求，选定的仍是国产 XH754 型卧式加工中心。

3．设计工艺

1）选择在加工中心上加工的部位及加工方案

ϕ62J7 孔　　　　　　粗镗—半精镗—孔两端倒角—铰

ϕ55H7 孔　　　　　　粗镗—孔两端倒角—精镗

2×2.2+0.12 0 空刀槽　　一次切成

44U 型槽　　　　　　粗铣—精铣

R22 尺寸　　　　　　一次镗

40h8 尺寸两面　　　　粗铣左面—粗铣右面—精铣左面—精铣右面

2）确定加工顺序

B0°：粗镗 R22 尺寸—粗铣 U 型槽—粗铣 40h8 尺寸左面→B180°：粗铣 40h8 尺寸右面→B270°：粗镗 ϕ62J7 孔—半精镗 ϕ62J7 孔—切 2×ϕ65+0.40×2.2+0.120 空刀槽—ϕ62h7 孔两端倒角。B180°：粗镗 ϕ55H7 孔孔两端倒角→B0°：精铣 U 型槽—精铣 40h8 左端面→B180°：精铣 40h8 右端面—精镗 ϕ55H7 孔—B270° 铰 ϕ62J7 孔。

3）确定装夹方案和选择夹具

支架在加工时，以 ϕ75js6 外圆及 26.5±0.15 尺寸上面定位（两定位面均在前面车床工序中先加工完成）。工件装夹如图 4-66 所示。

数控加工刀具卡片如表 4-21 所示，数控加工工序卡片如表 4-22 所示。

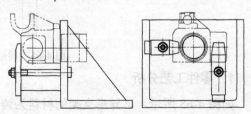

图 4-66 工件装夹

表 4-21 数控加工刀具卡片

产品名称或代号			零件名称	异形支架	零件图号		程序编号	
工步号	刀具号	刀具名称	刀柄型号	刀具		补偿值/mm	备注
				直径/mm	长度/mm		
1	T01	镗刀 φ42	JT40-TQC30-270	φ42			
2	T02	长刃铣刀 φ25	JT40-MW3-75	φ25			
3	T03	立铣刀 φ30	JT40-MW4-85	φ30			
4	T03	立铣刀 φ30	JT40-MW4-85	φ30			
5	T04	镗刀 φ61	JT40-TQC50-270	φ61			
6	T05	镗刀 φ61.85	JT40-TZC50-270	φ61.85			
7	T06	切槽刀 φ50	JT40-M4-95	φ50			
8	T07	倒角镗刀 φ66	JT40-TZC50-270	φ66			
9	T08	镗刀 φ54	JT40-TZC40-240	φ54			
10	T09	倒角刀 φ66	JT40-TZC50-270	φ66			
11	T02	长刃铣刀 φ25	JT40-MW3-75	φ25			
12	T10	镗刀 φ66	JT40-TZC40-180	φ66			
13	T10	镗刀 φ66	JT40-TZC40-180	φ66			
14	T11	镗刀 φ55H7	JT40-TQC50-270	φ55H7			
15	T12	铰刀 φ62J7	JT40-K27-180	φ62J7			
编制		审核		批准		共1页	第1页

表 4-22 数控加工工序卡片

（工厂）	数控加工工序卡片		产品名称或代号	零件名称 导形支架	材料 铸铁	零件图号	
	工序号	程序编号	夹具名称 专用夹具	夹具编号	使用设备 XH754	车间	
工步号	工步内容		加工面	刀具号	刀具规格/mm	主轴转速/(r/min)	进给速度/(mm/min)	背吃刀量/mm	备注
	B0°								
1	粗镗 R22 尺寸			T01	φ42	300	45		
2	粗铣 U 型槽			T02	φ25	200	60		
3	粗铣 40h8 尺寸左面			T03	φ30	180	60		
	180°								
4	粗铣 40h8 尺寸右面			T03	φ30	180	60		
	B270°								
5	粗镗 φ62J7 孔至 φ61			T04	φ61	250	80		
6	半精镗 φ62J7 孔至 φ61.85			T05	φ61.85	350	60		
7	切 2×φ65+0.50×2.2+0.120 空刀槽			T06	φ50	200	20		
8	φ62J7 孔两端倒角			T07	φ66	100	40		
	B180°								
10	φ55H7 孔两端倒角			T09	φ66	100	30		
	B0°								
11	精铣 U 型槽			T02	φ25	200	60		
12	精铣 40h 左端面至尺寸			T10	φ66	250	30		
	B180°								

续表

工步号	工步内容	加工面	刀具号	刀具规格/mm	主轴转速/(r/min)	进给速度/(mm/min)	背吃刀量/mm	备注
13	精铣 40h 右端面至尺寸		T10	φ66	250	30		
14	精镗 φ55H7 孔至尺寸 B270°		T11	φ55H7	450	20		
15	铰 φ62J7 孔至尺寸		T12	φ62J7	100	80		
编制		审核			批准		共1页	第1页

*任务四 铣床变速箱体零件加工中心的加工工艺

如图 4-67 所示是 XQ5030 铣床变速箱体简图。

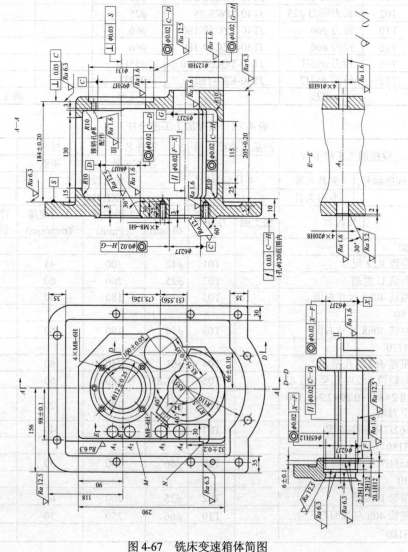

图 4-67 铣床变速箱体简图

1. 分析零件结构及技术要求

变速箱体毛坯为铸件，壁厚不均，毛坯余量较大。主要加工表面集中在箱体左右两壁上（相对 A—A 剖视图），基本上是孔系。主要配合表面的尺寸精度等级为 IT7 级。为了保证变速箱体内齿轮的啮合精度，孔系之间及孔系内各孔之间均提出了较高的相互位置精度要求，其中 I 孔对 II 孔、II 孔对 III 孔的平行度以及 I、II、III、IV 孔内各孔之间的同轴度均为 0.02mm。其余还有孔与平面及端面与孔的垂直度要求。

2. 确定加工中心的加工内容

为了提高加工效率和保证各加工表面之间的相互位置精度，尽可能在一次装夹下完成绝大部分表面的加工。因此，确定下面表面在加工中心上加工：I 孔中 $\phi52J7$、$\phi62J7$ 和 $\phi125H8$ 孔、II 孔中 $2\times\phi62J7$ 孔和 $2\times\phi65H12$ 卡簧槽、III 孔中 $\phi80J7$、$\phi95H7$ 和 $\phi131mm$ 孔、I 孔左端面上的 $4\times M8—6H$ 螺孔、40mm 尺寸左侧面，以及 A_1、A_2、A_3 和 A_4 孔中的 $\phi16H8$、$\phi20H8$ 孔。

3. 选择加工中心

根据零件的结构特点、尺寸和技术要求，选择日本一家公司生产的卧式加工中心。该加工中心的工作台面积为 630mm×630mm，工作台 x 方向行程为 910mm，z 向行程为 635mm，主轴 y 向行程为 710mm，刀库容量为 60 把，一次装夹可完成不同工位的钻、扩、铰、镗、铣、攻螺纹等工步。

4. 设计工艺

设计工艺步骤如下。

1）选择加工方法

在确定的加工中心加工表面中，除了 $\phi20mm$ 以下孔未铸出毛坯孔外，其余孔均已铸出毛坯孔，所以所需的加工方法有钻削、锪削、镗削、铰削、铣削和攻螺纹等。针对加工表面的形状、尺寸和技术要求不同，采用不同的加工方案。

对 $\phi125H7$ 孔，因其不是一个完整的孔，若粗加工用镗削，则切削不连续，受较大的切削力冲击作用，易引起振动，故粗加工用立铣刀以圆弧插补方式铣削，精加工用镗削，以保证该孔与 I 孔的同轴度要求；对 $\phi131mm$ 孔，因其孔径较大，孔深浅，故粗、精加工用立铣刀锪孔口平面，再用中心钻引正，以防钻偏；孔口倒角和切 $2\times\phi65H12$ 卡簧槽，安排在精加工之前，以防止精加工后孔内产生毛刺。

根据加工部位的形状、尺寸的大小、精度要求的高低，有无毛坯等，采用的加工方案如下。

$\phi125H8$ 孔：粗铣—精镗；

$\phi131mm$ 孔：粗铣—精镗；

$\phi95H7$ 及 $\phi62J7$ 孔：粗镗—半精镗—精镗；

$\phi52J7$ 孔：粗镗—半精镗—铰；

I、II 孔左 $\phi62J7$ 及 III 孔左 $\phi80J7$ 孔：粗镗—半精镗—倒角—精镗；

4×φ16H8 及 4×φ20H7 孔：锪平—钻中心孔—钻—镗—铰；

4×M8—6H 螺孔：钻中心孔—钻底孔—攻螺纹

2×φ65H12 卡簧槽：立铣刀圆弧插补切削；

40mm 尺寸左侧面：铣削。

2）划分加工阶段

为使切削过程中切削力和加工变形不致过大，以及前面加工中所产生的变形（误差）能在后续加工中切除，各孔的加工都遵循先粗后精的原则。全部配合孔均需经粗加工、半精加工、和精加工。先完成全部孔的粗加工，然后完成各个孔的半精加工和精加工。整个加工过程划分成粗加工阶段和半精、精加工阶段。

3）确定加工顺序

同轴孔系的加工，全部从左右两侧进行，即"调头加工"。加工顺序为：粗加工右侧面上的孔—粗加工左侧面上的孔—半精、精加工右侧面上的孔—半精、精加工左侧面上的孔。详见表 4-22 所示的数控加工工序卡片。

4）确定定位方案和选择夹具

选用组合夹具，以箱体上的 M、S 和 N 面定位（分别限制3、2、1个自由度）。M 面向下放置在家具水平面上，S 面放在竖直定位面上，N 面靠在 X 向定位面上。上述 3 个面在前面工序中用普通机床加工完成。

5）选择刀具和切削用量

所选切削用量和刀具分别如表 4-23 和表 4-24 所示。

表 4-23　数控加工工序卡片

（工厂）	数控加工工序卡片		产品名称或代号	XQ5030	零件名称	材料	零件图号
					变速箱体	HT200	
工序号	程序编号		夹具名称	夹具编号	使用设备		车间
			组合夹具		卧式加工中心		
工步号	工步内容	加工面	刀具号	刀具规格/mm	主轴转速/(r/min)	进给速度/(mm/min)	背吃量/mm	备注
	B0°							
1	粗铣 I 孔中 φ125H8 至 φ124.85		T01	φ45	150	60		
2	精铣 III 孔中 φ131 台，z 向留 0.1		T01		150	60		
3	粗镗 φ95H7 孔至 φ94.2		T02	φ94.2	180	100		
4	粗镗 φ62J7 孔至 φ61.2		T03	φ61.2	250	80		
5	粗镗 φ52J7 孔至 φ51.2		T05	φ51.2	350	60		
6	锪平 4×φ16H8 孔端面		T07	I24—24	600	40		
7	钻 4×φ16H8 孔中心孔		T09	I34—4	1000	80		
8	4×φ16H8 孔至 φ15		T11	φ15	600	60		
	B180°							

续表

工步号	工步内容	加工面	刀具号	刀具规格/mm	主轴转速/(r/min)	进给速度/(mm/min)	背吃量/mm	备注
9	铣40尺寸左面		T45	ϕ120	300	60		
10	粗镗ϕ80J7孔至ϕ79.2		T13	ϕ79.2	200	80		
11	粗镗Ⅱ孔中ϕ62J7孔至ϕ61.2		T03		250	80		
12	粗镗Ⅰ孔中ϕ62J7孔至ϕ61.2		T03		250	80		
13	锪平4×ϕ20H8孔端面		T07		600	40		
14	钻4×ϕ20H8、2×M8孔中心孔		T09		100	80		
15	钻4×ϕ20H8至ϕ18.5		T57	ϕ18.5	500	60		
16	钻2×M8底孔至ϕ6.7		T55	ϕ6.7	800	80		
	B0°							
17	精镗ϕ125H8孔至ϕ125H8		T58	ϕ125H8	150	60		
18	精镗ϕ131H8孔至ϕ131H8		T01		250	40		
19	半精镗ϕ95H7孔至ϕ94.85		T16	ϕ94.85	250	80		
20	精镗ϕ95H7孔至ϕ95H7		T18	ϕ95H7	320	40		
21	半精镗ϕ62J7孔至ϕ61.85		T20	ϕ61.85	350	60		
22	精镗ϕ62J7孔至ϕ62J7		T22	ϕ62J7	450	40		
23	半精镗ϕ52J7孔至ϕ51.85		T24	ϕ51.85	400	40		
24	精镗ϕ52J7孔至ϕ52J7		T26	ϕ52AJ7	100	50		
25	镗4×ϕ16H8孔至ϕ15.85		T10	ϕ15.85	250	40		
26	铰4×ϕ16H8孔至ϕ16H8		T32	ϕ16H8	80	50		
	B180°							
27	半精镗ϕ80J7孔至ϕ79.85		T34	ϕ79.85	270	60		
28	ϕ80J7孔端倒角		T36	ϕ80	100	40		
29	精镗ϕ80J7孔至ϕ80J7		T38	ϕ80J7	400	40		
30	半精镗Ⅱ孔中ϕ62J7孔至ϕ61.85		T20		350	60		
31	Ⅱ孔中ϕ62J7孔端倒角		T40	ϕ69	100	40		
32	圆弧插补方式切二卡簧槽		T42	I22—28	150	20		
33	精镗Ⅱ孔中ϕ62J7孔至ϕ62J7		T22		450	40		
34	半精镗Ⅰ孔中ϕ62J7孔至ϕ61.85		T20		350	60		
35	Ⅰ孔中ϕ62J7孔端倒角		T40		100	40		
36	精镗Ⅰ孔中ϕ62J7孔至ϕ62J7		T22		450	40		
37	镗4×ϕ20H8孔至ϕ19.85		T50	ϕ19.85	800	60		
38	铰4×ϕ20H8孔至ϕ20H8		T52	ϕ20H8	60	50		
39	攻4×M8-6H孔至M8-6H		T60	M8	90	90		
编制		审核		批准			共1页	第1页

注:"B0°"和"B180°"表示加工中心上两个互成的180°的工位。

表 4-24 数控加工刀具卡片

产品名称或代号		零件名称	变速箱体	零件图号		程序编号	
工步号	刀具号	刀具名称	刀柄型号	刀具		补偿值/mm	备注
				直径/mm	长度/mm		
1	T01	粗齿立铣刀 45	JT40-MW4-85	φ56			
2	T01						
3	T02	镗刀 φ92.4	JT50-TZC80-220	φ94.2			
4	T03	镗刀 φ61.2	JT50-TZC50-200	φ61.2			
5	T05	镗刀 φ51.2	JT50-TZC40-180	φ51.2			
6	T07	专用铣刀 I24-24	JT-M2-180				
7	T09	中心钻 I34-4	JT50-M2-50				
8	T11	锥柄麻花钻 φ15	JT50-M2-50	φ15			
9	T45	面铣刀 φ120	JT50-XM32-105	φ120			
10	T13	镗刀 φ79.2	JT50-TZC63-220	φ79.2			
11	T03						
12	T03						
13	T07						
14	T09						
15	T57	锥柄麻花钻 φ18.5	JT50-M2-135	φ18.5			
16	T55	钻头 φ6.7	JT50-Z10-45	φ6.7			
17	T58	镗刀 φ125H8	JT50-TZC100-200	φ125H8			
18	T01						
19	T16	镗刀 φ94.85	JT50-TZC80-220	φ94.85			
20	T18	镗刀 φ95H7	JT50-TZC80-220	φ95H7			
21	T20	镗刀 φ61.85	JT50-TZC50-220	φ61.85			
22	T22	镗刀 φ62J7	JT50-TZC50-220	φ62J7			
23	T24	镗刀 φ51.85	JT50-TZC40-180	φ51.85			
24	T26	铰刀 φ52AJ7	JT50-K22-250	φ52AJ7			
25	T10	专用镗刀 φ15.85	JT-M2-50	φ15.85			
26	T32	铰刀 φ16H8	JT-M2-50	φ16H8			
27	T34	镗刀 φ79.85	JT50-TZC63-220	φ79.85			
28	T36	倒角刀 φ89	JT50-TZC63-220	φ89			
29	T38	镗刀 φ80J7	JT50-TZC63-220	φ80J7			
30	T20						
31	T40	倒角刀 φ69	JT50-TZC50-200	φ69			
32	T42	专用切槽刀 I22-28	JT50-M4-75				
33	T22						
34	T20						
35	T40						
36	T22						
37	T50	专用镗刀 φ19.85	JT50-M2-135	φ19.85			
38	T52	铰刀 φ20H7	JT50-M2-135	φ20H7			
39	T60	丝锥 M8	JT40-G1JJ3	M8			
编制		审核		批准		共1页	第1页

任务实施

通过分析图样并选择加工内容、加工方法的选择、加工顺序的确定、装夹方案的确定和夹具的选择、刀具的选择、进给路线的确定、切削用量的选择,最终能编制中等复杂程度零件加工中心的加工工艺。

任务小结

通过盖板零件、支承套零件、异形支架、铣床变速箱体零件加工中心的加工工艺,掌握加工中心加工工艺的编制方法,能编制中等复杂程度零件加工中心的加工工艺。

每日一练

1. 图 4-68 所示支承板上的 A、B、C、D 及 E 面已在前工序中加工好,现要在加工中心上加工所有孔及 R100mm 圆弧,其中 ϕ50H7 孔德铸出孔为 ϕ47mm,试制订零件的加工中心加工工艺。

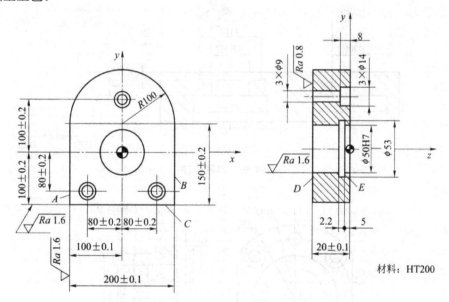

图 4-68 习题 1 图

2. 图 4-69 所示的板面零件,该零件的上、下平面及周边轮廓在前工序中加工好,其余加工表面选择加工中心,试制订其加工中心的加工工艺(毛坯为铸铁件,ϕ70H7 孔单边余量为 5mm)。

3. 典型盖板类零件如图 4-70 所示,材料为 HT150,加工数量为 5000 个/年。底平面、两侧面和 ϕ40H8 型腔已在前面工序加工完成,试对端盖的 4 个沉头螺钉孔和两个销孔进行加工中心加工工艺分析。

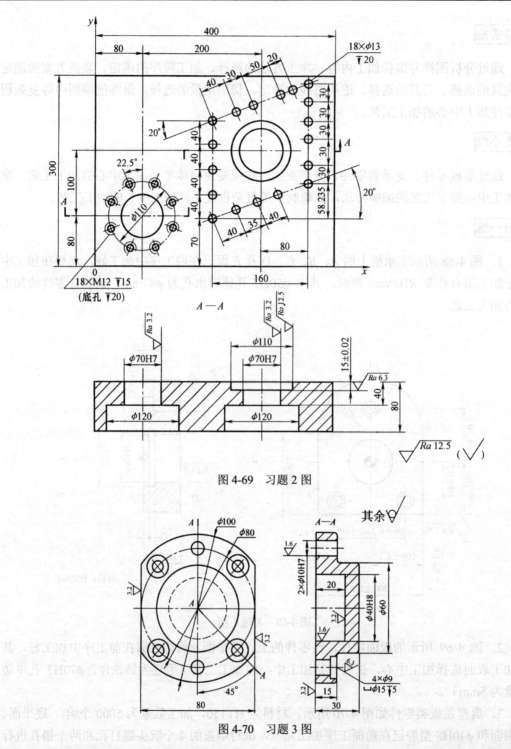

图 4-69 习题 2 图

图 4-70 习题 3 图

4．加工如图 4-71 所示的减速箱，材料为 HT200，小批量生产，试制订减速箱的机械加工工艺。

模块四 加工中心的加工工艺

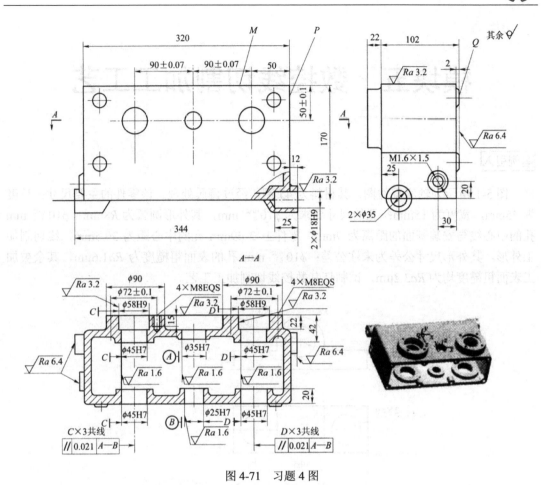

图 4-71 习题 4 图

模块五 数控线切割加工工艺

案例引入

图 5-1 所示为轴座零件图，其材料为 45 钢，经过调质处理。该零件的主要尺寸：长度为 45mm，宽度为 15mm；孔的尺寸要求为 $\phi 10_0^{+0.025}$ mm，其外形圆弧为 $R8$mm；$\phi 10_0^{+0.025}$ mm 孔的中心线与安装基面的距离为 9mm；零件上 2-ϕ9mm 孔的中心距为 30.5mm，线切割加工外形，其外形尺寸公差为未注公差；$\phi 10_0^{+0.025}$ mm 孔的表面粗糙度为 $Ra1.6\mu m$，其余被加工表面粗糙度均为 $Ra3.2\mu m$，试制订其数控线切割加工工艺。

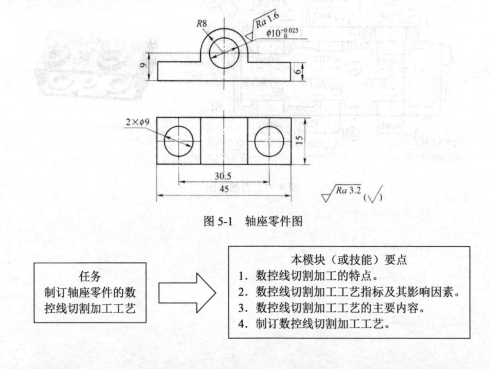

图 5-1 轴座零件图

| 任务
制订轴座零件的数控线切割加工工艺 | ➡ | **本模块（或技能）要点**
1．数控线切割加工的特点。
2．数控线切割加工工艺指标及其影响因素。
3．数控线切割加工工艺的主要内容。
4．制订数控线切割加工工艺。 |

项目一 数控线切割加工原理、特点及应用

能力目标

1．掌握数控线切割加工原理。
2．掌握数控线切割加工的特点及数控线切割加工的应用。

> 核心能力

掌握数控线切割加工特点。

1. 数控线切割加工原理

数控线切割加工也称为数控电火花线切割加工，因其由数控装置控制机床的运动，采用线状电极（铜丝、钼丝或钨钼合金丝等）火花放电对工件进行切割。

数控线切割机床的基本工作原理如图 5-2 所示，是利用移动的细金属线（铜丝或钼丝等）作为工具电极（接脉冲电源负电极），被切割的工件为工件电极（接脉冲电源正电极）。在加工中，工具电极和工件电极之间加上脉冲电压，并且由工作液循环装置供给具有一定绝缘性能的工作液（图中未画出），当工具电极与工件电极的距离小到一定程度时，在脉冲电压的作用下，工作液被击穿，工具电极与工件电极之间形成瞬时放电通道，产生瞬时高温，使金属局部熔化甚至气化而被蚀除下来，若工件在数控装置控制下（工作台）相对电极丝按预定的轨迹进行运动，就能切割出所需要的形状。由于贮丝筒带动钼丝作正、反交替的高速移动，所以钼丝基本上不被蚀除，可使用较长时间。数控线切割加工设备由机械装置（包括床身、移动工作台、运丝系统等）、脉冲电源、数控装置、工作液供给装置构成。

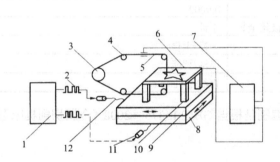

1—数控装置 2—信号 3—贮丝筒 4—导轮 5—电极丝 6—工件
7—脉冲电源 8—工作液箱 9—上工作台 10—下工作台 11—步进电机 12—丝杆

图 5-2 数控线切割机床的基本工作原理

2. 数控线切割机床的种类与型号标注

根据电极丝的运行速度，数控线切割机床通常分为两大类：一类是快走丝数控线切割机床，这类机床的电极丝做高速往复运动，直到丝电极损耗到一定程度或断丝为止。一般走丝速度为 8～12m/s，是我国生产和使用的主要机种，也是我国独创的电火花线切割加工模式；另一类是慢走丝数控线切割机床，这类机床的电极丝做低速单向运动，一般走丝速度为 2m/min，线电极单向运动，不能重复使用，这样避免了电极损耗对加工精度带来的影响，是国外生产和使用的主要机种。它们在机床方面和加工工艺水平方面的比较如表 5-1 所示。

表 5-1 快走丝数控线切割机床和慢走丝数控线切割机床的比较

比较项目	快走丝数控线切割机床	慢走丝数控线切割机床
走丝速度/(m/s)	常用值 8～9	常用值 0.001～0.25
电极丝工作状态	往复供丝，反复使用	单向运行，一次性使用
电极丝材料	钼、钼钨合金	黄铜、铜、以铜为主的合金或镀覆材料、钼丝
电极丝直径	常用值 0.18	0.02～0.38，常用值 0.1～0.25
穿丝换丝方式	只能手工	可手工，可半自动，可全自动
工作电极丝长度	200 左右	数千
电极丝振动	较大	较小
运丝系统结构	简单	复杂
脉冲电源	开路电压 80～100V，工作电流 1～5A	开路电压 300V，工作电流 1～32A
单面放电间隙/mm	0.01～0.03	0.003～0.12
工作液	线切割乳化液或水基工作液	去离子水，有的场合用电火花加工油
最大切割速度/(mm²/min)	180	400
导丝机构型式	普通导轮，寿命较短	蓝宝石或钻石导向器，寿命较长
机床价格	较便宜	其中进口机床较昂贵
加工精度/mm	0.01～0.04	0.002～0.01
表面粗糙度 Ra/μm	1.6～3.2	0.1～1.6
重复定位精度/mm	0.02	0.0002
电极丝损耗	均布于参与工作的电极丝全长	不计
工作环保	较脏/有污染	干净/无害
操作情况	单一/机械	灵活/智能
驱动电机	步进电动机	直线电机

我国自主生产的线切割机床型号的编制是根据 GB/T 15375—2008《金属切削机床型号编制方法》的规定进行的，如：

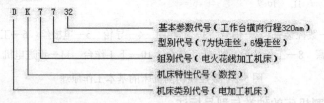

3. 数控线切割加工的特点

数控线切割加工相对一般加工方法具有以下特点。

（1）用计算机辅助自动编程软件，可方便地加工一般切削方法难以加工或无法加工的复杂零件，如冲模、凸轮、样板及外形复杂的精密零件等。

（2）不需要设计和制造专用电极，电极丝可反复使用，大大简化生产准备工作；电极丝材料不必比工件材料硬，因此无论被加工零件的硬度如何，只要是导体或半导体的材料都能进行加工；主要加工难切削的高硬度材料、各种稀有、贵重金属材料的加工。不能加工台阶盲孔型及纵向阶梯表面零件。切割加工的效率低，加工成本高，不适合形状简单的大批零件的加工。

（3）由于电极丝比较细，切缝很窄，仅 0.005mm，只对工件材料沿轮廓进行"套料"加工，实际金属去除量很少，轮廓加工时所需余量也少，故材料的利用率高，节约贵重材料，除了金属丝直径决定的内侧角部的最小半径 R（金属丝半径+放电间隙）受限制外，能用直径在 $\phi 0.003 \sim \phi 0.30$mm 的细金属丝加工任何微细异形孔、窄缝和复杂形状的零件。只要能编制出加工程序就可以进行加工，加工周期短，应用灵活，很适合于小批量零件的加工和试制新产品。

（4）由于加工过程中，快走丝线切割采用低损耗脉冲电源且电极丝高速移动；慢走丝线切割采用单向连续供丝，在加工区总是保持新电极丝加工，因而电极损耗小，加工精度高。

（5）零件无法从周边切入时，工件上需钻穿丝孔。

（6）直接利用电能进行加工，加工中工具电极和零件不直接接触，没有机械加工那样的切削力，切削力很小，可以忽略。适宜于加工低刚度零件和细小零件。

（7）采用四轴联动控制，可加工锥度和上、下面异形体等零件。

（8）采用乳化液或去离子水的工作液，不必担心发生火灾，安全可靠，从而实现昼夜无人值守的连续加工。

4．数控线切割加工的应用

目前，国内外的电火花线切割机床已占电加工机床总数的 60%以上。数控线切割加工为新产品试制、特殊难加工零件及模具制造开辟了一条新的途径，主要应用于以下几个方面。

1）加工模具

适用于各种形状的冲模、挤压模、塑压模等带锥度的模具，如图 5-3 和图 5-4 所示。

图 5-3　残疾人运动员鞋底模具

图 5-4　无轨电车爪手模具

2）加工电火花成形加工用的金属电极

一般穿孔加工的电极以及带锥度型腔加工的电极，对于铜钨、银钨合金之类的材料，用线切割加工特别经济，另外也可加工微细复杂形状的电极。

3）加工零件

适合加工具有薄壁、窄缝、异形孔等复杂结构的零件；在试制新产品时，用线切割在板料上直接割出零件。同时修改设计、变更加工程序比较方便，加工薄件时可多片叠在一起加工，在零件制造方面，可用于加工品种多，数量少的零件，特殊难加工材料的零件，材料实验样件，各种型孔、凸轮、板样、成形刀具，例如切割特殊微电机硅钢片定转子铁心，如图 5-5 所示。

图 5-5　线切割加工的零件

任务小结

掌握数控线切割加工原理、数控线切割加工的特点及数控线切割加工的应用。

每日一练

数控线切割加工有哪些特点？简述数控线切割加工的应用？

项目二　影响数控线切割加工工艺指标的主要因素

能力目标

1．掌握主要工艺指标。
2．掌握影响工艺指标的主要因素。

核心能力

能进行数控线切割加工工艺指标的选择及其影响因素的分析。

1. 主要工艺指标

1）切割速度 v_{wi}

在保持一定表面粗糙度的切割过程中，单位时间内电极丝中心线在工件上切过的面积总和称为切割速度，单位为 mm^2/min。通常快速走丝线切割速度为 $40\sim80mm^2/min$，慢速走丝线切割速度可达 $350mm^2/min$。

2）加工（切割）精度

线切割加工后，工件的尺寸精度、形状精度（如直线度、平面度、圆度等）和位置精度（如平行度、垂直度、倾斜度等）称为加工精度。快速走丝线加工精度一般为 0.01～0.02mm，慢速走丝线加工精度为 0.002～0.005mm。

3）表面粗糙度

快速走丝线切割的 Ra 值一般为 1.25～2.5μm，最低为 0.63～1.25μm，慢速走丝线切割的 Ra 值一般为 1.25μm，最低为 0.2μm。

4）电极丝损耗量

对快速走丝线切割用电极丝切割 $10000mm^2$ 面积后电极丝直径的减少量来表示，一般每切割 10000mm² 后，钼丝直径减少不应大于 0.01mm，对慢速走丝，一般不考虑电极丝损耗。

2. 影响工艺指标的主要因素

1) 放电峰值电流 i_e 的影响

i_e 是决定单脉冲能量的主要因素之一。i_e 是指短路时放电电流的瞬时最大值。i_e 增大时，切割速度提高，但表面粗糙度变差，电极丝损耗量加大甚至断丝。

2) 脉冲宽度 t_i 的影响

t_i 是指脉冲电流的持续时间，主要影响切割速度和表面质量。t_i 增加加工速度提高但表面粗糙度变差。试验证明脉冲宽度的增大可明显减少电极丝的损耗。

3) 脉冲间隔 t_0 的影响

t_0 直接影响平均电流。t_0 减小时平均电流增大，切割速度加快。但 t_0 过小，会引起电弧放电和断丝。一般取 $t_0 =(4～8)t_i$。刚切入或大厚度零件加工时，t_0 取大值。

4) 空载电压（开路电压）u_i 的影响

该值会引起放电峰值电流和加工间隙的改变。u_i 提高，加工间隙增大，切缝宽，排屑容易，提高了切割速度和加工稳定性，但易造成电极丝振动，使加工面形状精度和表面粗糙度变差。通常 u_i 的提高还会使电极丝损耗量加大。一般取 $u_i = 60～150V$。

5) 放电波形的影响

在相同的工艺条件下，高频分组脉冲能获得较好的加工效果。电流波形的前沿上升比较缓慢时，电极丝损耗较少。不过当脉冲宽度很窄时，必须要有陡的前沿才能进行有效的加工。

3. 线电极及走丝速度的影响

1) 电极丝直径的影响

电极丝直径对切割速度的影响较大。电极丝直径过小，不利于排屑和稳定加工，不可能获得理想的切割速度。但电极丝的直径超过一定程度时，造成切缝过宽，加工量增大，反而又影响切割速度，因此电极丝直径不宜过大和过小，常用电极线直径为 $\phi 0.12～0.18mm$（快走丝）和 $\phi 0.076～0.3mm$（慢走丝）。一般纯铜丝为 $\phi 0.15～0.30mm$；黄铜丝为 $\phi 0.1～0.35mm$；钼丝为 $\phi 0.06～0.25mm$；钨丝为 $\phi 0.03～0.25mm$。

2) 线电极走丝速度的影响

在一定范围内，随着走丝速度的提高，线切割速度也可以提高。但走丝速度过高，将使电极丝的振动加大，降低切割精度和速度，并使表面粗糙度变差，且易造成断丝。所以，快速走丝线切割加工时的走丝速度以小于 10m/s 为宜，一般根据零件厚度和切割速度来确定。

3) 工件厚度及材料的影响

工件材料薄，工作液易进入并充满放电间隙，对排屑和消电离有利，加工稳定性好。但工件太薄，电极丝易产生抖动，对加工精度和表面粗糙度不利。工件厚，工作液难进入和充满放电间隙，加工稳定性差，但电极丝不易抖动，因此精度和表面粗糙度较好。切割

速度 v_{wi} 起先随厚度的增加而增加，达到某一最大值（一般为 $50\sim100mm^2/min$）后开始下降，这时因为厚度过大时，排屑条件变差。

工件材料不同，其熔点、气化点、热导率等都不一样，因而加工效果也不同。例如采用乳化液加工铜、铝、淬火钢时，加工过程稳定，切割速度高；加工不锈钢、磁钢、未淬火高碳钢时，稳定性较差，切割速度较低，表面质量不太好；加工硬质合金时，比较稳定，切割速度较低，表面粗糙度 Ra 值小。

4）诸因素对工艺指标的相互影响关系

机械部分精度，例如导轨、轴承、导轮等磨损，传动误差和工作液的种类、浓度及其脏污程度都会影响加工效果。当导轮、轴承偏摆，工作液上下冲水不均匀，会使加工表面产生上下凹凸相间的条纹，工艺指标将变差。

实际上，诸因素对工艺指标的影响往往是相互依赖又相互制约的。切割速度与脉冲电源的电参数有直接的关系，它将随单个脉冲能量的增加和脉冲频率的提高而提高，但有时也受加工条件或其他因素的制约；表面粗糙度也主要取决于单个脉冲放电能量的大小，但电极丝的走丝速度和抖动状况等因素对表面粗糙度的影响也很大，而电极丝的工作状况则与所选择的电极丝材料、直径和张紧力大小有关。加工精度主要受机械传动精度的影响，但电极丝的直径、放电间隙大小、工作液喷流量大小等也影响加工精度。因此，在线切割加工时，要综合考虑各因素的影响，善于取其利，去其弊，以充分发挥设备性能，达到最佳的切割加工效果。

任务小结

掌握主要工艺指标及影响工艺指标的主要因素。

每日一练

数控线切割加工的主要工艺指标有哪些？影响工艺指标的因素有哪些？如何影响？

项目三　数控线切割加工工艺的制订

能力目标

1. 掌握零件的工艺分析。
2. 掌握工艺准备、工作液的选择、工件的装夹和位置校正、加工参数的选择。

核心能力

能进行分析数控线切割加工工艺的主要内容。

数控线切割加工，一般作为工件加工的最后一道工序，使工件达到图样规定的尺寸、形位精度和表面粗糙度。图 5-6 所示为数控线切割加工的加工过程。

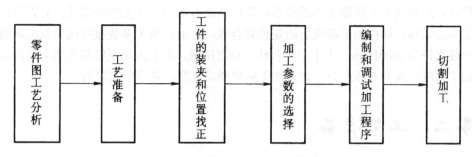

图 5-6 数控线切割加工过程

任务一 零件的工艺分析

零件图分析对保证零件加工和综合技术指标是有决定意义的第一步。其内容如下。

1. 凹角、尖角和窄缝宽度的尺寸分析

因线电极具有一定的直径 d 和一定的放电间隙 δ，使线电极中心的运动轨迹与加工面相距 l，即 $l=d/2+\delta$，如图 5-7 所示。因此加工凸模类零件时，线电极中心轨迹应放大；加工凹模类零件时，线电极中心轨迹应缩小，如图 5-8 所示。

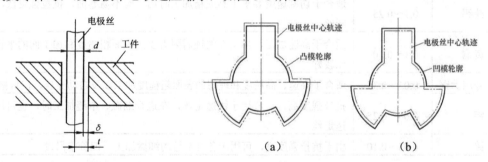

图 5-7 线电极与工件放电位置关系　　图 5-8 线电极中心轨迹的偏移

在线切割加工时，在工件的凹角处不能得到"清角"，而是半径为 l 的圆角。对于形状复杂的精密冲模，在凸、凹设计图样上应说明拐角处的过渡圆弧半径 R。加工凹角时：$R_{凹角} \geq l = d/2+\delta$；加工尖角时：$R_{尖角} = R_{凹角} - \Delta = d/2+\delta-\Delta$，$\Delta$ 为凸、凹模的配合间隙。同理，加工窄缝时：$H_{窄缝宽度} \geq d+2\delta$。

2. 表面粗糙度及加工精度分析

电火花线切割加工表面是由无方向性的无数的小坑和凸边组成的，粗细较均匀，特别有利于保存润滑油，而机械加工表面则存在切削或磨削刀痕并具有方向性。在相同的表面粗糙度和有润滑油的情况下，其润滑性和耐磨损性均比机械加工表面好。因此，采用线切割加工时，工件表面粗糙度的要求可以较机械加工法减低半级到一级。此外，如果线切割加工的表面粗糙度等级提高一级，则切割速度将大幅度下降。所以，图样中要合理给定表

面粗糙度。线切割加工所能达到的最小粗糙度值是有限的,若无特殊需要,对表面粗糙度的要求不能太高。同样加工精度的给定也要合理,目前,绝大多数数控线切割机床的脉冲当量一般为每步0.001mm,由于工作台传动精度所限,加上走丝系统和其他方面的影响,切割加工精度一般为6级左右,如果加工精度要求很高,是难于实现的。

任务二 工艺准备

工艺准备主要包括电极丝准备、工件准备和工作液的准备。

1. 电极丝准备

1) 电极丝材料的选择

目前线电极材料的种类很多,主要有纯铜丝、黄铜丝、专用黄铜丝、钼丝、钨丝、各种合金丝及镀层金属线等。表5-2是常用线电极材料的特点,仅供选择时参考。

表5-2 常用线电极的特点

(单位:mm)

材 料	线径/mm	特 点
纯铜	0.1～0.25	适合于切割速度要求不高或精加工时用。丝不易卷曲,抗拉强度低,容易断丝
黄铜	0.1～0.30	适合于高速加工,加工面的蚀屑附着少,表面粗糙度和加工面的平行度也比较好
专用黄铜	0.05～0.35	适合于高速、高精度和理想的表面粗糙度加工以及自动穿丝,但价格高
钼	0.06～0.25	抗拉强度高,一般用于快速走丝,在进行细微、窄缝加工时,也可用于慢速走丝
钨	0.03～0.10	由于抗拉强度高,可用于各种窄缝的细微加工,但价格昂贵

一般情况下,快速走丝机床常用钼丝做电极丝,钨丝或其他昂贵金属丝因成本高而很少用,慢速走丝线机床上采用各种铜丝、铁丝、专用合金丝以及镀层(如镀锌等)的电极丝。但切割零件上的细微缝槽或要求圆角较小时,采用钼丝。

2) 线电极直径的选择

线电极直径 d 应根据切缝宽度、工件厚度及拐角大小等来选择。由图5-9可知,线电极直径 d 与拐角半径 R 的关系为 $d \leq 2(R-\delta)$。所以,在拐角要求小的微细线切割加工中,需要选用线径细的电极丝,但线径太细,能够加工的工件厚度也将会受到限制。表5-3列出了直径与拐角和工件厚度的极限的关系。

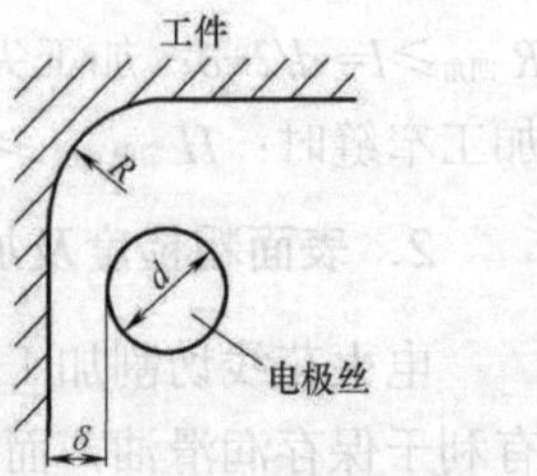

图5-9 线电极直径与拐角的关系

表 5-3 线径与拐角和工件厚度的极限

（单位：mm）

线电极直径 d	拐角极限 R_{min}	切割工件厚度
钨 0.05	0.04~0.07	0~10
钨 0.07	0.05~0.10	0~20
钨 0.10	0.07~0.12	0~30
黄铜 0.15	0.10~0.16	0~50
黄铜 0.20	0.12~0.20	0~100 以上
黄铜 0.25	0.15~0.22	0~100 以上

2．工件准备

工件准备的内容有以下几点。

1）工件材料的选定和热处理

工件材料的选择是在图样设计时确定的。作为模具加工，在加工前毛坯需经锻打和热处理。锻打后的材料在锻打方向与其垂直方向会有不同的残余应力；淬火后也会出现残余应力。加工过程中残余应力的释放会使工件变形，从而达不到加工尺寸精度要求，淬火不当的工件还会在加工过程中出现裂纹，因此，工件需经两次以上回火或高温回火。另外，加工前还要进行消磁处理及去除表面氧化皮和锈斑等。例如，以线切割加工为主要的模具加工工艺路线一般为：下料→锻造→退火→机械粗加工→淬火与高温回火→磨加工（退磁）→线切割加工→钳工修整。

为了避免减少上述情况，应选择锻造性能好、淬透性好、热处理变形小的材料，如以线切割为主要工艺的冷冲模具尽量选用 CrWMn、Cr12Mo、GCr15 等合金工具钢，并要正确选择热处理方法和严格执行热处理规范。另一方面，也要合理安排线切割加工工艺。

2）工件加工基准的选择

为了便于线切割加工，根据工件外形和加工要求，应准备相应的校正和加工基准，并且此基准应尽量与图样的设计基准一致，常见的有以下两种形式。

（1）以外形为校正和加工基准，外形时矩形的工件，一般需要有两个相互垂直的基准面，并垂直于工件的上下平面，如图 5-10 所示。

（2）以外形为校正基准，内孔为加工基准。无论是矩形、圆形还是其他异形的工件，都应准备一个与工件的上、下平面保持垂直的校正基准，其中一个内孔可作为加工基准，如图 5-11 所示。大多数情况下，外形基面在线切割加工前的机械加工中就已准备好。工件淬硬后，若基面变形很小，稍加打光便可用线切割加工；若变形较大，则应当重新修模基面。

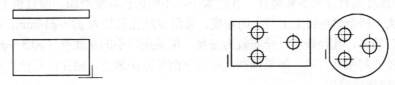

图 5-10 矩形工件的校正和加工基准　　图 5-11 外形一侧边为校正基准，内孔为加工基准

3）穿丝孔的确定

为了减少将毛坯外形切断所引起的变形，通常不论切割什么性质的零件，都在毛坯上

的适当位置预先钻好穿丝孔,把电极丝从孔中穿入之后才进行切割加工,使毛坯保持完整,如图 5-12 所示。

(1) 切割凸模类零件,此时为避免将坯件外形切断引起变形,通常在坯件内部外形附近预制穿丝孔,如图 5-13 (c) 所示。

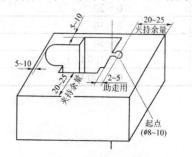

图 5-12 穿丝孔位置

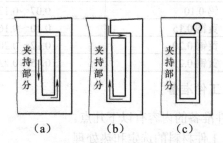

图 5-13 切割起始点和切割路线的安排

(2) 切割凹模、孔类零件。可将穿丝孔位置选在待切割型腔(孔)的边角处时,切割过程中无用的轨迹最短;而穿丝孔位置选在已知坐标尺寸的交点处则有利于尺寸推算。切割孔类零件时,若将穿丝孔位置选在型孔中心可使编程操作容易。因此,要根据具体情况来选择穿丝孔的位置。

(3) 切割窄槽时,穿丝孔位置要放在图形的最宽处,不允许穿丝孔与切割轨迹有相交的现象,如图 5-14 所示。

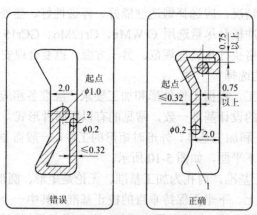

图 5-14 切割窄槽时穿丝孔位置的取法

(4) 穿丝孔的直径大小要适宜,孔径太小,不但钻孔难度增加,而且也不便于穿丝;但若孔径过大,则会增加钳工工艺上的难度。常用穿丝孔直径为 $\phi 3 \sim \phi 10mm$,如果切割零件的型孔数目较多,孔径较小,排布较为密集,应采用较小的穿丝孔($\phi 0.5 \sim \phi 0.3mm$),以避免各穿丝孔间相互打通。如果预制孔可用车削等方法加工,则穿丝孔径也可大些。

4) 切割路线的确定

确定切割路线即确定线切割加工的始点和走向。线切割加工工艺中,切割起始点和切割路线的确定合理与否,将影响工件变形的大小,从而影响加工精度。切割路线距端面(侧面)应大于 5mm。

（1）切割孔类零件时，为了减少变形，还可采用二次切割法，如图 5-15 所示。第一次粗加工型孔，各边留余量 0.1～0.5mm，以补偿材料被切割后由于内应力重新分布而产生的变形。第二次切割为精加工。这样可达到比较满意的效果。

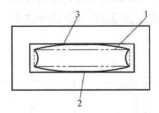

1—第一次切割的理论图形　2—第一次切割的实际图形　3—第二次切割的图形

图 5-15　二次切割孔类零件

（2）凸模切割路线。一般应将切割起点安排在靠近夹持端，然后转向远离夹具的方向进行加工，最后转向零件夹具的方向，如图 5-13 所示的由外向内顺序的切割路线，通常在加工凸模时采用。其中，图 5-13（a）所示的切割路线是错误的，因为当切割完第一边，继续加工时，由于原来主要连接的部位被割离，余下材料与夹持部分的连接减少，工件的刚度大为降低，容易产生变形而影响加工精度。按如图 5-13（b）所示的切割路线加工，可减少由于材料割离后残余应力重新分布而引起的变形。所以，一般情况下，最好将工件与其夹持部分分割的线段安排在切割路线的末端。对于精度要求较高的零件，最好采用如图 5-13（c）所示的方案，电极丝不由坯件外部切入，而是将切割起点取在坯件预制的穿丝孔中，这种方案可使工件的变形最小。

（3）凹模切割路线。由于加工凹模时，是采用穿丝孔作为起割位置，能保证坯件的完整性，刚性好，工件不易变形，因此，对切割路线没有严格要求，但是对加工起始点和穿丝孔的位置有要求。

（4）加工起始点应选择平坦、容易加工、拐角处或对工件性能影响不大的以及精度要求不高、容易修整的表面处。

（5）在一块毛坯上切割两个或两个以上零件时，不应连续一次切割出来，而应从不同的预制穿丝孔开始加工，如图 5-16 所示。

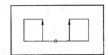 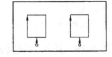

（a）错误方案，从同一个穿丝孔开始加工　　　（b）正确方案，从不同穿丝孔开始加工

图 5-16　在一毛坯上切割两个或两个以上零件的加工路线

5）突尖的去除方法

线切割后，在切割起始点处总会残留一个高出加工表面的接痕，称之为突尖，如图 5-17 所示。突尖的大小决定于线径和放电间隙。在快速走丝的加工中，用细的线电极加工，突尖一般很小，在慢速走丝的加工中，就比较大，必须将它去除。下面介绍几种去除突尖的方法。

图 5-17　突尖

（1）利用拐角的方法。凸模在拐角位置的突尖比较小，选用如图 5-18（a）所示的切割路线，可减少精加工量。切下前要将凸模固定在外框上，并用导电金属将其与外框连通，否则在加工中不会产生放电。另外也可选用细电极丝加工以减小突尖。图 5-18（b）所示为加工外形时采用拐角法的切割路线；图 5-18（c）所示为加工型孔时，切割路线可按 $S→A→B→C→D→E→A→B→A→S$。

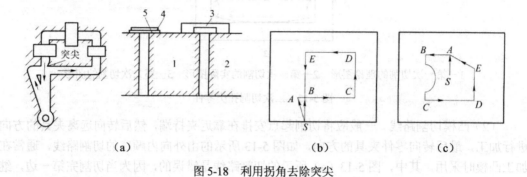

图 5-18　利用拐角去除突尖

（2）切缝中插金属板的方法。将切割要掉下来的部分，用固定板固定起来，在切缝中插入金属板，金属板长度与工件厚度大致相同，金属板应尽量向切落侧靠近，如图 5-19 所示。切割时应往金属板方向多切入大约一个电极直径的距离。

（3）用多次切割的方法。工件切断后，对突尖进行多次切割精加工。一般分 3 次进行，第一次为粗切割，第二次为半精切割，第三次为精切割。也可采用粗精二次切割法去除突尖，如图 5-20 所示，切割次数的多少，主要看加工对象精度要求的高低和突尖的大小来确定。

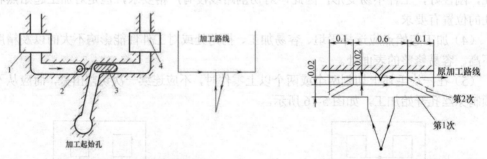

图 5-19　插入金属板去除突尖　　　　图 5-20　二次切割去除突尖的路线

3. 工作液的准备

根据线切割机床的类型和加工对象，选择工作液的种类、浓度及电导率等。常用工作液的种类、特点及应用如表 5-4 所示。

表 5-4　线切割工作液的种类、特点及应用

种　类	特点及应用
水类工作液（自来水、蒸馏水、去离子水）	冷却性能好，但洗涤性能差，易断丝，切割表面易黑脏。适用于厚度较大的零件加工用

续表

种　　类	特点及应用
煤油工作液	介电常数高、润滑性能好，但切割速度低，易着火，只能在特殊情况才能采用
皂化液	洗涤性能好，切割速度较高，适用于加工精度及质量较低的零件
乳化型工作液	介电常数比水高，比煤油低；冷却性能能力比水弱，比煤油好；洗涤性能比水和煤油都好；切割速度较高，是普遍使用的工作液

对快速走丝线切割加工，一般采用5%～20%左右的乳化液，常用10%左右的乳化液。当切割大厚度工件时，乳化液的配比浓度应低些。加工精度及表面质量要求高时，乳化液的配比浓度应高些，慢速走丝线切割加工，普遍使用去离子水。一般使用电阻率为 $2\times10^4\Omega \cdot cm$ 左右的工作液。工作液的电阻率过高或过低均有降低切割速度的倾向。

任务三　工件的装夹和位置校正

1．对工件装夹的基本要求

对工件装夹的基本要求有以下几点。

（1）工件的装夹基准面应清洁无毛刺。经过处理的工件，在穿丝孔或凹模类工件扩孔的台阶处，要清理干净残渣及氧化膜表面。

（2）夹具精度要高。工件至少用两个侧面固定在夹具或工作台上，如图5-21所示。

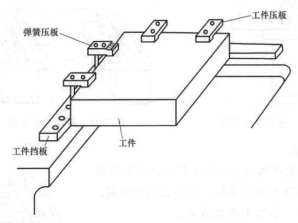

图5-21　工件的固定

（3）装夹工件的位置要有利于工件的找正，工作台移动时，不得与丝架相碰。

（4）装夹工件的作用力要均匀，不得使工件变形或翘起。

（5）批量零件加工时，最好采用专用夹具，以提高效率。

（6）装夹困难的细小、精密、壁薄的工件。

应固定在辅助工作台或不易变形的辅助夹具上，如图5-22所示。

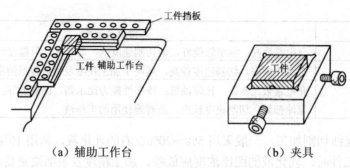

（a）辅助工作台　　　　　　　（b）夹具

图 5-22　辅助工作台和夹具

2. 工件的装夹方式

工件的装夹方式有以下几种。

1）悬臂支撑方式

图 5-23 所示零件一端悬伸，装夹简单方便，通用性强。但零件平面难与工作台面找平，零件受力时位置易变化，只在零件加工要求低或悬臂部分短的情况下使用。

2）两端支撑方式

如图 5-24 所示将零件两端分别固定在两个相对的工作台面上，装夹简单方便，并且支撑稳定，定位精确度高。但要求零件长度大于两工作台面的距离，不适于装夹小型零件，且零件的刚性要好，中间悬空部分不会产生挠曲。

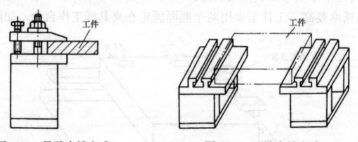

图 5-23　悬臂支撑方式　　　　图 5-24　两端支撑方式

3）桥式支撑方式

如图 5-25 所示先在两端支承的工作台面上架上两块支承垫铁，再在垫铁上安装零件。此方式通用性强，装夹方便，对大、中、小型工件都适用。

4）板式支撑方式

根据常规零件的形状和尺寸，制成带有各种矩形或圆形孔的平板作为辅助工作台，将零件安装在支撑平板上，如图 5-26 所示。该方式装夹精度高，适合于批量生产各种小型和异型零件。但无论切割型孔还是外形都需要穿丝，通用性也较差。

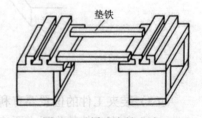

图 5-25　桥式支撑方式

5）复式支撑方式

在桥式夹具上装夹专用夹具并校正好位置，便成为复式支撑方式，如图 5-27 所示。该方式对于批量加工尤为方便，可大大缩短装夹和校正时间，提高效率。

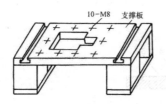
图 5-26 板式支撑方式

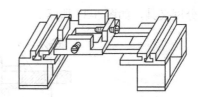
图 5-27 复式支撑方式

3．工件位置的校正方法

1）拉表法

拉表法是利用磁力表座将百分表或千分表固定在机床的丝架上或其他固定部位，使测量头与零件基面接触，往复移动工作台，按表中指示的数值调整零件位置，直至指针的偏摆范围达到所要求的数值。校正应在 3 个坐标方向上进行（见图 5-28）。

2）划线法

利用固定在丝架上的划针对正零件上划出的基准线，往复移动工作台，目测调整零件的位置进行找正，直到划针的运动轨迹同零件上的基准线或基准面完全吻合，如图 5-29 所示。该法用于零件待切割图形与定位基准相互位置要求不高的零件，也可以在表面较为粗糙的基面进行校正时使用。

3）固定基面靠定法

利用通用或专用夹具中纵、横方向的定位基准面，经过一次校正后，保证基准面与相应坐标方向一致后，将具有相同基准面的零件直接在夹具上靠定，就可保证零件的正确加工位置，如图 5-30 所示。

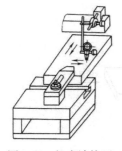
图 5-28 拉表法校正

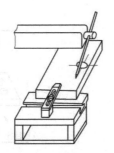
图 5-29 划线法校正

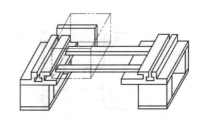
图 5-30 固定基面靠定法

4．常用的线切割加工夹具

常用的线切割加工夹具有以下几种。

（1）压板夹具。

（2）磁性夹具，如图 5-31 所示。

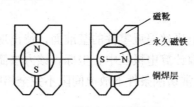
图 5-31 磁性夹具的基本原理

（3）分度夹具，如图 5-32 所示。

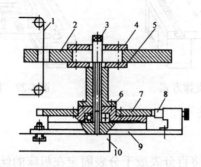

1—电极丝　2—工件　3—螺杆　4—压板　5—垫铁
6—轴承　7—定位板　8—定位销　9—底座　10—工作台

图 5-32　分度夹具

5．电极丝的位置校正

在线切割加工之前，应将电极丝调整到切割的起点坐标位置上。常用方法如下。

1）目视法

对加工要求较低的零件，确定电极丝与零件有关基准线或基准面的相互位置时，可直接利用目测或借助于 2～8 倍的放大镜来进行观察，如图 5-33 所示。

图 5-33（a）所示为观察基准面来确定电极丝位置。当电极丝与工件基准面初始接触时，记下相应床鞍的坐标值。线电极中心与基准面重合的坐标值，则是记录值减去线电极半径值。

(a) 观测基准面校正电极丝位置　　　(b) 观测基准线校正电极丝位置

图 5-33　目视法调整线电极初始坐标位置

图 5-33（b）所示为观测基准线来确定线电极的位置。利用穿丝孔处划出的十字基准线，观测电极丝十字基准线的相对位置，使电极丝中心分别与纵、横方向基准线重合，此时的坐标值就是线电极的中心位置。

2）火花法

火花法是移动工作台使电极丝逼近零件的基准面，待出现火花的瞬间，记下工作台的相对坐标值，再根据放电间隙计算电极丝中心坐标。该方法简便、易行，但因电极丝靠近基准面时产生放电间隙，与正常切割条件下放电间隙不完全相同而生产定位误差，如图 5-34 所示。

3）自动找中心

让电极丝在工件孔的中心自动定位。方法为：移动横向工作台，使电极丝与孔壁相接触，记下坐标值 x_1，反向移动工作台至孔壁另一导通点，记下相应坐标值 x_2；将工作台移至两者绝对值之和的一半处，即 $(|x_1|+|x_2|)/2$ 的坐标位置。同理也可得到 y_1 和 y_2。则基准孔中心与电极丝中心相重合的坐标值为 $[(|x_1|+|x_2|)/2, (|y_1|+|y_2|)/2]$，如图 5-35 所示。

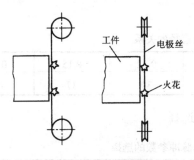
图 5-34　火花法校正线

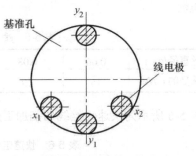
图 5-35　自动找中心

任务四　加工参数的选择

1. 脉冲电源参数的选择

1）空载电压

空载电压的大小直接影响峰值电流的大小，提高空载电压，峰值电流增大，切割速度提高，但工件表面粗糙度变差。空载电压高，加工间隙大；电压低，加工间隙小。空载电压一般为 60~300V。常用开路电压为 80~120V。

2）放电电容

在使用纯铜线电极时，为了得到理想的表面粗糙度，减小拐角的塌角，放电电容要小；在使用黄铜丝电极时，进行高速切割，希望减小腰鼓量，要选用大的放电电容量。

3）脉冲宽度

脉冲宽度对加工效率、表面粗糙度和加工稳定性影响很大。增大脉冲宽度，单个脉冲能量增大，可提高切割速度，但表面粗糙度变差。因此，单个脉冲能量应限制在一定范围内，当峰值电流选定后，脉冲宽度要根据具体加工要求选定。通常，快速走丝切割脉冲宽度为 1~60μs，而慢速走丝切割脉冲宽度为 0.5~100μs。另外，脉冲宽度的选择还与切割工件的厚度有关，工件厚度增加，脉冲宽度适当增大。

4）脉冲间隔

脉冲间隔对切割速度和表面粗糙度影响较大。想得到理想的表面粗糙度时，间隔要大。脉冲间隔太小，易造成工件的烧蚀或断丝；脉冲间隔太大，会使切割适当明显降低，影响加工的稳定性。一般脉冲间隔在 10~250μs，取脉冲间隔等于 4~8 倍的脉冲宽度，切割厚工件时，选用大的脉冲间隔，有利于排屑，保证加工稳定。

5）峰值电流

峰值电流是指放电电流的最大值。峰值电流大，切割速度快，但表面粗糙度变差，容易断丝。一般快速走丝切割选择峰值电流小于40A，平均电流小于5A。慢速走丝切割选择峰值电流小于100A，平均电流小于18~30A。另外，峰值电流的选择与电极丝直径有关，直径越粗，选择的峰值电流越大，反之则越小。表 5-5 所示为不同直径钼丝可承受的最大峰值电流。

表 5-5　峰值电流与钼丝直径的关系

钼丝直径/mm	0.06	0.08	0.10	0.12	0.15	0.18
可承受的 $\hat{i}_e$/A	15	20	25	30	37	45

表 5-6 所示为快速走丝线切割加工脉冲参数的选择。

表 5-6　快速走丝线切割加工脉冲参数的选择

应　用	脉冲宽度 t_i/μs	峰值电流 i_e/A	脉冲间隔 t_0/μs	空载电压/V
快速切割或加大厚度工件 Ra>2.5μm	20~40	大于12	为实现稳定加工，一般选择 t_0/t_i=3~4 以上	一般为 70~90
半精加工 Ra=1.25~2.5μm	6~20	6~12		
精加工 Ra<1.25μm	2~6	4.8 以下		

2．速度参数的选择

速度参数的选择包括以下几项。

1）进给速度

工作台进给速度太快，容易短路和断丝，工作台进给速度太慢，加工表面的腰鼓量就会增大，表面粗糙度值较小，加工时，将试切的进给速度下降 10%~20%，以防止短路和断丝。

2）走丝速度

应尽量快一些，对快速走丝，会利于减少因电极丝损耗对加工精度的影响，尤其是对厚工件的加工，由于线电极的损耗，会使加工面产生锥度。一般根据工件厚度和切割速度选择。

3）工作液参数的选择

（1）工作液的电阻率

工作液电阻率需根据零件材料确定。对于表面在加工时容易形成绝缘膜的铝、钼、结合剂烧结的金钢石，以及受电腐蚀易使表面氧化的硬质合金和表面容易产生气孔的零件材料，要提高工作液的电阻率。一般工作液的参数选择如表 5-7 所示。

表 5-7　工作液电阻率的选择

（单位：$10^4\Omega\cdot cm$）

工作材料	钢铁	铝、铁合剂烧结的金刚石	硬质合金
工作液电阻率	2~5	5~20	20~40

（2）工作液喷嘴的流量和压力

工作液的流量或压力大，冷却排屑的条件好，有利于提高切割速度和加工表面的垂直度。但是在精加工时，要减小工作液的流量或压力，以减小电极丝的振动。粗加工时，冲液压力一般为 4～12kg/cm² （1kg/cm²=98.0665kPa)，冲液流量为 5～6L/min；精加工时，冲液压力一般为 0.2～0.8g/cm²，冲液流量为 1～2L/min。

4）线径偏移量的确定

正式加工前，按照确定的加工条件，切割一个与零件相同材料、相同厚度的正方形，测量尺寸，确定线径偏移量。这项工作对第一次加工者是必须要做的，但是当积累了很多的工艺数据或者生产厂家提供了有关工艺参数时，只要查数据即可。进行多次切割时，要考虑零件的尺寸公差，估计尺寸变化，分配每次切割时的偏移量。

加工凸模类零件时，电极丝中心轨迹应放大；加工凹模类零件时，电极丝中心轨迹应缩小。偏移量的方向，按切割凸模或凹模以及切割路线的不同而定。

5）多次切割加工参数的选择

多次切割加工也叫作二次切割加工，它是在对工件进行第一次切割后，利用适当的偏移量和更精的加工规准，使线电极沿切割轨迹逆向或顺向再次对工件进行精修的切割加工。对快走丝线切割机床来说，由于电极丝做高速往复运动，电极丝在加工中振动比较大，一般不能多次切割加工，而慢走丝线切割加工时，电极丝做单向低速运动，机床运丝系统精度高，电极丝运动精确，无振动，而且能自动穿丝，可方便进行多次切割加工。另外，现在市场上流行一种介于快走丝线切割机床和慢走丝线切割机床之间的中走丝线切割机床，由于其走丝速度采用变频装置实现无极调速，走丝速度为 1～11m/s，且运丝机构和导丝装置精度比较高，电极丝在往复运动中振动小，也可以进行多次切割加工。

多次切割加工可提高尺寸精度和表面质量，修整工件的变形和拐角塌角。一般情况下，采用多次切割能使加工精度达到±0.005mm，圆角和不垂直度小于 0.005mm，表面粗糙度 Ra 可达 0.63μm。但若粗加工后工件变形过大，应通过合理选择材料、热处理方法及正确选择切割路线来尽可能减小工件的变形，否则，多次切割的效果也会不好，甚至很差。

多次切割加工一般分 3 步进行加工，第一步为高速稳定切割，以快速去除余量；第二步为精修，以提高尺寸精度；第三步为抛磨修光，以提高表面粗糙度。

对凹模切割，第一次切除中间废芯后，一般工件留 0.2mm 左右的多次切割加工余量即可，大型工件应留 1mm 左右。

凸模加工时，若一次必须切下就不能进行多次切割。除此之外，第一次加工时，小工件要留 1～2 处 0.5mm 左右的固定留量，大工件要多留些。对固定留量部分切割下来后的精加工，一般用抛光等方法。多次切割加工参数选择如表 5-8 所示。

表 5-8 多次切割加工参数选择

条件	薄工件	厚工件
空载电压/V	80～100	
峰值电流/A	1～5	3～10
脉宽/间隔	2/5	
电容量/μF	0.02～0.05	0.04～0.2

续表

加工进给速度/(mm/min)		2~5	
线电极张力/N		8~9	
偏移量增减范围/mm	开阔面加工	0.02~0.03	0.02~0.06
	切槽中加工	0.02~0.04	0.02~0.06

3. 间隙补偿量 t 的确定

由于机床控制的是电极丝的中心轨迹，若按零件的轮廓尺寸进行编程，加工出来的凸模尺寸要比零件图样尺寸小些，凹模要比零件图样尺寸大些。因此，在采用零件的轮廓尺寸进行编程时，要进行电极丝半径和放电间隙的补偿，即间隙补偿量 t。它的数值在切割不同零件时是不同的，各种零件的计算方法如下。

1) 间隙补偿量 t 的符号

可根据在电极丝中心轨迹图形中圆弧半径及直线段法线长度的变化情况来确定。如图 5-36 所示，对于圆弧，当考虑电极丝中心轨迹后，其圆弧半径比原图形半径增大时取 $+t$，减小时取 $-t$；对于直线段，当考虑电极丝中心轨迹后，使该直线段的法线长度 P 增加时取 $+t$，减小时取 $-t$。

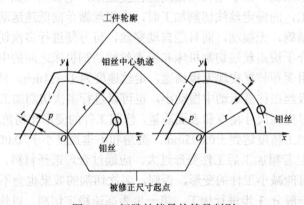

图 5-36 间隙补偿量的符号判别

2) 间隙补偿量 t 的算法

加工冲模凸、凹模时，应考虑电极丝半径 $r_{丝}$、单边放电间隙 $\delta_{电}$ 及凸、凹模间的单边配合间隙 $\delta_{配}$。计算方法为：当加工冲孔模具时（即冲后要求保证工件孔的尺寸），凸模尺寸由孔的尺寸确定。因 $\delta_{配}$ 在凹模上扣除，故凸模的间隙补偿量 $t_{凸}=r_{丝}+\delta_{电}$，凹模的间隙补偿量 $t_{凹}= r_{丝}+\delta_{电}-\delta_{配}$；当加工落料模时（即冲后要求保证冲下的工件尺寸），凹模尺寸由工件的尺寸确定。因 $\delta_{配}$ 在凸模上扣除，故凸模的间隙补偿量 $t_{凸}=r_{丝}+\delta_{电}-\delta_{配}$，凹模的间隙补偿量 $t_{凹}=r_{丝}+\delta_{电}$。

任务五　数控线切割加工的工艺技巧

数控线切割加工的工艺技巧有以下几点。

1. 复杂工件的数控线切割加工工艺

1) 对要求精度高、表面粗糙度好的工件及窄缝、薄壁工件的加工

这类工件电极丝导向机构必须良好，电极丝张力要大，电参数宜采用小的峰值电流和小的脉宽。进给跟踪必须稳定，且严格控制短路。工作液浓度要大些，喷流方向要包住上下电极丝进口，流量适中。在一个工件加工过程中，中途不能停机，要注意加工环境的温度，并保持清洁。

2) 对大厚度、高生产率及大工件的加工

这类工件的加工，要求进给系统保持稳定，严格控制烧丝，保证良好的电极丝导向机构。同时，电参数宜采用大的峰值电流和大的脉宽，脉冲波形前沿不能太陡，脉冲搭配方案应考虑控制电极丝的损耗。工作液浓度要小些，喷流方向要包住上下电极丝进口，流量稍大。

2. 切割不易装夹工件的加工方法

1) 坯料余量小的工件装夹方法

为了节省材料，经常会碰到加工坯料没有夹持余量的情况。由于模具质量大，单端夹持往往会使工件造成低头，使加工后的工件不垂直，致使模具达不到技术要求。如果在坯料边缘处不加工的部位加一块托板，使托板的上平面与工作台面在一个平面上，如图5-37所示，就能使加工工件保持垂直。

2) 切割圆棒工件时的装夹方法

线切割圆棒形坯料时或当加工阶梯式成形冲头或塑料模阶梯嵌件时，可采用图5-38所示的装夹方法。圆棒可装夹在六面体的夹具内，夹具上钻一个与基准面平行的孔，用内六角螺钉固定。有时把圆棒坯料先加工成需要的片状，卸下夹子把夹具体转90°再加工成需要的形状。

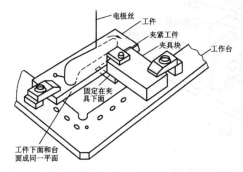

图5-37 坯料余量小的工件装夹

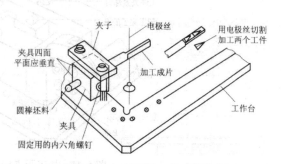

图5-38 切割圆棒工件时的装夹

3) 切割六角形薄壁工件时的装夹方法

装夹六角形薄壁工件用的夹具，主要应考虑工件夹紧后不会变形，可采用如图5-39所示的装夹方法，即让六角管的一面接触基准块。靠贴有许多橡胶板的胶夹由一侧加压，夹紧力由夹持弹簧产生。在易变形的工件上可分散设置许多个弹性加压点，这样不仅能达到减小变形的目的，工件固定也很可靠。此方法适于批量生产。

4）加工多个复杂工件的装夹方法

图 5-40 所示是一个用环状毛坯加工菠萝图形工件的夹具，工件加工完后切断成 4 个。夹具分为上板和下板，两者互相固定，下板的 4 个突出部分支持工件并避开加工位置。用螺钉通过矩形压板把工件夹固在上板上。这种安装方法也适合于批量生产。

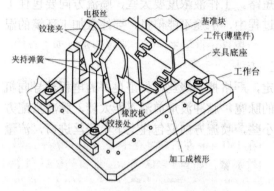

图 5-39　六角形薄壁零件的装夹

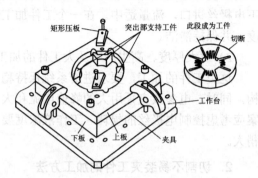

图 5-40　加工多个复杂工件的装夹

5）加工无夹持余量的工件的装夹方法

用基准凸台装夹。图 5-41 所示是用基准凸台装夹工件侧面来加工异形孔的夹具。在夹具的 A 部有与工件凹槽密切吻合的突出部，用以确定工件位置。B 部由螺钉固定在 A 部上，而工件用 B 部侧面的夹紧螺钉固定。这种夹具可使完全没有夹持余量的工件靠侧面用基准凸台来定位和夹紧，既能保证精度，也能进行线切割加工。如果夹具的基准凸台由线切割加工，根据基准凸台的坐标再加工两个异形孔，这样更易于保证工件的精度和垂直度，且可保证批量加工时精度的一致性。

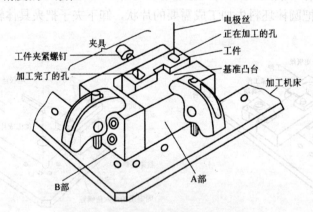

图 5-41　加工无夹持余量的用的凸台

3. 切割薄片工件

1）切割不锈钢带

用线切割机床将长 10m、厚 0.3mm 的不锈钢带加工成不同的宽度，如图 5-42 所示。可将不锈钢带头部折弯，插入转轴的槽中，并利用转轴上两端的孔，穿上小轴，将钢带紧紧地缠绕在转轴上，然后装入套筒里，利用钢带的弹力自动张紧。这样即可固定在数控线切割机床上进行加工。切割时转轴、套筒、钢带一道切割，保证所需规格的各种宽度尺寸 L、L_1 等。

必须注意：套筒的外径须在数控线切割机床的加工厚度范围以内，否则无法进行加工。

2）切割硅钢片

单件小批量生产时，用线切割可加工各种形状的硅钢片电机定子、转子铁心。

一种方法是把载好的硅钢片按铁心所要求的厚度（超过 50mm 的分几次切割），用 3mm 厚的钢板夹紧，下面的夹板两侧比铁心长 30～50mm，作装夹用。铁心外径在 150mm 左右的可在中心用一个螺钉，四角用 4 个螺钉夹紧，如图 5-43 所示。螺钉的位置和个数可根据加工图形而定，既能夹紧又不影响加工。进电可用原来的机床夹具进电，但因硅钢片之间有绝缘层，电阻较大，最好从夹紧螺钉处进电。

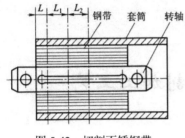

图 5-42 切割不锈钢带

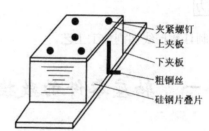

图 5-43 硅钢片的装夹

另一种方法是用胶将载好的硅钢片粘成一体，这样既保证切割过程中硅钢片不变形，又使加工完的铁心成为一体，不用再重新叠片。粘接工艺是：先将硅钢片表面的污垢洗净，将片烘干，然后将片两面均匀地涂上一薄层（0.01mm 左右）420 胶，烘干后按要求的厚度用第一种方法夹紧，放到烘箱加温至 160℃，保持 2h，自然冷却后即可上机切割。420 胶粘接能力较强，不怕乳化液浸泡，一般情况下切割的铁心仍成一体。此方法片间绝缘较好（420 胶不导电），所以，进电一定要由夹紧螺钉进入每张硅钢片，并要求螺钉与每张硅钢片孔接触良好（轻轻打入即可）。另外一种进电方法是将叠片的某一侧面打光后用铜导线把每片焊上，从这根铜导线进电效果更好。

任务小结

掌握零件的工艺分析：工艺准备、工作液的选择、工件的装夹和位置校正、加工参数的选择。

每日一练

1．数控线切割加工对工件装夹有哪些要求？工件装夹方式及位置的校正方法有哪些？

2．数控线切割加工的工艺准备和加工参数包括哪些内容？

3．接合突尖的去除方法是什么？

4．如何确定间隙补偿量？

5．简述复杂工件的数控线切割加工工艺。

项目四 典型零件的数控线切割加工工艺分析

能力目标

1. 掌握轴座零件的数控线切割加工工艺。
2. 掌握支架零件的数控线切割加工工艺。
3. 掌握叶轮零件的数控线切割加工工艺。

核心能力

能制订数控线切割加工工艺。

任务一 轴座零件的数控线切割加工工艺

1. 加工工艺路线

（1）下料：用圆棒料在锯床上下。
（2）锻造：坯料锻造成长条形坯。
（3）调质处理：热处理 28～32HRC。
（4）刨床加工：刨削坯料四面，留磨量。
（5）磨床加工：磨削四面。
（6）线切割加工：加工外形。
（7）钳工：钳工划线、钻孔、铰孔至图样要求。
（8）检验。

2. 主要工艺装备

夹具采用两端支撑装夹方式。辅具用压板组件、扳手、锤子。钼丝用 $\phi 0.18$mm。量具用磁力表座、杠杆百分表（分度值为 0.01mm，测量范围为 0～5mm）、游标卡尺（200mm，读数值 0.02mm）。

3. 线切割加工步骤

（1）工件装夹与校正：工件坯料比较长，材料易变形，为防止由于装夹而产生工件变形、加工中出现废品等现象，故采用两端支撑方式装夹工件，工件的装夹如图 5-44 所示。用百分表拉直坯料的 A 面，在全长范围内，百分表的指针摆动不应大于 0.05mm。

（2）选择钼丝起始位置和切入点：此工序为切割工件外形，无须钻穿丝孔，直接在坯料的外部切入，如图 5-45 所示。

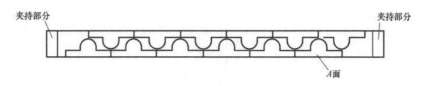

图 5-44　工件的装夹

（3）确定切割路线：由于采用两端装夹，线切割先加工一侧工件，加工完毕再加工另一侧工件。图 5-45 所示为靠近坯料 A 面某个工件的切割路线，箭头所指方向为切割路线方向。

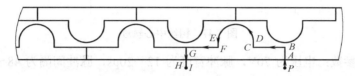

图 5-45　切割路线

（4）确定偏移量：选择直径为 $\phi0.18$mm 的钼丝，单面放电间隙为 0.01mm，钼丝中心偏移量 f=0.18/2mm+0.01mm=0.1mm。

（5）计算平均尺寸：工件外形尺寸公差为未注公差，线切割加工尺寸可参考图 5-1 中的尺寸，其他尺寸如图 5-46 所示。为了实现连续加工，加工完毕后，电极丝处的位置应为下一个工件的起始位置，因而点 P 的位置应考虑钼丝半径和放电间隙。

（6）确定计算坐标系：为了以后计算点的坐标方便，直接选圆弧的圆心为坐标系的原点建立坐标系，如图 5-46 所示。

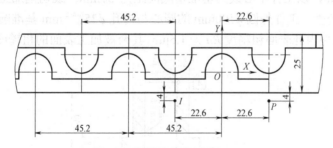

图 5-46　平均尺寸与建立坐标系

4．编制加工程序

（1）计算钼丝中心轨迹及各交点的坐标：钼丝中心轨迹如图 5-47 所示的双点画线，相对于工件平均尺寸偏移一垂直距离（0.1mm）。各交点坐标可通过几何计算或 CAD 查询得到。

（2）编写加工程序单：采用 3B 编程，程序单略。

（3）工件加工。

① 钼丝起始点的确定：在 X 方向上，把调整好垂直度的钼丝摇至适当位置，保证在坯料上加工出最多工件；在 Y 向上，钼丝与坯料 A 面火花放电，当火花均匀时，记下 Y 向坐标，手摇线切割手轮，向-Y 向移动钼丝 3.9mm，X、Y 向手轮对零，此时钼丝处在起始点的

位置上。

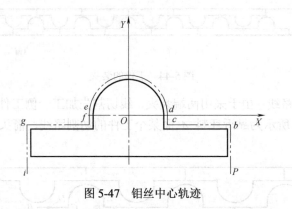

图 5-47 钼丝中心轨迹

② 选择电参数：电压为 70V，脉冲宽度为 12～20μs，脉冲间隔为 48～80μs，电流为 1.5A。

③ 切削液的选择：选择油基型乳化液，型号为 DX-2 型。

任务二　支架零件的数控线切割加工工艺

图 5-48 所示为支架零件图，其材料为铝。零件的主要尺寸：直径为 $\phi100$mm，厚度为 40mm，凸台的直径为 $\phi42$mm；孔的直径为 $\phi25_0^{+0.052}$mm；4 个外形槽尺寸宽为 12mm，开口槽尺寸宽为 4.1mm，以工件中心线为基准槽底间距为 57mm；线切割加工工件的外形，其尺寸公差为未注公差，工件外圆 $\phi100$mm 的圆心与内孔 $\phi25_0^{+0.052}$mm 基准圆的圆心同轴度公差为 $\phi0.08$mm；工件内孔表面粗糙度 Ra 为 1.6μm，其余被加工表面的粗糙度 Ra 均为 3.2μm。

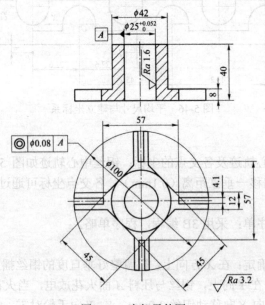

图 5-48 支架零件图

1. 加工工艺路线

根据零件形状和尺寸精度加工工艺如下。

（1）下料：用 $\phi105$mm 圆棒料在锯床上下料。
（2）车床加工：车外圆、端面和车孔，外圆至图样要求。
（3）线切割加工：线切割加工工件外形。
（4）钳工抛光。
（5）检验。

2. 主要工艺装备

夹具为 120°标准 V 形块。辅具为压板组件、普通垫块、扳手、锤子。钼丝直径为 $\phi0.18$mm。量具为带磁力表座的杠杆百分表（分度值为 0.01mm，测量范围为 0～5mm）、游标卡尺。

3. 线切割加工步骤

1）线切割加工工艺处理及计算

（1）工件装夹与校正：工件装夹如图 5-49 所示，工件靠近 V 形块，用压板组件把工件固定紧。V 形块用百分表校正，保证 V 形块 V 形凹槽中心线平行线切割工作台某一个方向。这样，无论工件坯料大小，工件的中心都在同一条直线上。

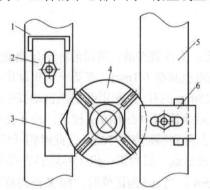

1、5—工作台支撑板　2、6—压板组件　3—V 形块　4—工件

图 5-49　工件的装夹

（2）工件在坯料上的排布：工件的外圆已加工至图样要求的 $\phi100$mm，按图 5-48 所示的方向加工，工件无法装夹，根据工件的形状，可把图 5-48 所示的支架零件旋转 45°，如图 5-49 所示。这样，工件两端装夹量约为 10mm。装夹时，注意线切割工作台支撑板的距离，防止切割上工作台支撑板。

（3）选择钼丝起始位置和切入点：此工序为切割工件外形，钼丝可在坯料的外部切入，起始点的位置如图 5-50 所示。

（4）确定切割路线：切割路线如图 5-50 所示，工件外形圆弧已加工完毕，为了防止工件在未加工完时脱离坯料，线切割最

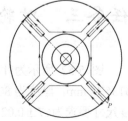

图 5-50　切割路线

后加工工件压紧部分。箭头所指方向为切割路线方向。

（5）计算平均尺寸：平均尺寸如图 5-51 所示。

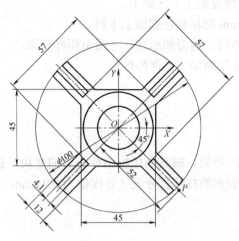

图 5-51 平均尺寸

（6）确定坐标系：选 $\phi 25$mm 内孔圆心为坐标系的原点建立坐标系。

（7）确定偏移量：选择直径为 $\phi 0.18$mm 的钼丝，加工铝件时单面放电间隙可取 0.02mm，钼丝中心偏移量 $f=0.18/2$mm$+0.02$mm$=0.11$mm。

2）编制加工程序

3）工件加工

（1）钼丝起始点的确定：工件装夹前，需用游标卡尺测量坯料外圆尺寸，把工件分成若干组，每组外圆尺寸的偏差控制在 0.1mm。在第一组里拿出一件作为标准件装夹。为把调整好垂直度的钼丝摇至 $\phi 25$mm 的孔内，利用线切割自动找中心的功能找出工件的中心位置，为了减少误差，可以采用多次找中心的方法校正。校正完毕，手轮对零，摇动手轮使钼丝向 X 正方向、Y 负方向上分别移动 37.770mm，此时钼丝停在切割起始位置 P 点上。

当加工其他组工件时，求出这一组和第一组工件坯料直径平均偏差 Δd，在 X 方向上移动钼丝 $\sqrt{3}\Delta d/3 \approx 0.577\Delta d$ mm。当 Δd 为正值时，向 X 正向移动，反之，向 X 负向移动。

（2）选择电参数：电压为 70～75V，脉冲宽度为 8～12μs，脉冲间隔为 40～60μs，电流为 0.8～1.2A。

（3）切削液的选择：选择型号为 DX-2 的油基型乳化液。

任务三 叶轮零件的数控线切割加工工艺

图 5-52 所示为叶轮零件图，其材料为 9CrSi，热处理 50～54HRC。该零件的直径为 $\phi 135^{+0.03}_{0}$mm，厚度为 80mm，内孔直径为 $\phi 45^{+0.025}_{0}$mm。需要线切割加工 8 个凹槽，其凹槽宽度尺寸要求为 (7 ± 0.02)mm，8 个凹槽在圆周上均匀分布，凹槽之间的角度尺寸均为 $45°\pm 2'$。凹槽表面粗糙度均为 $Ra1.6$μm。零件外圆和两端端面的表面粗糙度为 $Ra0.8$μm，其余被加

工表面的表面粗糙度均为 $Ra3.2\mu m$。

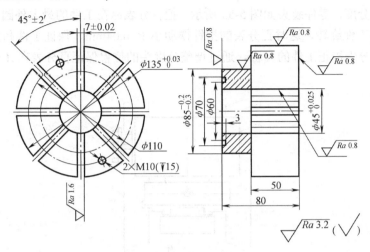

图 5-52 叶轮零件图

1. 加工工艺路线

（1）下料：用圆棒料在锯床上下料。

（2）锻造：将棒料锻成较大的圆形毛坯。

（3）退火：经过锻造的毛坯必须进行退火，以消除锻造后的内应力，并改善其加工性能。

（4）车床加工：车外圆、端面和车孔，外圆、内孔和端面留有加工余量，尺寸 $\phi60mm$ 和 $\phi70mm$ 加工至图样要求。

（5）画线：画出各孔的位置，并在孔中心钻中心孔。

（6）钻孔和攻螺纹：钻螺纹底孔和攻螺纹。

（7）热处理：热处理 50～54HRC。

（8）磨床加工：磨削外圆、内孔和端面，内孔和外圆尺寸 $\phi35mm$ 留加工余量，单面留 0.3～0.5mm，其他加工至图样要求。

（9）线切割加工：线切割加工 8 个凹槽。

（10）精磨：精磨外圆尺寸 $\phi35_0^{+0.03}$ mm 和内孔尺寸 $\phi45_0^{+0.025}$ mm 至图样要求。

（11）钳工抛光。

（12）检验。

2. 主要工艺装备

夹具为分度头 F11125 或 F11100。辅具为压板组件、锤子、扳手。钼丝直径为 $\phi0.18mm$。量具为磁力表座与百分表、钼丝垂直校正器、游标卡尺。

3. 线切割加工步骤

1）线切割加工工艺处理及计算

（1）工件装夹与校正：分析图样可知，零件的凹槽在外圆上均匀分布，不均匀度小于

±2′，用线切割加工时需制作旋转胎具或用分度头加工，由于此件属于单件生产，在这里采用分度头进行分度，零件装夹如图 5-53 所示。把百分表靠在工件的最大外圆上，摇动分度头的手柄，使工件旋转，这时百分表的指针摆动小于 0.04mm，保证工件和分度头卡盘同心。同时用百分表校正工件的 A 面，通过调整分度头的位置保证百分表在 A 面上摆动量小于 0.02mm。

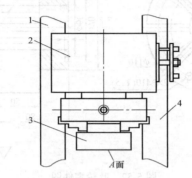

1、4—工作台支撑板　2—分度头　3—工件

图 5-53　工件的装夹

（2）选择钼丝起始位置和切入点：工件凹槽为开口形，所以线切割加工时，可以在工件的外部切入，切入点的位置为点 P，如图 5-54 所示。

（3）确定切割路线：工件精度要求高，特别是分度精度，而且凹槽较深，其工件材料已热处理，用线切割加工时往往产生变形。为了保证工件质量，采用两次切割：第一次切割目的是释放工件的内应力；第二次切割成形。两次切割路线如图 5-54 所示。

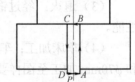

图 5-54　切割路线

（4）计算平均尺寸：图 5-55 分别为第一次和第二次切割尺寸。工件切割厚度大，线切割加工速度低，加工过程中产生二次放电现象，而且凹槽表面有粗糙度要求，需留有抛光量余量，在第二次切割时，槽宽取 6.98mm。

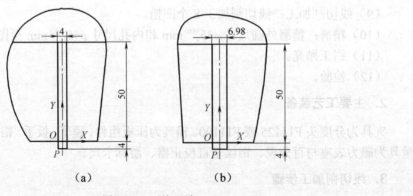

图 5-55　平均尺寸

（5）确定计算坐标系：为了计算点的坐标方便，以凹槽中心线和工件端面交点的位置

坐标系的原点建立坐标系，如图 5-56 所示。

（6）确定偏移量：选择钼丝直径为 $\phi0.18$mm，单面放电间隙为 0.01mm，钼丝中心偏移量 $f=0.18/2$mm$+0.01$mm$=0.1$mm。

（7）计算钼丝中心轨迹及各交点的坐标：钼丝中心轨迹如图 5-56 所示的双点画线，相对于工件平均尺寸偏移一段垂直距离（0.1mm）。

2）编写加工程序

采用 3B 编程，程序单略。

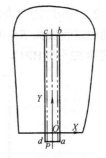

图 5-56 钼丝中心轨迹

3）工件加工

（1）钼丝起始点的确定：钼丝垂直度的调整：在 X 方向上，用机床厂家提供的垂直器校正；在 Y 向上，以工件的 A 面为基准，采用火花放电的方式调整钼丝的垂直度，使钼丝平行于工件的 A 面。

（2）钼丝起始位置的确定：在 X 方向上，借助机床上的照明灯和放大镜通过目测，使钼丝在 $+X$ 和 $-X$ 向与工件的 $\phi35_0^{+0.03}$mm 外圆刚好接触，求出外圆 $\phi35_0^{+0.03}$mm 的中心位置，并把钼丝停在此位置上。摇动分度头的手柄，旋转工件，通过目测，使钼丝和两个螺钉孔的中心连线重合，再次旋转工件，角度为 22.5°，锁住分度头。钼丝与工件 A 面火花放电，当火花均匀时，向 $-Y$ 向移动钼丝，距离为 $L=4-f=3.9$mm。此时，钼丝停在切割起始位置上。

当第一次切割完第一个凹槽时，需测量凹槽两侧壁距工件外圆的尺寸，求出两尺寸之间的误差，对钼丝的起始位置加以修正。

（3）选择电参数：电压为 80～85V，脉冲宽度为 28～40μs，脉冲间隔为 100～160μs，电流为 2.8～3.2A。

（4）切削液的选择：选择 DX-2 油基型乳化液，与水的配比约为 1∶15。

任务小结

掌握轴座零件的数控线切割加工工艺、支架零件的数控线切割加工工艺、叶轮零件的数控线切割加工工艺。

每日一练

1. 如图 5-57 所示凸模零件，试编制其工艺路线。

图 5-57 习题 1 图

2. 线切割加工如图 5-58 所示冲模中的低压骨架下型腔零件，表面质量均为 $Ra1.6\mu m$，尖角的过渡圆弧 $R \leqslant 0.1mm$，与凸模配合的单边间隙为 0.01mm，材料为 Cr12 的合金钢，硬度为 52～58HRC，数量为 5 件。试合理制订其线切割完整的加工工艺。

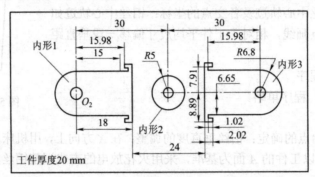

图 5-58 习题 2 图

3. 如图 5-59 所示凹模零件试编制其工艺路线。

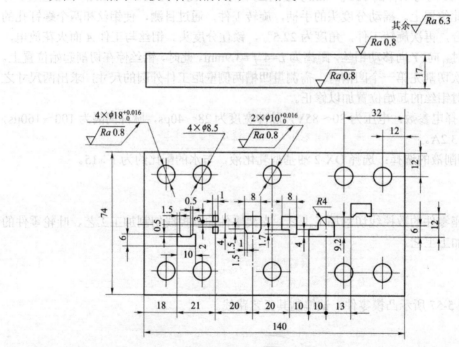

图 5-59 习题 3 图

参 考 文 献

[1] 华茂发. 数控机床加工工艺[M]. 北京：机械工业出版社，2010.
[2] 李云程. 模具制造工艺学[M]. 北京：机械工业出版社，2008.
[3] 杨丰，宋宏明. 数控加工工艺[M]. 北京：机械工业出版社，2010.
[4] 徐嘉元，曾家驹，等. 机械制造工艺学[M]. 北京：机械工业出版社，1998.
[5] 苏建修，杜家熙. 数控加工工艺[M]. 北京：机械工业出版社，2009.
[6] 田春霞，等. 数控加工工艺[M]. 北京：机械工业出版社，2006.
[7] 宴初宏，等. 数控加工工艺[M]. 北京：机械工业出版社，2004.
[8] 朱淑萍. 机械加工工艺及装备[M]. 北京：机械工业出版社，2007.
[9] 陈文杰. 数控加工工艺与编程[M]. 北京：机械工业出版社，2009.
[10] 杨天云. 数控加工工艺[M]. 北京：北京交通大学出版社，2012.

附录 A

表 A-1 毛坯的制造方法及其工艺特点

毛坯制造方法		最大质量/kg	最小壁厚/mm	形状的复杂性	材料	生产类型	精度等级(IT)	毛坯尺寸公差/mm	表面粗糙度	其他特点
铸造	木模手工砂型	不限制	3～5	最复杂	铁碳合金、有色金属及其合金	单件及小批生产	14～16	1～8	▽	余量大，一般为1～10mm，由砂眼和气泡成的废品率高，表面有结砂硬皮，且结构颗粒大；适用于铸造大件；生产效率很低
	金属模机械砂型	250	3～5	最复杂	铁碳合金、有色金属及其合金	大批及大量生产	14级左右	1～3	▽	生产率比手制砂型高几倍至十几倍；设备复杂，但工人的技术水平要求较低；适用于铸造中小型铸件
	金属型浇铸	100	1.5	简单或平常	铁碳合金、有色金属及其合金	大批及大量生产	11～12	0.1～0.5	12.5▽	生产率高，可免去每次制型单边余量一般为1～8mm；结构细密，能承受较大压力；占用生产面积小
	离心铸造	通常200	3～5	主要是旋转体	铁碳合金、有色金属及其合金	大批及大量生产	15～16	1～8	12.5▽	生产率高；力学性能好且少砂眼 2～5min；壁厚均匀；不需型芯和浇铸系统

续表

毛坯制造方法		最大质量/kg	最小壁厚/mm	形状的复杂性	材料	生产类型	精度等级（IT）	毛坯尺寸公差/mm	表面粗糙度	其他特点
铸造	压铸	10～6	0.5（锌）10（其他合金）	由模具制造难度来定	锌、铝、镁、铜、锡、铅等有色金属合金	大批及大量生产	11～12	0.05～0.15	6.3	生产率最高，每小时可达50～500件，设备昂贵；可直接制造零件或只需少量加工
	熔模铸造	小型零件	0.8	非常复杂	适于切削困难的材料	单件及成批生产	12～14	0.05～0.2	2.5	占用生产面积小，每套设备约占30～40m²；铸件力学性能好，便于组织流水线生产，铸造延续时间长，铸件可不经加工
	壳模铸造	200	1.5	复杂	铁和有色金属	小批至大量生产	12～14		12.5～6.3	生产率高，一个制砂工每班可生产0.5～1.7t；外表面余量0.25～0.5mm；孔余量最小0.08～0.25mm，便于机械化与自动化；铸件无硬皮
锻造	自由锻造	不限制	不限制	简单	碳素钢、合金钢	单件及小批生产	14～16	1.5～10	12.5	余量大，关 3～30mm；适用于机械修理厂和重型机械厂的铸造车间
	模锻（锻锤）	通常至100	2.5	由锻模制造难易度而定	碳素钢、合金钢	成批及大量生产	12～14	0.4～2.5	12.5	生产率高且不需高级技工；材料消耗少；锻件力学性能好

续表

毛坯制造方法		最大质量/kg	最小壁厚/mm	形状的复杂性	材料	生产类型	精度等级(IT)	毛坯尺寸公差/mm	表面粗糙度	其他特点
锻造	模锻（卧式锻造机）	通常至100	2.5	由锻模制造难易程度而定	碳素钢、合金钢	成批及大量生产	12~14	0.4~2.5	12.5	生产率高，每小时产量达300~900件，材料损耗约占1%（不计火耗）；压力要求不高，对地基要求不高；面垂直，可锻制长形毛坯
	精密模锻	通常至100	1.5	由锻模制造难易程度而定	碳素钢、合金钢	成批及大量生产	11~12	0.05~0.1	6.3~3.2	精压后的锻件可以不经机械加工或直接进行精加工
焊接	熔化焊	不限制	电焊：1 电弧焊：2 电渣焊：40	简单	碳素钢、合金钢	单件及成批生产	14~16	1~8		制造简单、节约金属、减轻结构重量；生产周期短，焊接结构抗振性差，热变形大，且有残余内应力，须时效处理
	压焊		≤12							
型材	热轧		圆钢直径范围φ10~φ250	圆钢、方钢、扁钢、角钢、槽钢、六角钢	碳素钢、合金钢	各种	14~16	1~2.5	12.5~6.3	普通精度零件多采用热轧钢，价格便宜，使用方便
	冷拉		圆钢直径范围φ30~φ60			大批量			3.2~1.6	精度高，表面粗糙度值小，但价格约比热轧钢高10%~40%，常用自动车床和转塔车床，送料及夹紧方便

续表

毛坯制造方法	最大质量/kg	最小壁厚/mm	形状的复杂性	材料	生产类型	精度等级（IT）	毛坯尺寸公差/mm	表面粗糙度	其他特点
冷挤压	小型零件		简单	碳钢、合金钢、有色金属	大批量	6~7	0.02~0.05	1.6~0.8	用于精度高的小零件，可不需再经机械加工
粉末冶金	尺寸范围：宽5~20mm 高3~40mm		简单	铁基、铜基	大批量	6~9	0.02~0.05	0.4~0.1	成型后可不切削，材料损失少，工艺设备简单，但生产成本高
冲压 板料冷冲压	板料厚度：0.2~6mm		复杂	各种板料	大批量	9~12	0.05~0.5	1.6~0.8	生产率很高；对工人技术水平要求低；便于自动化；毛坯重量轻，减少材料消耗；压制厚壁制件困难

附录 B

表 B-1 带孔圆盘类自由锻件的机械加工余量及公差（GB/T 21470—2008）

（单位：mm）

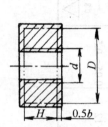

$H<D$　$d<0.5D$

零件直径 D		零件高度 H														
		>0~40			>40~63			>63~100			>100~160			>160~200		
		加工余量 a, b, c 与极限偏差														
		a	b	c	a	b	c	a	b	c	a	b	c	a	b	c
大于	至	锻件精度等级 F														
63	100	6±2	6±2	9±3	6±2	6±2	9±3	7±2	7±2	11±4	8±3	8±3	12±5	—	—	—
100	160	7±2	6±2	11±4	7±2	6±2	11±4	8±3	7±2	12±5	8±3	8±3	12±5	9±3	9±3	14±6
160	200	8±3	6±2	12±5	8±3	7±2	12±5	8±3	8±3	12±5	9±3	9±3	14±6	10±4	10±4	15±6
200	250	9±3	7±2	14±6	9±3	7±2	14±6	9±3	8±3	14±6	10±4	9±3	15±6	11±4	10±4	17±7
250	315	10±4	8±3	15±6	10±4	8±3	15±6	14±4	9±3	15±6	11±4	10±4	17±7	12±5	11±4	18±8
315	400	12±5	9±3	18±8	12±5	9±3	18±8	12±5	10±4	18±8	13±5	11±4	20±8	14±6	12±5	21±9
400	500	—	—	—	14±6	10±4	21±9	14±6	11±4	21±9	15±6	12±5	23±10	16±7	14±6	24±10
500	600	—	—	—	17±7	13±5	26±11	18±7	14±6	27±12	19±8	15±6	29±13	20±8	16±7	30±13
大于	至	锻件精度等级 E														
63	100	4±2	4±2	6±2	4±2	4±2	6±2	5±2	5±2	8±3	7±2	7±2	11±4	—	—	—
100	160	5±2	4±2	8±3	5±2	5±2	8±3	6±2	6±2	9±3	6±2	7±2	9±3	8±3	8±3	12±5
160	200	6±2	5±2	9±3	6±2	6±2	9±3	6±2	7±2	9±3	7±2	8±3	11±4	8±3	9±3	12±5

续表

大于	至	锻件精度等级 E													
		a	b	c	a	b	c	a	b	c	a	b	c	a	b	c
200	250	6±2	6±2	9±3	7±2	6±2	11±4	7±2	7±2	11±4	8±3	8±3	12±5	9±3	10±4	14±6
250	315	8±3	7±2	12±5	8±3	8±3	12±5	8±3	8±3	12±5	9±3	9±3	14±6	10±4	10±4	15±6
315	400	10±4	8±3	15±6	10±4	8±3	15±6	10±4	9±3	15±6	11±4	10±4	17±7	12±5	12±5	18±8
400	500	—	—	—	12±5	10±4	18±8	12±5	11±4	18±8	13±5	12±5	20±8	14±6	13±5	21±9
500	600	—	—	—	16±7	12±5	24±10	16±7	13±5	24±10	17±7	14±6	26±11	18±8	15±6	27±12

零件直径 D	零件高度 H														
	>200~250			>250~315			>315~400			>400~500			>500~600		
	加工余量 a，b，c 与极限偏差													
	a	b	c	a	b	c	a	b	c	a	b	c	a	b	c
大于	至	锻件精度等级 F													
63	100	—	—	—	—	—	—	—	—	—	—	—	—	—	—	—
100	160	11±4	11±4	17±7	—	—	—	—	—	—	—	—	—	—	—	—
160	200	12±5	12±5	18±8	13±5	13±5	20±8	—	—	—	—	—	—	—	—	—
200	250	12±5	12±5	18±8	14±6	14±6	21±9	16±7	16±7	24±10	—	—	—	—	—	—
250	315	13±5	12±5	20±8	14±6	14±6	21±9	16±7	16±7	24±10	18±8	18±8	27±12	—	—	—
315	400	15±6	13±5	23±10	16±7	15±6	24±10	18±8	18±8	27±12	20±8	20±8	30±13	23±10	23±10	35±15
400	500	17±7	15±6	26±11	18±8	17±7	27±12	20±9	19±8	30±13	23±10	23±10	35±15	26±11	26±11	39±17
500	600	21±9	17±7	32±14	22±9	19±8	33±14	23±10	22±9	35±15	26±11	25±11	39±17	30±13	30±13	45±20
大于	至	锻件精度等级 E													
63	100	—	—	—	—	—	—	—	—	—	—	—	—	—	—	—
100	160	10±4	10±4	15±6	—	—	—	—	—	—	—	—	—	—	—	—
160	200	10±4	10±4	15±6	12±5	12±5	18±8	—	—	—	—	—	—	—	—	—
200	250	10±4	11±4	15±6	12±5	12±5	18±8	14±6	14±6	21±9	—	—	—	—	—	—
250	315	11±4	12±5	17±7	12±5	13±5	18±8	15±6	15±6	23±10	17±7	17±7	26±11	—	—	—
315	400	13±5	13±5	20±8	14±6	14±6	21±9	16±7	17±7	24±10	19±8	19±8	29±13	22±9	22±9	33±14
400	500	15±6	14±6	23±10	16±7	16±7	24±10	19±8	18±8	29±17	22±9	22±9	33±14	25±11	25±11	38±17
500	600	18±8	17±7	29±13	20±8	19±8	30±13	23±10	22±9	35±15	26±11	25±11	39±17	30±13	30±13	45±20

注：1. 本标准规定了带孔圆盘类自由锻件的机械加工余量与公差。

2. 本标准使用于零件尺寸符合 $0.1D \leqslant H \leqslant 1.5D$、$d \leqslant 0.5D$ 的带孔圆盘类自由锻件。

表 B-2 盘、柱类自由锻件机械加工余量与公差（GB/T 21470—2008）

（单位：mm）

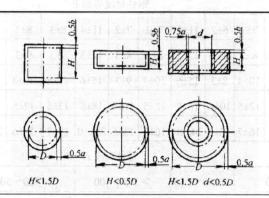

零件尺寸 D（或 A、S）		零件高度 H																	
		>0~40		>40~63		>63~100		>100~160		>160~200		>200~250		>250~315		>315~400		>400~500		>500~600
		加工余量 a, b 与极限偏差																		
		a	b	a	b	a	b	a	b	a	b	a	b	a	b	a	b	a	b	a	b
大于	至	锻件精度等级 F																		
63	100	6±2	6±2	6±2	6±2	7±2	7±2	8±3	8±3	9±3	9±3	10±4	10±4							
100	160	7±2	6±2	7±2	6±2	8±3	7±2	8±3	8±3	9±3	9±3	10±4	10±4	12±5	12±5	14±6	14±6			
160	200	8±3	6±2	8±3	7±2	8±3	8±3	9±3	8±3	10±4	10±4	11±4	11±4	12±5	12±5	14±6	14±6	16±7	16±7	
200	250	9±3	7±2	9±3	7±2	10±4	8±3	10±4	9±3	11±4	10±4	12±5	12±5	13±5	13±5	15±6	15±6	18±8	18±8	20±8	20±8
250	315	10±4	8±3	10±4	8±3	10±4	9±3	11±4	10±4	12±5	11±4	13±5	12±5	14±6	14±6	16±7	16±7	19±8	19±8	22±9	22±9
315	400	12±5	9±3	12±5	9±3	12±5	10±4	13±5	11±4	14±6	12±5	15±6	13±5	16±7	15±6	18±8	18±8	21±9	21±9	24±10	24±10
400	500			14±6	10±4	14±6	11±4	15±6	12±5	16±7	14±6	17±7	15±6	18±8	17±7	20±9	19±8	23±10	23±10	27±12	27±12
500	600			17±7	13±5	18±7	14±6	19±8	15±6	20±8	16±7	21±	17±7	22±9	19±8	23±10	22±9	26±11	25±11	30±13	30±13
大于	至	锻件精度等级 E																		
63	100	4±2	4±2	4±2	4±2	5±2	5±2	6±2	6±2	7±2	8±3	8±3								
100	160	5±2	4±2	5±2	4±2	6±2	5±2	6±2	6±2	7±2	7±2	8±3	8±3	10±1	10±1	10±4	12±5	12±5		
160	200	6±2	5±2	6±2	5±2	7±2	6±2	7±2	7±2	8±3	8±3	10±4	9±3	11±4	10±4	13±5	13±5	14±6	14±6	
200	250	6±2	6±2	7±2	6±2	7±2	7±2	8±3	8±3	9±3	10±4	10±4	11±4	11±4	13±5	14±6	15±6	16±7	18±8	18±8
250	315	8±3	7±2	8±3	8±3	8±3	8±3	9±3	10±4	10±4	11±4	10±4	12±5	13±5	14±6	15±6	17±7	17±7	20±8	20±8
315	400	10±4	8±3	10±4	8±3	10±4	9±3	11±4	11±4	12±5	12±5	13±5	13±5	14±	16±7	17±7	19±8	20±8	23±10	24±10
400	500			12±5	10±4	12±5	11±4	13±5	12±5	14±6	14±6	16±6	16±7	17±7	19±8	18±8	22±9	22±9	26±11	26±11
500	600			16±7	12±5	17±7	13±5	17±7	14±6	18±8	15±6	19±8	17±7	20±8	19±8	23±10	22±9	26±11	25±11	30±13	30±13

注：1. 本标准规定了圆形、矩形（$A_1/A_2 \leq 2.5$），六角形的盘、柱类自由锻件的机械加工余量与公差。

2. 本标准适用截面为圆形、矩形（$A_1/A_2 \leq 2.5$）、六角形且零件尺寸符合 $0.1D \leq H \leq D$（或 A、S）盘类、零件尺寸符合 $D < H \leq 2.5D$（或 A、S）柱类的自由锻件。

3. 本标准适用带孔盘类自由锻件，零件尺寸应符合 $0.1D \leq H \leq 1.5D$。

表 B-3 车削外圆的加工余量

(单位：mm)

直径尺寸	直径余量				直径公差等级	
	粗车		精车		荒车	粗车
	长度					
	≤200	>200~400	≤200	>200~400		
≤10	1.5	1.7	0.8	1.0	IT14	IT12~13
>10~18	1.5	1.7	1.0	1.3		
>18~30	2.0	2.2	1.3	1.3		
>30~50	2.0	2.2	1.4	1.5		
>50~80	2.3	2.5	1.5	1.8		
>80~120	2.5	2.8	1.5	1.8		
>120~180	2.5	2.8	1.8	2.0		
>180~260	2.8	3.0	2.0	2.3		
>260~360	3.0	3.3	2.0	2.3		

表 B-4 磨削外圆的加工余量

(单位：mm)

直径尺寸	直径余量		直径公差等级	
	粗磨	精磨	精车	粗磨
≤10	0.2	0.1		
>10~18	0.2	0.1		
>18~30	0.2	0.1		
>30~50	0.3	0.1		
>50~80	0.3	0.2	IT11	IT9
>80~120	0.3	0.2		
>120~180	0.5	0.3		
>180~260	0.5	0.3		
>260~360	0.5	0.3		

表 B-5 磨削端面的加工与余量

(单位：mm)

工作长度	端面的磨削余量			精车端面后的尺寸公差等级
	端面最大尺寸			
	≤30	>30~120	120~260	
≤10	0.2	0.2	0.3	
>10~18	0.2	0.3	0.3	
>18~30	0.2	0.3	0.3	
>30~50	0.2	0.3	0.3	IT10~11
>50~80	0.3	0.3	0.4	
>80~120	0.3	0.3	0.5	
>120~180	0.3	0.4	0.5	
>180~260	0.3	0.5	0.5	

表 B-6 拉削内孔的加工余量

(单位：mm)

直径尺寸	直径余量			前工序的公差等级
	拉孔长度			
	~25	>25~45	>45~120	
~18	0.5	0.5	0.5	
>18~30	0.5	0.5	0.7	
>30~38	0.5	0.7	0.7	IT11
>38~50	0.7	0.7	1.0	
>50~60	0.7	1.0	1.0	

表 B-7 镗削内孔的加工余量

(单位：mm)

直径尺寸	直径余量		直径公差等级	
	粗镗	精镗	钻孔	粗镗
≤18	0.8	0.5		
>18~30	1.2	0.5		
>30~50	1.5	1.0	IT12~13	IT11~12
>50~80	2.0	1.0		
>80~120	2.0	1.3		
>120~180	2.0	1.5		

表 B-8 磨削内孔的加工余量

(单位：mm)

直径尺寸	直径余量		直径公差等级	
	粗磨	精磨	精镗	粗磨
>10~18	0.2	0.1		
>18~30	0.2	0.1		
>30~50	0.2	0.1	IT10	IT9
>50~80	0.3	0.1		
>80~120	0.3	0.2		
>120~180	0.3	0.2		

表 B-9 精车端面的加工余量

(单位：mm)

工件长度	端面的精车余量			粗车端面后的尺寸公差等级
	端面的最大尺寸			
	≤30	>30~120	>120~260	
≤10	0.5	0.6	1.0	
>10~18	0.5	0.7	1.0	IT12~13
>18~30	0.6	1.0	1.2	

续表

工件长度	端面的精车余量			粗车端面后的尺寸公差等级
	端面的最大尺寸			
	≤30	>30~120	>120~260	
>30~50	0.6	1.0	1.2	
>50~80	0.7	1.0	1.3	
>80~120	1.0	1.0	1.3	
>120~180	1.0	1.3	1.5	
>180~260	1.0	1.3	1.5